我们需要什么才会幸福

读懂动物的情感与心理，
为它们创造更好的生存福利

Temple Grandin   Catherine Johnson

〔美〕天宝·格兰丁 〔美〕凯瑟琳·约翰逊 著

马百亮 译

ANIMALS MAKE US HUMAN

Creating the Best Life for Animals

华夏出版社
HUAXIA PUBLISHING HOUSE

图书在版编目（CIP）数据

我们需要什么才会幸福：读懂动物的情感与心理，为它们创造更好的生存福利 / (美) 天宝·格兰丁(Temple Grandin) , (美) 凯瑟琳·约翰逊(Catherine Johnson) 著；马百亮译. -- 北京：华夏出版社有限公司，2023.7
书名原文：Animals Make Us Human: Creating the Best Life for Animals
ISBN 978-7-5222-0320-1

Ⅰ.①我… Ⅱ.①天… ②凯… ③马… Ⅲ.①动物心理学 Ⅳ.①B843.2

中国版本图书馆CIP数据核字(2022)第077231号

Copyright © 2009 by Temple Grandin and Catherine Johnson
Published in agreement with Dunow, Carlson & Lerner Literary Agency,
through The Grayhawk Agency Ltd.

我们需要什么才会幸福：读懂动物的情感与心理，为它们创造更好的生存福利

作　　者　［美］天宝·格兰丁　　［美］凯瑟琳·约翰逊
译　　者　马百亮
责任编辑　陈　迪

出版发行　华夏出版社有限公司
经　　销　新华书店
印　　装　三河市少明印务有限公司
版　　次　2023年7月北京第1版　　2023年7月北京第1次印刷
开　　本　710×1000　1/16开
印　　张　18.5
字　　数　30千字
定　　价　69.00元

华夏出版社有限公司　网址:www.hxph.com.cn 地址：北京市东直门外香河园北里4号　邮编：100028
若发现本版图书有印装质量问题，请与我社营销中心联系调换。电话：（010）64663331（转）

目 录

03. 喵喵喵，我是一只猫

04. 快走踏清秋：马

05. 吃的是草，挤的是奶：奶牛

06. 猪栏里的生活

07. 鸡和其他家禽

08. 野生动物

09. 动物园

后记　我为什么还在从事这份工作

01.

动物需要什么

动物需要什么才能过上幸福的生活？

我这里所说的幸福生活并不是指物质上的。关于动物需要什么样的食物、饮用水、锻炼和医疗才能健康地成长，这方面的知识我们已经很丰富。

我所要探讨的是情感方面的幸福生活。

动物怎样才能幸福呢？

最晚从 20 世纪 60 年代开始，动物福利运动就开始关心动物的情感状况了。就是在这一时期，英国政府专门成立委员会，起草了关于集约化畜禽养殖的《布兰贝尔报告》(*Brambell Report*)。和传统的养殖业不同，集约化畜禽养殖是在大养殖场上大规模饲养肉蛋畜禽，畜禽的生活空间极其狭小。布兰贝尔委员会列举了动物应该享有的五大自由，其中前三项涉及身体上的福利，最后两项和情感方面的福利有关，它们是：

免于饥渴的自由。

免于身体不适的自由。

免于疼痛、伤害和疾病的自由。

表现正常行为的自由。

免于恐惧和焦虑的自由。

对于努力想让动物过上幸福生活的人来说，自由这项指标有点不好理解。即使是听起来似乎简单易懂的免于恐惧的自由，也并不简单易懂。例如，养殖场的经营者和动物园的饲养员通常会认为，只要被掠食动物的周围没有掠食者，它就不会害怕。但实际上，在动物的大脑内部，恐惧并不是这么回事。如果动物要等到和捕食者面对面时才会感到恐惧，那就为时太晚了。在开阔的空地上，只要被掠食动物暴露于潜在的掠食者面前，它就会感到恐惧。例如，母鸡下蛋时必须要找个可以藏身的地方，即使是在商业化运营的养殖场，在狐狸根本无法进入的窝棚里，也是如此。对于母鸡来说，要下蛋就要找个隐蔽的地方，这已经演化成为一种本能。让它免于恐惧的是隐藏起来这个行为，而不是狐狸无法进入窝棚这一事实。在关于鸡的章节，我将更为详细地讨论这个话题。

表现正常行为的自由更加复杂，在现实生活中很难应用。在许多情况下，要让家畜或者圈养状态之下的动物表现出正常行为是不可能的。对于狗来说，正常行为就是每天要到处流浪，而这在大部分地方是违法的；即使不违法，也很危险。因此，要想让你的狗既高兴又活跃，你就要想办法为它寻找可以替代正常行为的事情来做。

有时，我们不知道怎样才能为动物创造合适的生活环境，因为对于某一特定动物的正常行为我们还不够了解。猎豹就是这样一个例子，动物园的饲养员曾努力多年，试图繁育它们，但几乎从来没有成功过。繁殖后代是最基本也最为正常的行为。没有这个行为，任何动物都要绝种，人类也不例外。但许多生活在圈养状态之下的动物无法成功交配，因为它们的生活环境有问题，从而使它们无法表现出正常行为。猎豹繁育过程中的难关最终于 1994 年被攻克，因为这一年对生活在塞伦盖蒂平原上的猎豹的研究结果被发表，人们意识到，野外生活的雄性猎豹和雌性猎豹并非像在动物园里那样终日厮守在一起。于是，动物园就将雌性猎豹和雄性猎豹分开，最后发现，在圈养状态下繁育它们并不太难。

动物的焦虑更加神秘，它到底是怎样一种情感呢？是愤怒？是孤独？还是无聊？无聊是一种情感吗？怎样才能知道动物是孤独或者无聊的呢？

虽然人们在动物的情感福利方面已经做了很多很好的研究工作，但对于宠物饲养者、畜牧业经营者和动物园饲养员来说，很难将这些研究的结果付诸实践，因为他们缺少明确的指导准则。现在，如果动物园想改进动物的福利，他们通常会想方设法筹措资金和人力。他们大多会将注意力集中于动物的行为，努力使其尽可能自然地活动。

我相信，要想为动物创造良好的生活环境，无论是动物园里圈养的动物、家畜，还是宠物，最好的办法就是将动物福利项目建立在动物大脑内部的核心情感系统基础之上。我的看法是，动物生活的环境应该尽可能多地激活其积极情感，尽可能少地激发其消极情感。只要能够将动物的情感问题解决，行为方面的问题就会迎刃而解。

这种说法听起来也许有点激进，但神经科学方面的一些研究已经表明行为受情感驱动。我和动物打交道已经有35年，亲身经验告诉我事实的确如此。情感是最重要的，要想理解动物福利，必须回到其大脑内部。

当然，在通常情况下，你给动物自然活动的自由越多越好，因为动物之所以会演化出正常行为，其目的就是满足其核心情感。当一只母鸡躲起来下蛋时，躲藏行为可以使其免于恐惧。如果无法给动物自然行动的自由，那么你应该考虑为其寻找其他替代性的事情来做，以满足激发这种行动的情感。应该关注的是情感，而不是行为。

到现在为止，对动物行为的研究和神经科学对情感的研究是互相呼应的。关于动物是否有纯粹意义上的行为需求，有一个很精彩的试验，这个试验的对象是沙鼠。沙鼠喜欢挖土掏洞，它们中有许多会在生下来三十天左右时养成一种挖墙脚的刻板行为（stereotypy）。**刻板行为是一种反常的重复性行为（abnormal repetitive behavior，简称 ARB）**，例如笼子里的狮子和老虎会连续几个小时不停地来回走动。宠物和家畜也会形成刻板行为。刻板行为被定义为反常的、似乎毫无意义的重复性行为，这种行为的模式是固定不变的，如上文提到的笼子里的狮子总是会沿着完全相同的路线来回走动。

一只成年沙鼠会将 30% 的"活跃时间"用于刻板性地挖掘笼子的角落。在自然状态下，这种情况是从来不会发生的。很多研究者猜测笼养的沙鼠之所以会养成刻板性挖掘行为，是因为它们有一种要挖掘的生理需求，而在笼子里这种需求是无法表现出来的。

另外，在自然状态之下的沙鼠不会为了挖掘而挖掘，而是为了制造地下通道和巢穴而挖掘。一旦地下家园完工，它们就会停止挖掘。也许沙鼠需要的是挖掘的结果，而不是挖掘行为本身。一位名叫克里斯多夫·韦登迈耶（Christoph Wiedenmayer）的瑞士心理学家通过做试验证明了这一点。他将一组小沙鼠放到一个装有干沙的笼子里，这样它们就可以任意挖掘，将另外一组小沙鼠放到一个有提前挖好的地洞系统的笼子里，但这个笼子里没有松软的东西可以挖掘。第一组沙鼠马上就形成了刻板性挖掘行为，而第二组沙鼠则没有一只形成刻板行为。

这就说明沙鼠的刻板性挖掘行为是为了满足对藏身之所的需求，而不是为了满足对挖掘行为本身的需求。沙鼠需要的是安全感，而不是挖掘行为本身。动物没有完全意义上的行为需求，如果动物在异常的环境中表现出正常的行为，其福利状况可能是糟糕的。将 30% 的时间用来挖掘，却无法挖出一个地道，这样的沙鼠不会感到幸福。

蓝丝带情感

所有的动物大脑里都有相同的核心情感系统，人类也是如此。也许多数宠物爱好者已经接受了这一点，但我发现，许多管理人员、养殖场经理，甚至还有一些兽医和研究者，依然不相信动物有情感。对这些人，我首先会告诉他们一点，即对人有作用的精神类药物，如百忧解，对动物也同样起作用。如果你解剖一下猪的大脑，会发现猪大脑的下部和人类大脑的下部非常相似，普通人很难区分，除非你是这方面的专家。人类大脑的新皮质要比其他动物大很多，但负责核心情感的大脑区域并不在新皮质，而是在大脑的下部。

当人们内心很痛苦的时候，他们就想感觉好一点，不想让不好的情绪继续下去，想有好的情绪，动物也是如此。

《情感神经科学》（*Affective Neuroscience*）的作者、华盛顿州立大学的神经系统科学家雅克·潘克塞普（Jaak Panksepp）博士是这个领域最为重要的研究者。**他称核心情感系统为"蓝丝带情感"（blue-ribbon emotions）系统，因为该系统能"产生组织良好的行为序列，而这种行为序列可以通过用电刺激大脑特定区域来产生"。这就意味着，当你刺激负责某一个核心情感的大脑系统时，总可以从动物身上得到同样的结果。如果你刺激愤怒系统，动物就会嗥叫咬人。如果你刺激恐惧系统，动物就会战栗逃跑。当电极植入社会依恋系统时，动物就会发出分离呼叫。当电极植入寻求系统（seeking system）时，动**物就会向前方嗅闻，开始探索周围的环境。如果你刺激人类大脑的这些区域，他们不会嗥叫咬人、战栗逃跑、分离呼叫或向前方嗅闻，但是他们会体验到动物表现出来的情感。

对于人类和动物来说，这些情感与生俱来，无须从母亲那里学习，也不用从环境中摸索。对于这些情感在大脑内部是怎样工作的，神经系统科学家已经了解了很多。

这里简要说明一下四种蓝丝带情感系统。

寻求系统：潘克塞普博士说寻求是"搜寻、探索、理解环境的基本冲动"。寻求系统是一些情感的结合，其中包括：对美好事物的渴望；对得到美好事物的期待；好奇心。而大部分人也许根本就不将好奇心看成是一种情感。在通常情况下，人们会认为这些情感是不相同的。

寻求系统的渴望部分使你能够有旺盛的精力追求自己的目标，这个目标可以是食物或庇护所，也可以是知识或性欲的满足，可以是一辆崭新的汽车，也可以是功名利禄。当一只猫悄悄跟踪老鼠的时候，其行动就受到寻求系统的驱使。

寻求系统的期待部分是一种圣诞节时那样的情感，当小孩看到圣诞树下各式各样的礼物时，他们的寻求系统就会高速运转。

好奇心和新奇性有关。我认为定向反应（orienting response）是寻求系统的第一阶段，因为它总是为新奇性所吸引。当一头鹿或者一条狗听到奇怪的声音时，它会转头、观望、驻足。停顿期间，动物会做出决定：是继续搜寻，还是逃之夭夭，又或是发起攻击？新事物会刺激寻求系统里的好奇心部分。即使当人们对熟悉的事物好奇时，例如行为主义者对动物的好奇，他们也只是对尚未理解的方面好奇，他们在寻求尚未得出的解释。寻求系统总是针对尚未拥有的事物，无论它是食物或庇护所，是圣诞节礼物，还是理解动物福利的方法。

寻求是一种非常愉悦的情感。如果你将电极植入动物大脑的寻求系统，动物就会按下操纵杆，接通电流。动物非常喜欢自我刺激寻求系统，以至有很长时间，研究人员都认为寻求系统是大脑的"快感中心"，至今依然有人持这种说法。但是当寻求系统受刺激时，人们感受到的快感是期望美好事物的快感，而不是拥有美好事物的快感。

寻求系统可能是一种主导情感。潘克塞普博士认为，寻求系统可能是"表达许多基本情感过程的总平台，……正是这个系统帮助动物预见各种各样的奖赏"。寻求系统也有可能会帮你预见不好的事物。新的研究表明，作为寻求系统的一个部分，伏隔核（nucleus acumbens）上的一个区域会对动物恐惧的消极刺激做出反应。寻求系统可能是一种万能的情感发动机，它可以产生靠近或逃避的积极动机，也可以产生消极动机。在研究者有新的发现之前，我认为寻求系统意味着对某事物的渴望、期待或好奇的积极情感，本书中的寻求系统皆用此意。寻求的感觉很好。

愤怒系统：潘克塞普博士认为，愤怒是由被俘虏和被掠食者按住而无法动弹的经验演化而来的。刺激大脑的皮质下区域会让动物勃然大怒。愤怒给被俘虏的动物一种奋力挣扎时所需要的爆发性能量，这可能会让掠食者大吃一惊，有所放松，这样被俘虏的动物就有足够的时间逃跑。愤怒的情感与生俱来，如果你把婴儿的手臂放在他身体两侧，不让其手臂动弹，他会十分生气。

挫折感是一种轻度的愤怒，是无法如愿以偿时内心受到约束而产生的。这就是为什么当无法拧开很紧的罐子盖或无法解答一道数学题时，你会感到轻微的愤怒。在第一种情况下，开罐子的行动受到约束，而在第二种情况下，解答数学题的智力活动受到约束。因智力活动受到约束而产生的挫折感是由身体受到约束而产生的愤怒演化而来的。

我们可以想象一些生活在圈养状态之下的动物所感受到的挫折感，无论是它们是被围在院子和围栏里，关在牲口棚和笼子里，还是被锁在房子里，因为被囚禁本身就是一种约束，无论环境多么美好。许多被圈养的动物一有机会就想逃跑。我在伊利诺伊大学读博士时，导师比尔·格林诺（Bill Greenough）曾谈论过这个话题，他说也许当我们为试验用的动物提供丰富化的环境（enriched environment）时，我们创造的不过是一个开明的、造价不菲的监狱。我认为他说得很有道理。

恐惧系统：恐惧系统不需要太多解释。当生存受到任何形式的威胁时，无论是身体上的、情感上的，还是交往上的，动物和人类都会感到恐惧。大脑皮质下区域的恐惧回路已经完全被标示出来。如果大脑的恐惧中心杏仁核遭到破坏，动物和人类就不会感到恐惧。作为核心情感的恐惧驱使上文提到的沙鼠不断挖掘，因为在野外，不挖洞的沙鼠要被掠食者吃掉。

惊慌系统：潘克塞普博士用惊慌系统指代社会依恋系统。当妈妈离开时，所有的动物幼仔都会放声哭叫，人类婴儿也不例外。如果妈妈不回来，孤立无助的幼仔就很可能会抑郁而死。惊慌系统也许是由身体上的疼痛感演化而来的。如果刺激动物大脑内部负责身体疼痛的区域，动物就会发出分离呼叫。类鸦片（opioid）对于治疗社会性痛苦比治疗身体上的痛苦更加有效，潘克塞普博士说，这也许就是为什么人们在失去亲人的时候会悲痛欲绝。

潘克塞普博士还提到了其他三个积极情感系统，对于这三个系统，研究者的了解并不多，它们也未必影响动物一生。他称这三个情感系统为"更加高级的、有专门用途的社会情感系统，在所有哺乳动物一生中的特定时期起作用"。

性欲系统：性欲系统负责性活动和性欲望。

关心系统：潘克塞普博士认为关心系统负责母性的关爱和照顾。

玩耍系统：玩耍系统负责产生玩耍打闹活动，所有的动物和人类在发育的幼年阶段都会从事这一活动。激发玩耍系统的是大脑皮质下区域。没有人充分了解玩耍和玩耍系统的本质，虽然我们的确知道玩耍行为也许是一种健康快乐的表征，因为当动物忧郁、恐惧或愤怒的时候，它们是不玩耍的。玩耍系统可以产生快乐。

总而言之，这七个情感系统，尤其是前四个，解释了为什么有些环境对于动物和人来说是好的，而有些是不好的。在好的生活环境里，你的大脑会健康发育，也很少会出现行为上的问题。

迪士尼乐园里的猪

《布兰贝尔报告》说动物应该自由表现其正常行为，但却没有说动物必须要有自然的环境。我在动物行为和福利领域从业多年的经历告诉我，"丰富化的环境"是为动物创造良好情感生活的主要方式。

生活在丰富化的环境里的动物会更加幸福，这个观点最早源自用试验室老鼠做试验的心理学家。在 20 世纪 40 年代，加拿大心理学家唐纳德·赫布（Donald Hebb）在他自己家里，而不是在实验室的笼子里养了一些小老鼠。后来他对这些老鼠进行测试，结果发现比起在笼子里长大的老鼠，它们的智商更高，解决问题的能力也更强。

20 年后，也就是到了 20 世纪 60 年代，又一位心理学家对生活在丰富化的环境里的老鼠进行了研究，他就是马克·罗森兹维格（Mark Rosenzweig）。这个名字对普通大众来说有点陌生，但是他证明了成年大脑还可以长出新的细胞，这个发现和神经心理学家的看法完全是背道而驰的。在罗森兹维格博士的试验中，那些生活在丰富化的环境中的老鼠，其大脑皮层的厚度增加了 8%。这是一个惊人的发现，但人们依然没有领会这样一个观点，即成年老鼠的大脑和幼鼠的大脑一样，是可塑的，可以生长变化。

20 世纪六七十年代，比尔·格林诺做了一个实验，在有丰富刺激的环境中养幼鼠。这个试验很有名。比尔将一组老鼠养在普通的塑料笼子里，里面放有刨花。另外一组生活在丰富化的环境里，里面有许多玩具和旧木板。他每天都往后者里面放新的玩具，还频繁变换木板的位置，这样的丰富化的环境充满新奇性和变化。当他观察这些老鼠的大脑时，发现在丰富化的环境里生活的老鼠，其视觉皮质的树突神经更为发达。树突神经是从大脑细胞分叉出来的线状延伸，负责向细胞体传导电脉冲。由此可见，生活在丰富化的环境中的老鼠大脑发育得更好。

比尔的研究对我产生了很大的影响，我认为他影响了整个动物福利领域，因为在过去的 30 年里，研究人员一直在研究丰富化的环境和贫瘠的环境。1981 年，我去伊利诺伊大学师从比尔，正是因为这项研究。

在递交入学申请时，我最为关注的是养殖场里猪的境遇。当时围绕母猪在整个怀孕期间都被关起来的现象有很多争议，这些争议一直延续到现在。母猪栏十分狭小，它们甚至连转身的地方都没有。我想如果将比尔用老鼠做的实验复制到猪身上，也许可以获得一个生物学检验方法，这样研究者就可以用来证明贫瘠的环境对猪不利。我想我可以证明，如果猪在坚硬的塑料地面上生活，无法在地面翻拱，和那些生活在铺有稻草的猪圈里的猪相比，它们的树突神经会更少。

因此，作为学位论文的研究课题，我用小猪复制了比尔的丰富化的环境实验。有 12 头小猪生活在 6 个小猪舍里，猪舍的地面是用多孔塑料做成的，它们没有什么事可以做。另外 12 头小猪如同生活在迪士尼乐园中一样，有许多稻草可以随意翻拱，还有很多玩具可以玩耍，如塑料球、木板、可以任意撕扯的旧电话本、可以任意滚动的金属管。每天我都将新东西放进去，将旧东西拿出来。新事物是关键，这些猪喜欢新鲜的稻草，这让它们兴致勃勃，而旧稻草会让它们兴味索然。你也许会认为稻草就是稻草，但对猪来说并非如此。新稻草很有趣，旧稻草很乏味。

我的假设是，和生活在贫瘠环境里的猪相比，生活在迪士尼乐园里的猪的树突神经会更发达。那时候要想比较两个大脑的神经元，唯一的办法就是盯着显微镜看，一看就是几小时，同时动手把细胞画出来，我就是这样做的。我比较了两组大脑的视觉皮质和躯体感觉皮质，比较视觉皮质是因为在比尔的试验里，生活在丰富化的环境中的老鼠，其树突神经更发达，比较躯体感觉皮质是因为这部分区域接受的是来自猪鼻子的信息。

当实验最终完成的时候，我吃惊地发现，并不是生活在迪士尼乐园里的猪的树突神经发达，反而那些生活在贫瘠环境中的猪的树突神经更发达。不仅如此，那些生活在贫瘠环境中的猪的发达部分是躯体感觉皮质，而不是像在比尔实验中的老鼠那样是视觉皮质。我的发现和比尔的实验结果完全是互相矛盾的。丰富化的环境中的猪并没有更加发达的大脑，而受到刺激较少的猪更加发达的大脑区域也不同于比尔丰富化的环境中的老鼠。

当我把实验的结果告诉比尔时，他大吃一惊。

他认为我一定搞错了，于是我不得不把整个实验从头再来一遍。这次我安装了一组摄像头对准这些猪，这样即使我不在一旁时，也可以即时看到它们的活动。

我已经知道贫瘠环境中的猪一定和迪士尼乐园里的猪不同，因为它们很亢奋。我去清洗猪舍的时候，它们会一个劲地咬水龙头，就是不肯离我远远的，很是碍事。由于环境的贫瘠，它们变得十分亢奋，只要一看到水龙头，它们的寻求系统就开始高速运转。

通过观看视频录像，我发现它们夜里也很活跃。它们整夜整夜地你拱我、我拱你，要不就是拱地面。它们喜欢玩弄乳头式饮水器，所谓乳头式饮水器就是一根一端为乳头状的水管。当这些猪忙得不亦乐乎的时候，那些生活在迪士尼乐园里的猪正在呼呼大睡。

当我再次用显微镜观察它们的大脑时，我得到了和上次一模一样的结果。贫瘠环境里的猪比迪士尼乐园里的猪的树突神经更发达，树突神经发达的区域是躯体感觉皮质，而不是视觉皮质。

我的第二次实验同样没能让比尔满意。

为了探个究竟，我开始考虑到，也许促进树突神经发育的不是环境，而是动物在环境中的行为和活动。比尔为自己的老鼠创造了一个复杂的视觉环境，可以观察的东西目不暇接，而我那些生活在贫瘠环境里的小猪做了很多，但看到的很少。它们相互之间总是不停地用鼻子又戳又捅，对饮水器也是如此。对身体某一部位的更多使用会导致大脑内部相应区域树突神经的成长，因为这个区域经常接收到来自这一身体部位的输入。我认为，由于缺少刺激，这些猪的寻求系统反而更加高速运转。当我为它们清洁食槽时，它们总是兴致勃勃地对我的手又拱又嚼，可见它们对刺激是多么渴望。那些生活在迪士尼乐园里的猪对清洗食槽这事就没有那么热情，因为它们有很多新鲜的稻草和玩具，足以让它们的寻求系统保持活跃。

每一个读过比尔的研究结果的人都会想当然地认为发达的树突神经是件好事，这其中也包括我。但当我看到那些猪本来该睡觉的时候却在那里忙忙碌碌时，我开始认识到发达的树突神经有时也可能不是好事，而是不正常的。

比尔不赞同这种看法，但今天的神经系统科学家就是这样认为的。大脑可能发育得太少，也可能发育得太多，两者都可能是病态的。对那些生活在贫瘠环境里的猪来说，它们的躯体感觉皮质的树突神经也许过度发达，这是不正常的。正是因为这个原因，我认为满足寻求系统的需求很重要，只有这样才能防止大脑的异常发育。

什么样的环境才刺激？

在研究生毕业时，我并没有设计出动物福利的生物学检验方法，而且这种方法至今也没有出现。**人们判断环境对动物是好是坏的唯一标准就是动物的行为。通过动物的行为，我们可以洞察其情感世界。但这就牵涉几个问题，其中之一就是：我们不一定知道情感状态良好的圈养动物或家畜应该有什么样的行为，并且有些动物甚至会掩盖福利状况不佳的事实。**当意识到自己被观察时，被掠食动物（如牛和羊）都会隐藏自己的疼痛，因为只有这样，掠食动物才不会发觉其弱点。当没有被观察时，它们可能会躺在地上，呻吟不停。**通过动物行为判断其情感福利状况的另外一个问题就是，圈养动物和家畜无法像在野外那样自由表现其行为。**例如，正常健康的动物可以成功地交配，但如果有一个动物不能或不愿这样做，这就应该引起注意了。但如果圈养动物根本就没有交配的机会，自然也就无从知道在有机会的情况下它是否会这样做。

也许正是因为这样的原因，动物福利的研究者为了判断动物福利状况，最终只好将注意力集中于不正常的重复性行为，即刻板行为。刻板行为司空见惯，也很容易看出来。虽然人和动物在某些高度紧张的情况下都会表现出刻板行为，但如果发生在人身上，肯定是不正常的。观看网球比赛时你会发现很多这样的情况，例如罗杰·费德勒（Roger Federer）就有快速转动球拍的刻板行为，而玛丽亚·莎拉波娃（Maria Sharapova）在等待对手发球时会有一些重复性的跳跃动作。我称这些动作为突发性刻板行为，因为持续的时间并不长。动物也有很多突发性刻板行为，如猪在接受喂食时会如痴如狂地啃咬猪舍的栅栏。野外生活的动物也会有一些突发性刻板行为，生活于圈养状态的北极熊是臭名昭著的踱步者和"8"字形游泳者。有人观察到野外的北极熊也会有短暂的踱步行为。

突发性刻板行为可能是正常的，因此我并不为之担心。我所担心的是持续性的、动辄延续几个小时的刻板行为。动物每天花几个小时所做的刻板行为才是真正严重的刻板行为，在野外状态下，这种情况几乎从来不会发生。有心理障碍的人身上几乎总会发生这种情况，如精神分裂症患者和自闭症（又称孤独症）患者。正常的小孩如果在隔离状态下长大也会有刻板行为。一项针对生活在加拿大的罗马尼亚孤儿的研究发现，他们中有84%的人有刻板行为，其中很多在婴儿床上趴着或跪着摇来摇去，还有的站在小床上，两手抓着床栏杆，用双脚轮换着单脚着地。

在这些孤儿中，四分之一有自残行为，有自残行为意味着他们会像一些患有自闭症的小孩那样，故意伤害自己，如咬手指、以头撞墙、打自己耳光或者拍打自己的头部。在圈养状态下的动物也会有自残行为，尤其是灵长类动物。如果独自生活在笼子里，10% 至 15% 的恒河猴会咬伤自己、撞头或打自己巴掌。

如此严重的重复性行为和自残行为在野外从来没有出现过，因此如果圈养状态下的动物出现这种情况，那就意味着出了问题。

8500 万动物

根据圭尔夫大学（University of Guelph）和加拿大农业食品部的佐治亚·梅森（Georgia Mason）和杰弗瑞·拉森（Jeffrey Rushen）的估计，在养殖场、试验室、动物园和人们家中，有超过 8500 万的动物有刻板行为，其中包括 91.5% 的猪、82.6% 的家禽、50% 的试验室老鼠、皮毛兽养殖场里 80% 的美国水貂（用于繁殖的雌性）以及 18.4% 的马匹。

刻板行为有很多种，研究人员还在努力想办法将这些不同的刻板行为分类。佐治亚·梅森将最常见的重复性行为分为如下几类：

重复性踱步行为：包括来回踱步和其他类似行动，如环形游泳。熊或海豹会一次又一次地沿着同样的环路在池子里转圈子，要么就是来回游动或游 "8" 字形。

重复性口头行为：包括啃咬栅栏、强迫性地舔舐物体、绕舌头等等。重复性口头行为在所有的食草动物中都很常见，因为它们整天干的就是吃草。

其他重复性行为：包括来回摇摆、重复性跳跃等等，还包括 "非运动性身体动作"。

动物园里的掠食动物如狮子、老虎和熊会有重复性踱步行为，而有蹄类动物如马、牛、犀牛、猪、斑马和美洲驼等，会有重复性口头行为。其他的动物中有很多会出现第三种刻板行为，其中包括灵长类动物和大白鼠。人类身上通常会出现第一种和第三种情况，如自闭症患者。

我所见过的最为极端的刻板行为出现在一条名叫露娜（Luna）的母狼身上，一位女士竟然疯狂到在自家的院子里养狼，她把这些狼都拴在树上。所有社会性的漫游动物（roaming animal）都不能总是被拴着，像这样把狼或狗拴起来是很残忍的。它们需要的是到处游荡，和同类自由产生社会性的接触。这位女士的做法是很可怕的。

动物收容所的人把所有的狼解救了出来，为它们提供了很好的生活场地，这块地长约30米、宽约9米，里面长满了树木。他们建了6个圈，把两匹狼放到一个圈里。这样做没问题，狼群通常相当小，大概七八匹狼生活在一起。两匹狼同在一个圈里既可以让它们互相交流，又不用担心群居条件下性格不合的个体之间会发生打斗。

刚一到这些圈里时，它们中大约一半有重复性踱步行为，但其中有些情况比其他的更为严重。露娜和它的同圈伙伴都有这个问题，但它的伙伴却可以对环境的变化做出反应。如果你走进去，它会抬起头来看你。如果有卡车经过，它也会停下来观看。如果在它踱步时你站在它前面，它会注意到你的存在，从你身边绕过去。

露娜则做不到这一点。它很漂亮，毛发光洁，嘴巴总是处于一种放松的"微笑"状态。但是它的行为方式和自闭症的小孩一样，总是生活在自己的小世界里。你跳到圈里时，它视若无睹。有卡车驶过时，它同样置若罔闻。由于它总是在同一条路上走来走去，硬是在地上走出了一条小径。

小径的旁边有一块原木，于是我就和学生莉莉（Lily）一起坐在上面，把脚放在小径边上。露娜从脚旁边走过，就像我们根本不存在一样。

于是我把一条腿伸展开来，横在小径上。露娜从我的腿上跳过去，但是跳的方式很奇怪。它把脚放下来，就像我曾见过的自闭症小孩会做的那样，从我的腿上拖了过去。

我不知道它为什么要把脚放下来，但是我小时候鞋子脚尖部位总是会出现磨损。其他小孩都没有这个问题，只有我有。由于有自闭症，我也有很多刻板行为。

接着我把另外一条腿也伸了出来，它也做出了和上次同样的反应，在跳过去时把脚放下来，从我腿上拖了过去。

当莉莉也伸出一条腿时，同样的事情发生了。露娜从三条腿上跳过去，就像它们根本不存在一样，并且依然是把脚拖过去。莉莉把另外一条腿也伸了出来，于是现在有四条腿挡在路上。露娜一如既往地拖着脚跳了过去。

我想看看能否让露娜注意到两个人挡在路上这个事实，于是就伸出一只手，放在腿上方大约 20 厘米高的地方，这样就形成了一堵低矮的墙。露娜十分笨拙地从"墙"上跳过，脚重重地碰在我的手上，继续旁若无人地向前走。我把手抬高到距腿大约 45 厘米的地方，这次露娜的胸部撞到我手上，它的脚从所有四条腿上拖过。收容所的女士告诉我，有一次一位女工作人员站在了露娜前面，挡住了它的去路，结果被它撞倒在地，并从她身上走过去。露娜就像是一个机器人，又像是一条僵尸狼。它会反复不停地踱来踱去，什么都无法引起它的注意，也无法改变它的行进路线。

大吃一惊

在一开始写作本书时，我以为刻板行为可以用作衡量动物福利的一个标准。一旦圈养的动物身上出现刻板行为，这就意味着它在遭受痛苦。我之所以会这样认为，是因为我长时间接触马匹，知道高度紧张的马比镇静的马更容易出现刻板行为。还有就是因为我小时候也出现过刻板行为，而当时我有很多问题。当我过于紧张的神经系统受到刺激性声音的狂轰滥炸时，刻板行为可以让我平静下来。

后来我开始阅读刻板行为和贫瘠环境方面的最新研究，结果只读了几周就大吃一惊，不得不推翻原来的认识，因为我读到了对水貂刻板行为所进行的一系列研究。水貂是十分活跃的动物，但养殖者却让它们生活在很小的笼子里，这是很糟糕的事情。生活在如此狭小的空间里，人们自然会以为它们身上可能出现很多刻板行为，但实际情况是，在接受研究的雌性水貂中，有四分之一没有任何刻板行为。它们并没有生活在一个良好的环境中，但是它们身上却没有出现刻板行为，还可以正常繁育。

这一点并没有让我吃惊，因为不同动物之间在刻板行为方面有巨大差异，我从猪身上也看到过同样的现象。但是当读到其余四分之三的水貂有刻板行为时，我很是吃惊。它们的情况和我一直相信的一切背道而驰。和四分之一没有刻板行为的水貂相比，它们更加安静，也更加大胆，不像露娜那样失魂落魄。如果试验者往笼子里伸一根棍子，有刻板行为的水貂就会跑过去进行探索，但是其他的水貂则要么对棍子展开猛烈攻击，要么就逃之夭夭。从福利状况来看，和动辄惊慌失措或大发雷霆的动物相比，勇于探索新奇事物的动物一定更好。因此，有刻板行为的水貂比没有刻板行为的水貂福利状况好得多。

当我第一次读到这些研究时，我和比尔·格林诺看到我的小猪试验结果时一样大吃一惊。我一直在考虑一个问题："这些水貂的情况和我所知道的一切是矛盾的，怎样才能解释这种矛盾呢？"同时，我也十分害怕，担心会有人利用这种研究结果，为将水貂关在笼子里的可怕行为进行辩护。

后来，我浏览了所有针对刻板行为的最新研究，这才意识到我的错误。我习惯于看到胆小的阿拉伯马和自闭症儿童身上的刻板行为，于是就将所有的刻板行为都和恐惧与焦虑联系在一起。但是，这方面的最新研究告诉我事情并非这么简单。的确，**刻板行为是不正常的，但我们不能因此就自动认为有刻板行为的动物福利状况不佳；反之，也不能因此就断定没有刻板行为的动物福利状况就一定很好**。和没有刻板行为的动物比起来，有刻板行为的动物可能福利状况更好。非正常的重复性行为意味着下面三种情况中的一种：

第一，动物正在遭受痛苦。

第二，动物过去某个时间段遭受过痛苦，但现在已经不再遭受痛苦。在我上述的试验中，贫瘠的环境让小猪开始形成刻板行为，我认为这造成了树突神经的异常发育。即使将它们转移到更为丰富的环境中，由于这些树突神经的存在，刻板行为依然会继续。

第三，动物当前的福利状况可能并不好，但和生活在同样贫瘠环境中的其他没有刻板行为的动物相比，它的状态更好。一个生活在恶劣环境中的动物如果出现刻板行为，它可能是在自我抚慰，或者是在自我刺激，而没有出现刻板行为的动物可能已经放弃，变得离群索居、郁郁寡欢。在恶劣的环境中，来回踱步的动物福利状况更好。

我会将母狼露娜的情况归入第二种，它在收容所的生活条件良好，但是它依然会出现我在犬科动物身上所遇到的最为严重的一些刻板行为。我认为刻板行为可能有不同的诱发因素，而这些因素是建立在核心情感基础之上的。在有些情况下，诱发刻板行为的可能是恐惧，但是出现在水貂身上的刻板行为则可能是由寻求系统引发的。由于在贫瘠的笼子里没有什么可以寻求，于是它们就来回踱步。当我回忆童年记忆里的刻板行为时，我意识到起初的诱因是恐惧，是为了逃避刺激我耳朵的声音。我会注视从我手中漏下来的沙粒所反射的光芒，以此将周围的世界排斥在外。我的寻求系统开始工作，我可以注意到被大部分人所忽视的细节。

露娜的重复性踱步行为之所以会如此极端，也许是因为它从出生到长大一直生活在监禁状态。对动物刻板行为的研究最为有趣的一个发现就是：和圈养动物相比，被俘虏的野生成年动物身上更少出现刻板行为。多数人会以为野外捕捉的动物一旦到了动物园会疯狂地来回踱步，乱咬栅栏，因为在把野生动物从其自然栖息地转移到动物园里的过程中，它们要承受可怕的压力，因此这种事情是不应该的。但实际情况却恰恰相反，和野生动物比起来，出生在圈养环境中的动物身上会出现更多的刻板行为。

野外捕捉的动物之所以会比圈养动物更少出现刻板行为，其原因可能在于，它们在幼时曾生活在一个丰富化的自然环境中，而这一时期也是它们大脑发育的时期。很多出生在圈养环境中的动物在贫瘠的环境中长大，就像罗马尼亚孤儿那样。贫瘠的生活也许在母狼露娜的脑海中留下了一道深深的伤痕，这让其踱步行为更加严重。

这也可以解释我在得克萨斯州见到的一只宠物老虎的情况。生活在动物园里的大型掠食动物常常会来回踱步，而它们几乎全部都出生在圈养环境中。幸好它们是在动物园里出生的，因为对野生动物来说，被捕捉并被养在动物园的过程会给它们带来可怕的压力。但是在动物园长大的狮子和老虎常常会在各自的围栏里走来走去，一走就是几个小时。

我见到的这只老虎出生在圈养环境中，但它没有任何刻板行为。这也许是因为其圈养环境充满了刺激。在它还是一只八周大的虎仔时，一对牧场主夫妇在一个鸸鹋拍卖会上发现了它，并把它带回家，养了起来。

他们把它当宠物一样养在房子里，它变得像宠物狗一样习惯了人类的家庭生活。每当它想要出去大小便的时候，它就会站在门口，等着主人把房门打开。这对夫妇还有一条成年的拉布拉多猎犬，这条猎犬马上就凌驾于虎仔之上。就这样过了一段时间，家里又多了一条瑞士救护犬，这位新成员也凌驾于虎仔之上。对于一只虎仔来说，一个家里有两个主人和两条处于支配地位的狗，这个环境并不自然，但也算不上贫瘠。在野外，虎仔要和妈妈及兄弟姐妹们一起生活一年，学习捕猎的本领。对于这只虎仔来说，那两条狗就是它的大哥哥，而主人夫妇也许就是爸爸妈妈。就这样，虎仔在一个丰富化的社会和物理环境中长大。

到了它一岁半的时候，牧场主夫妇将其从房子里转移到室外的一个笼子里。这个笼子长约 15 米、宽约 5 米。从此以后，它就开始了笼子里的生活。他们从来不让它走出笼子，但笼子上有一个小门，它可以把头伸出来，这样他们就可以爱抚它，为它喂食。现在两条狗都没有了，这只老虎没了伙伴。

它没有刻板行为，不乱抓自己的毛发，不乱咬爪子，也不来回踱步。它唯一的问题就是有点大腹便便，因为它在小时候曾暴饮暴食，现在一减肥，肚皮就耷拉下来，但仅此而已。

在笼子对面的牧场上，成群的牛在吃草，它牢牢地盯着它们看。当看到牛群被从一个草场转移到另外一个草场上时，它就会变得十分兴奋。如果有小孩来到这个牧场，它也会盯着看，但是看的方式十分可怕，因为它看小孩的眼神和看牛群时的眼神是一样的。这是因为在它成长的过程中，身边没有过小孩，而只有成年人和狗。因此，对它来说，小孩并非和大人一样是人。

自从《我们为什么不说话：动物的行为、情感、思维与非凡才能》（江西人民出版社，2018 年，*Animals in Translation*）一书出版之后，我一直在从事大量动物园的咨询工作，因此我见过许多圈养的大型猫科动物。在我看来，这只老虎一切正常。如果你检测它的皮质醇水平，我敢保证也是正常的。皮质醇是一种和压力有关的激素。对它来说，现在的生活环境似乎还可以，但最重要的是在它小时候，它生活在一个丰富化的社会和物理环境中，早期的刺激对它的大脑起到了某种保护作用。

　　为了改善圈养状态下出生的动物的福利，人们需要为其提供丰富化的环境，不但在其小时候如此，在其整个成年时期都要如此。与其等刻板行为出现之后再想办法治疗，远不如防患于未然。一旦发生刻板行为，我们应该努力降低其程度，即使是对于大脑深受创伤的情况也是如此。像母狼露娜那样的动物不一定在遭受痛苦，但持续性的刻板行为本身就会影响到其生活质量，其神经系统是以一种完全异常的方式工作的。如果对我不管不问，让我整天沉溺于刻板行为，我就永远不可能成为一位大学教授，我就会失去很多精彩的体验。通过将露娜转移到另外一个远离食物准备区域的围圈，收容所的工作人员设法在一定程度上减轻了其刻板行为。也许食物让其刻板行为更加严重，因为准备食物的景象会不断刺激其寻求系统。

　　无论是农场主和牧场主，还是动物园工作人员和宠物饲养者，每一个和动物打交道的人都要对它们负责，这就需要一套简单可靠的、可以适用于任何环境之中的任何动物的指南，这样才能为动物创造良好的情感福利。我们最好的指南就是大脑里的核心情感系统。规则很简单，即尽可能不要刺激其愤怒系统、恐惧系统和惊慌系统，而是尽可能刺激其寻求系统和玩耍系统，为其提供有事可做的环境，以避免刻板行为的形成。

　　怎样才能做到这一点呢？在本书后面的章节，我将和各位读者分享我所知道的一切。

02.

人类最好的朋友：狗

狗和我们周围的许多其他动物不同，它们有很强的社会性，对我们所做的一切都十分敏感。它们和人类如此心有灵犀，在所有动物中，只有它们可以根据人的目光或手势明白食物所藏的位置。狼做不到这一点，就连黑猩猩也做不到这一点。

　　从基因上讲，狗就是狼，经过一代代的演变，它们学会了和人类共处与交流。这就是为什么和其他动物相比，狗很容易训练。谁都可以教一条狗坐下，教它和人握手。随着年龄的增长，很多狗可以从事大量的自我训练。我知道有这样一条狗，每当主人穿上鞋子想要带它出去散步时，它就会跑到主人身边，坐下来，静静地等着主人给它套上项圈。只要主人拿起项圈，它马上会低下头来。这些动作谁也没有训练过，它完全是靠自学。

　　狗之所以会自我训练，掌握很多行为，是因为我们对其行为所做的反应可以强化该行为。要训练一只猫，你必须要给予食物上的奖励，但对于狗来说，只要你高兴，它就很高兴。随着时间的推移，狗觉察到只要它静静地等着自己的项圈，主人就会很高兴，于是它就学会了静静地等待，让主人高兴。

　　当然，有的训练者会说当狗等着套项圈时，它也在训练主人，让其高兴，这种说法也许有道理。一直以来，人类和狗都在互相训练着对方。对于狗来说，其自然状态就是和人类生活在一起。狗是被驯化的狼，研究人员10年前才认识到这一点。这一发现也许增强了人们对两者之间在行为上相似性的兴趣。问题是许多人对狼有很多错误的认识。在为写作本书而调查研究的过程中，我阅读了大卫·梅可（David Mech）对狼长达13年研究的结果，这个结果让我很是吃惊。他研究的是加拿大西北地区埃尔斯米尔岛（Ellesmere Island）上的狼群。梅可的研究发现几乎完全颠覆了我们对狼的原有认识。既然狗是被驯化的狼，这就意味着我们也需要从新的视角认识狗，这就是我下面要说的内容。

对于狼和狗的认识，梅可博士最为重要的发现是：在野外，狼并不生活在狼群里，它们中并没有地位最高的雄性（alpha male）为了维护自己的支配地位，和其他成员展开打斗。我们对于狼群和其地位最高的雄性的看法是完全错误的。实际情况是，狼的生活方式和人类相似，它们也以家庭为单位，家里有爸爸、妈妈和它们的孩子。有时一匹没有血缘关系的狼会被吸纳到这个家庭。有时狼爸爸或狼妈妈的亲属也会和这个家庭生活在一起，如"未婚"的姑妈或姨妈。有时如果狼爸爸或狼妈妈去世，这个家庭就会通过接纳新成员来完成重组。但是大部分情况下，一个家庭由爸爸、妈妈和它们的孩子构成。

一个群体只有一对夫妻负责繁衍后代，这并不是因为地位最高的雄性控制着所有的雌性，而是因为同一窝狼崽之间不会交配，狼也不会和自己的父母亲交配。它们和野马不同，在野马群中，处于支配地位的公马控制着野马群中所有的母马。负责繁衍后代的公狼和母狼之所以处于支配地位，和人类家庭里爸爸妈妈处于支配地位是同样的道理。狼妈妈和狼爸爸会一直是狼群中的爸爸妈妈。一个儿子即使到了50岁，即使已经成为大公司的老总，但是在自己的母亲面前，他不再是老板。在狼的世界里，情况也是如此。父母总是父母，孩子们是不会和父母亲争夺家庭支配权的。

之所以每个人都认为狼生活在由雄性首领领导的群体里，是因为在研究狼的社会生活时，大多数情况下研究对象都是圈养的狼，而对于生活在圈养状态下的狼来说，其家庭生活几乎从来就不是自然的。它们只是一群毫无关系、被人为地放到一起的动物，于是它们不得不想出某种办法来相处。狼的解决方法就是形成特定的支配等级，有一对公狼和母狼地位最高，通常只有它们可以繁衍后代。在野外的情况并非如此，因为在野外不会有人强迫着一群毫无关系的狼生活在一个群体里。

人们之所以会认为狼生活在支配等级关系之中，另外一个原因也许在于这种关系在自然界、动物园和人类的家庭中都极为常见。大多数生来就过集体生活的动物会形成支配等级，如野马、被主人养在一起的家畜也是如此。

狼的家庭成员不需要这样的支配等级就可以和平共处。梅可博士不知道狼崽之间是否会形成等级秩序，有些研究者认为它们会的。但是即使狼崽之间在家庭内部有这种社会等级划分，它们也似乎不会为了争权夺利而发生打斗。梅可博士说："狼崽会自动服从成年狼和家中年龄比它们大的狼，大家和平相处。"

梅可博士认为狼妈妈可能要服从狼爸爸，虽然在他所观察的狼群中，这种从属地位并不明显。但是即使狼妈妈的确要服从其配偶，这种地位上的差异也很小，与其相比，在人类社会中，妇女对丈夫的从属关系有过之而无不及，这种情况过去如此，在今天的很多地方依然如此。分别之后再次见面时，母狼会以服从的姿态迎接其配偶，但是其配偶在面对这种姿态时，要么把叼在嘴里的肉放下来，要么把已经咽下去的食物吐出来，给母狼和幼狼。因此，梅可博士认为母狼的很多服从行为实际上是求食行为。在捕猎时，公狼和母狼会精诚合作。在享用猎物时，两者会平起平坐。但是如果母狼身边有幼狼，公狼则要服从母狼。家庭中的每个成员都会捍卫自己的食物，就连最小的幼狼也不例外。梅可博士说每一匹狼都有属于自己的区域，即嘴巴周围的区域。"任何级别的狼都可以从其他的狼那里偷窃食物，无论后者属于何种级别，但每一匹狼都会捍卫自己的食物。"在支配等级关系中，这种情况通常不会发生。还有一个错误的认识就是所谓的"独狼"，其实它们通常只是离开父母寻找配偶的年轻的狼。

狼以家庭为单位，而不是以群体为单位，梅可博士并不是第一位提出这种看法的人。在他所引用的文献中，最早的可以上溯到 1944 年，书的名字是《麦金利山上的狼群》（*The Wolves of Mount McKinley*），作者为阿道夫·默里（Adolph Murie）。让我感到非常有趣的是，他当年提出这个看法时并没有引起人们的注意，而对圈养状态下狼群的研究却一下子火了起来。毕竟和狼群的观念相比，狼以家庭为单位这个观点要更加合乎情理。对于像狼这么大的掠食动物来说，如果成群结队地生活，一定会难以为继，因为它们中的每一匹都需要很多食物才能免受饥饿。如果狼以小家庭为单位，共同行动，共同捕猎，就更容易填饱肚子。

成员众多的德鲁伊狼群先是被圈起来，后来在 1996 年被放到了黄石公园。这个狼群最终解体了，原因是它们无法捕到足够的马鹿供给整个狼群。起初，狼群扩大是因为有 3 匹母狼产下了狼崽。这群狼被放到了黄石公园后只过了 5 年的时间，其数目就增加到了 37 匹。但是到了 2003 年，狼群中狼的数目大大减少，只剩下 8 匹，这样它们就可以分散开来，在黄石公园的不同区域捕猎。

狼以家庭而不是以群体为单位之所以更为合理，还有另外一个原因，那就是作为掠食动物，狼不像许多被掠食动物那样需要寻求群体的保护。一项新的研究结果要想为大众所了解，可能会需要很长时间。梅可博士这篇发表于 1999 年的文章何时才能推翻人们心中固有的狼群的形象呢？我拭目以待。

狗需要首领吗？

几乎每一本驯狗方面的书都会告诉人们一点，即必须要确立自己群体首领的地位，这一点至关重要。塞萨尔·米伦（Cesar Millan）极其畅销的书和电视节目都是关于如何支配整个狗群的。但是如果狗来自狼，既然狼没有首领，那么为什么狗群就需要一个首领呢？

一套关于狼的错误观点也许会造成一套相应的关于狗的错误观点。我认为研究人员和训练者还要过一段时间才能意识到这是怎么回事。许多专门研究狗的行为主义者和动物行为学家发起抗议，想要推翻狗群中"雄性首领占据支配地位"的说法。但是对于以家庭为单位的狼，以及这对狗来说意味着什么，他们并没有深入思考过。

狗经过一代代的演化，才最终和人类生活在一起，这又意味着什么呢？狗的演化是为了和人类家庭生活在一起吗？如果是的话，这是否意味着和人类家庭生活在一起的狗需要的是爸爸和妈妈，而不是首领呢？和人类家庭一起生活的狗是否更像是被迫在一起的狼群，而不像是一个家庭呢？如果是的话，这就意味着必须要有一位首领。

下面我首先谈论主人要做首领的情况。

塞萨尔·米伦和他的狗

在洛杉矶的犬类心理研究中心，塞萨尔·米伦养了三四十条狗。这些狗生活在一起，构成一个极端的圈养起来的人造狼群。在很多研究中心和收容所，都有这种情况。当俘虏状态下的狼被迫生活在一起时，它们就会形成支配等级。塞萨尔的狗当然也会形成这样的支配等级，按照地位高低依次排列。但是塞萨尔没有让这种情况发生，而是让自己成为狗群的首领。

塞萨尔说所有养狗的人都必须确立自己狗群首领的地位。如果从心理上讲，与人们一起生活的狗和一群相互之间毫无关系的成年狼是相似的，那么他也许是对的。但问题是两者之间是否相似呢？和人类家庭一起生活的狗会不会更像是和父母亲一起生活的幼狼呢？

凯萨关于狗群的观点源自他小时候在墨西哥牧场上见过的工作犬。每个狗群由 5 ~ 7 条狗组成。它们并不生活在房子里，因为它们并非宠物犬，但是也不是野生的。作为工作犬，它们的工作就是帮忙围拢牛群、看家护院、保护人类。

这些狗似乎并不以家庭为单位，塞萨尔说它们通常是不同的品种。这些狗大多数会为了争夺支配地位而发生打斗，这在以家庭为单位的狼群中是不会发生的。这就要提起塞萨尔童年经历中一段有趣的经历，这段和狗群有关的经历给他留下了十分深刻的印象。他爷爷的狗群没有发生过争夺支配地位的打斗：

"其他有些牧场主的狗群似乎有十分严格的等级结构，其中有一条狗是群体的首领，其他的是其追随者。每当他们的狗为了争夺支配地位而发生争斗时，当一条狗击败另外一条狗时，他们就会津津有味地观看。……在我家周围的田野里，我也见过野狗为了显示自己的支配地位而做出的种种举动。……但是我家的狗群中似乎没有明显的首领。我现在意识到这是因为爷爷从来不会让任何一条狗取代其领导者的地位，也不会让任何一条狗凌驾于人类之上。"

在他家的狗为什么不会发生争斗这一点上，塞萨尔也许是对的。他对犬类心理研究中心那一大群被抛弃的狗的看法也肯定是对的。这些狗曾经进攻性十足，塞萨尔对它们所做的工作表明，在很多情况下，人成为一群毫无关系的狗的首领，不但是可能的，也许还是可取的。当人类成了狗群的首领时，它们之间就不会再发生争斗。

但是我不太清楚他爷爷牧场上的狗到底是怎么回事。这些狗可能已经把老人当成了群体的首领。另外，它们也可能把老人看成了它们的人类父亲。它们之所以不再发生争斗，也许是因为它们之间的关系就像是狼群里兄弟姐妹之间的关系，而兄弟姐妹之间是不打架的。

我这样说是因为他爷爷牧场上的狗似乎和我小时候接触的狗很像。当时小区里有 4 条狗，分别来自 4 个不同的家庭。由于每家之间没有围墙的阻隔，这些狗常常在一起溜达或玩耍。其中 3 条是没有阉割过的公狗，因为在 20 世纪 50 年代，还没有人阉割公狗。另外一条是做过绝育手术的母狗。它们中有两条是金毛猎犬，一条是我家的，名字叫安迪（Andy），另外一条叫"闪电"（Lightning）。另外两条是拉布拉多犬，分别叫亨特（Hunter）和塔基（Tucky）。这些狗在各自的家里吃饭睡觉，但是白天大部分时间都在一起。

通常我们这些小孩会在大街上骑自行车玩，街道是环形的，平时很安静。这 4 条狗会跟在我们后面跑。它们之间从来没有打过架，也从来没有咬坏过房子里的东西。它们白天都不在家里，而是在外面，因为在外面它们有事可做。吠叫声很少成为问题，只有一次例外，还发生在我家的安迪身上。它有次在外面一直到很晚，跑到某户人家窗外大叫。这户人家没有养狗，因此别的狗不可能是让它不安的原因，唯一的异常之处就是他们和我的父母亲发生过几次争执。

有时它们会跑得远远的，我们不知道它们跑到哪里去了。在我家对面有很大一片树林，面积可能约达 40 万平方米，我想它们也许有很长时间待在那里。但是我不知道它们是一起过去的，还是单独行动，因为我从来没有见过它们进去或者出来。它们只是一会儿在我们身边，一会儿就不见踪影了。

和我们这些小孩在一起玩耍时，它们几乎总是在一起，但我不记得它们曾经有首领，虽然我的确记得它们有表明支配地位的行动。每当我家的金毛猎犬安迪看到另外一条金毛猎犬"闪电"时，它马上就仰面躺在地上，虽然时间只有几秒钟。有时它会走到"闪电"家的院子里，主动在它面前躺下。在两只拉布拉多犬身上，我从来没有见过这种行为，其中的原因很充分，我会在后文说明。

没有人知道狗的自然状态是什么，这部分是因为人类的生活方式在不断变化。但是我认为我们小区里的环境对那些狗来说也许就是最为自然的。泰德·凯拉索（Ted Kerasote）在《莫儿的门》（Merle's Door）一书中所描写的狗似乎和我们小区里的狗差不多，但它们生活在城市里。凯拉索书中的城市也没有任何围墙，狗之间的关系似乎很和睦。当一条狗从家门前经过时，它们谁也不会大声吠叫，而是互相嗅嗅屁股，摇摇尾巴。如果你生活在一个到处都是围墙的城市里，这是难以想象的。

对于狗来说最自然的生活就是没有围墙的生活，大部分时间都可以和主人一起在户外活动。我之所以这样认为，是因为这也许就是10万年前，当狼刚刚演变为狗时和人类一起生活的情况。那是农业出现之前很早的事情，因为农业存在只有1万年的历史。当时人类还过着到处流浪的狩猎采集生活，虽然可能已经有了一个生活据点，但是这个据点并不固定，因为人们必须随着食物来源的转移而迁徙。

最早的狗也许已经有了某种"主人"，开始和人类家庭生活在一起，但是它们不可能生活在围墙之内。我们无从知道早期的狗是否会受到束缚，还是可以来去自由。我想它们可能和我小时候接触的狗差不多。它们和人类一起出去狩猎，或者独自游荡，过一段时间再返回人类的据点。也许在某一个时刻，它们脱离了自己的父母亲，开始和与自己毫无关系的成年狗走到一起，形成一个小群体，但它们不是真正意义上的群体，因为它们没有首领。它们只是合作者和玩伴，有时也许是结伴而行的旅友。它们在情感上所依恋的主要是人类，而不是其他的同类。

我认为塞萨尔对于他小时候牧场上的狗的认识也许是错误的，但是他对于犬类心理研究中心的狗的认识却是正确的。他爷爷养的狗也许并不是真正意义上的狗群，而犬类心理研究中心的狗却生活在对它们来说最不自然的环境中，三四十条互不相关、品种各异的狗被迫生活在一个大围栏里。这些狗必须结成狗群才不至于斗得你死我活。塞萨尔成功地让自己成为狗群的首领，而不是让狗之间为了争夺这个位置而争斗不休。塞萨尔的狗有超过一半无家可归，其中大多数都有攻击性的问题，但在塞萨尔这里，它们却能够和平相处。塞萨尔成功地让他所救助的狗适应了这个不自然的环境。

狗需要的是父母，不是群体首领

狗所需要的不是群体首领（pack leader）的替代者，而是父母亲的替代者。我这样说是因为从基因上讲，狗就是未成年的狼，而幼狼与它们的父母亲和兄弟姐妹生活在一起。

在演化的过程中，狗经历了一个幼体滞留（pedomorphosis）阶段，也就是说狗比狼更早停止发育。这是一种发育受阻现象，这就是为什么狗会看起来不那么像狼，尤其是纯种狗。和人类的小孩一样，动物的幼崽也有"娃娃脸"。新生的狼宝宝鼻子圆嘟嘟的，耳朵耷拉着，和新生的狗宝宝一样。但是在成长的过程中，狼的鼻子会变得又长又尖，耳朵也会变得更尖，并且竖立起来。和狼相比，大部分狗的鼻子要更短，很多狗的耳朵都是耷拉着的，和小时候一样。纯种狗看起来更显幼稚，用我一位朋友的话说，它们长着一张"玩具脸"。

多亏了英国人所做的一些有趣的研究，我们现在知道总的来说狗的面部特征和其行为是相互照应的。黛博拉·古德温（Deborah Goodwin）博士和其同事们发现狗的外貌越像狼，其身上成年狼的行为特征就越多。为了研究狼的外貌和狼的行为之间的关系，她从狼身上选择了 15 种最重要的进攻和服从行为，它们在冲突中相互交流时会表现出这些行为。然后对 10 个品种的狗进行观察，以确定哪些品种的狗身上会表现出哪些行为。进攻行为包括吼叫、龇牙、把头放到另外一条狗身上，还有就是两腿直立。服从行为如舔嘴巴、转移视线、下蹲和仰面朝天躺在地上。

古德温博士发现西伯利亚哈士奇（Siberian husky）具有所有 15 种行为，同时它在这 10 个品种中外貌也最像狼，而外貌一点也不像狼的查理王骑士猎犬（Cavalier King Charles spaniel）则只有其中 2 种行为。对于所有 10 个品种的狗来说，外貌和行为之间的这种照应关系都很明显，但也有些有趣的例外。4 种猎犬中有 3 种身上狼的行为多于狼的外表，它们分别是英国可卡犬（cocker spaniel）、拉布拉多猎犬和金毛猎犬。有 2 种牧羊犬虽然鼻子很尖、耳朵直立，但并没有相应地表现出太多狼的行为，它们分别是德国牧羊犬和喜乐蒂牧羊犬（Shetland sheepdog），这两个品种可能是例外，因为它们的面部特征是人们特意繁育出来的。人们有意识地将德国牧羊犬繁育成狼的样子。古德温博士说这也许意味着一旦一个品种失去了某一种行为，人们便无法通过仅仅改变其外貌将这种行为变回来。因此，虽然从基因上讲外貌和行为是相互照应的，但是也可以从基因上将两者分开。她认为猎犬之所以能够保留如此多狼的行为，就是因为它们需要"更多祖传的行为"才能更好地从事自己的工作。

即使有这些例外，总体的排名情况还是和其猜测相符的：

查理士王小猎犬：2 种狼的行为。

诺福克梗犬（Norfolk Terrier）：3 种狼的行为。

法国斗牛犬：4 种狼的行为。

喜乐蒂牧羊犬：4 种狼的行为。

英国可卡犬：6 种狼的行为。

明斯特兰德犬（Munsterlander）：7 种狼的行为。

拉布拉多猎犬：9 种狼的行为。

德国牧羊犬：11 种狼的行为。

金毛猎犬：12 种狼的行为。

西伯利亚哈士奇：15 种狼的行为。

如果利用混种狗来做古德温博士的试验一定会很有趣。混种狗可以很快就恢复到狼的样子，但是它们是否也会重获狼的一些行为呢？这谁也不知道。

如果我们把狗看成还没有长大的狼，那么那些把狗当作自己孩子的人就做对了，虽然这并不一定让他们成为狗的好"父母亲"。此外，那些把玩赏用犬当作小孩来对待的人也许是对的，因为至少有些高度幼态化的品种会终生保留小狗的样子。古德温博士认为在心智上查理士王小猎犬永远不会走出小狗这一阶段。即使在其发育成熟时，它也还是会像一只小狗。有一次我在机场等飞机时见过一只成年的查理士王小猎犬，很多人走过去爱抚这只可爱的"小狗"。

如果狗需要父母亲，这是否意味着人们应该将如何成为狗的首领这方面的书付之一炬呢？

我认为这要具体问题具体分析，有些指南类书籍的内容也许是对的，虽然其出发点未必正确。养狗者的确要做狗的领导者，但是并不是因为如果不这样狗就会称王称霸。养狗者需要做领导者，这和为人父母者要做领导者是一个道理。好父母会设定界限，教孩子学会为人处世，而这也正是狗所需要的。狗必须学会如何行事，主人必须承担起教育它们的责任。如果狗没有受到人类的良好管教，它们就会像缺少管教的孩子那样无法无天、胆大妄为。无论你是把自己当成首领还是父母亲，这都没有什么关系，关键是要让你的狗不胡作非为。由于狗在心智上永远不会长大，你就要做好父母亲应该做的，即使在其身体已经发育成熟时，依然要设定界限。

无论如何，人类必须要处于支配地位。

多少狗才算多

除非你是养狗的行家，否则最好不要养两条以上的狗。这是为什么呢？我认为梅可博士的研究可能从生物学的角度为我们提供了一个答案。专门研究犬类行为的帕特里夏·麦考奈尔（Patricia McConnell）说："养两条以上的狗的人很不一般。……要知道养两条狗所要付出的努力绝不仅是养一条狗所付出努力的两倍，而养三条狗所要付出的努力会让你以为你养了七条。"

一群狗能够和平相处，既取决于狗的性格，也取决于其主人的性格。有些狗比其他的狗更适合群体生活。

生活在同一屋檐下的几条狗是一个强制组成的群体，而强制组成的狗群可能会发生问题。多利特·乌尔德·费多森·彼得森（Dorit Urd Feddersen-Petersen）博士做了这样一些研究。她把同一品种的一些狗放在一起，让它们在一个宽阔的室外围场内自由活动。她想看看在这种"半自然"状态下，它们会如何相处。

最后她发现相处的情况并不太好：

"我们发现有的品种的狗不能相互合作，我们说的合作是最基本的合作，就是在一起做事，也不能在群体中竞争。这反映在它们很难建立并维持一种等级次序（如贵宾犬）上。这些狗群之间的互动不是功能上的，其成员难以应对来自环境的挑战。在一些品种的狗中，狼解决冲突时常用的一些方法是不存在的，如安抚和抑制对手，这实在很让人吃惊。……在很多狗群中，本来琐碎的冲突常常会升级为伤害性的打斗。"

这些都是纯种狗,当把它们和其他的纯种狗放到一起时,它们不知道如何处理冲突,因为它们已经失去了很多表示顺从的行为,而狼则会用这些行为来阻止冲突升级为血腥争斗。

这方面表现最差的是玩具贵宾犬(toy poodle)、西高地白梗(West Highland white terrier)、杰克罗素梗(Jack Russell terrier)和一些拉布拉多猎犬。表现最好的品种有马拉缪特狗(malamute)、哈士奇、萨莫耶德狗(Samoyed)、德国牧羊犬、美国史特富郡梗(American Staffordshire terrier)、金毛猎犬和巴西非勒犬(Fila Brasileiro)。在社会宽容度上,那些相互之间能够和平相处的狗要高于玩具贵宾犬和梗狗,不同于后面这两种狗,前者之间发生得更多的是非进攻性行为,如相互理毛行为(allogrooming)。

费多森·彼得森博士的研究结果也许和古德温博士是一致的,因为她似乎也发现了外表像狼的狗和不像狼的狗之间的差异。当不得不和别的狗生活在一起时,外表像狼的品种的狗比不像狼的品种的狗表现要好很多,前者如马拉缪特狗、哈士奇和萨莫耶德狗,后者如玩具贵宾犬和杰克罗素梗。

想一想那些外表不像狼的品种的狗所丧失的行为,我们就会发现她的研究结果是很有道理的。在狼用来交流时最为重要的15种进攻性和服从行为中,狗所失去的主要是服从行为。狗的外表越不像狼,其身上的服从行为就越少。在狼应对冲突时采用的6种服从行为中,古德温博士试验里的查理士王小猎犬身上一个也没有,但是西伯利亚哈士奇身上却全部都有。在狼的特征等于或少于7个的6个品种的狗中,要么它们只有一种服从行为,要么就是一种也没有,而在4个和狼比较接近的品种的狗中,每个身上都有好几种服从行为。拉布拉多猎犬和德国牧羊犬表现出6种服从行为中的3种,金毛猎犬有4种,哈士奇全部都有。费多森·彼得森博士所研究的一些拉布拉多猎犬之所以不能和平相处，就是因为它们已经失去了一半的服从行为，而狼则可以利用更多的服从行为远离打斗。

狼身上的服从行为要比狗多很多，这看起来似乎有点不可思议，毕竟我们常常听到的说法是狼比普通的狗更危险。幼狼在成长过程中会先形成进攻行为，后来再形成服从行为，但是狗在所有的服从行为得以形成之前就停止了发育。那么为什么普通的狗并不比狼更加危险呢？

在进攻行为和服从行为方面，狼崽的发育过程可能和小孩类似。和小孩一样，幼狼的进攻性比成年狼强一点也没有什么问题，因为它们的破坏性不会太大。进攻行为先出现，这样幼狼就可以在必要时保护自己。服从行为后来才出现，这样年长的、大一点的狼就可以避免和其他处于青少年期的狼或成年狼之间的打斗。在正常的人类身上，我们肯定也可以看到这一点。一个正常的 2 岁大的小孩可能打他的妈妈，但是一个正常的 20 岁的人绝不可能做这样的事情，至少家教良好的正常人不会这样做。

支配等级要起作用，处于从属地位的动物要做到两点：首先，同意服从；其次，通过服从行为将其表达出来。狼需要这种服从行为才能建立稳定的等级关系。如果一个品种的狗失去了这种行为，它们可能就无法避免打斗，除非它们已经被繁育得失去了进攻性。费多森·彼得森博士还发现如果人类"更多参与狗的群体生活"，狗群中的打斗也会减少。如果主人经常不在家，一群幼态持续的成年纯种狗在一起肯定会麻烦不断。

我发现成群的狗总是最危险。对于狗攻击人的总体情况我们没有很好地统计，但至少 1983 年发表的一项研究结果表明，在所有致命的情况中，狗群占 18%，而在非致命的情况中，狗群只占 1%。前面提到的麦克奈尔和费多森·彼得森的研究部分解释了为什么会这样。

费多森·彼得森博士在她的一些纯种狗群体中观察到了群体攻击现象，"群体的很多成员对一只受到威胁的狗发起集体攻击"。狼群对独狼发起恶性集体攻击的情况很少，人们所知的唯一一次发生在黄石公园的德鲁伊狼群。

如果你把一群毫无关系的成年纯种狗放到一起，这很可能是在冒险。它们身上没有狼所有的服从行为，而它们却生活在一个连狼都可能会对另一匹狼群起而攻之的环境。现在麦克奈尔和费多森·彼得森的这两个研究结果都已经发表，对那些想多养几条纯种狗的人，我的建议是最好不要超过两条，除非它们是一家子。

两条狗比一条好吗？
—— 利用蓝丝带情感为狗创造良好的环境

狗很情绪化，也很善于表达感情，因为从它们身上很容易就可以理解雅克·潘克塞普的蓝丝带情感理论。由于前面一直在讨论一个人应该养几条狗的问题，我这里打算先从惊慌系统谈起。惊慌系统是大脑内部的社会依恋系统，如果小动物的妈妈离开它，它就会哇哇大叫。如果你让微弱的电流通过大脑里的惊慌系统，动物就会发出分离呼叫。如果这个系统被激活，无论是人还是动物都不会快乐。要想让动物快乐，就要满足它们的社会需求。

那么狗的社会需求是什么呢？

我们知道狗需要人类，因为它们的演化就是为了能够更好地和人类在一起，但狗是否也需要其同类呢？显然，狗喜欢其同类，喜欢和同类的伙伴在一起。在过去，狗一直就是和同类在一起的。无论是否在一起生活，狗和同类共度一段时光是很自然的事情。现在我很为那些终日被关在围墙之内的狗担心。和我小时候接触的狗不同，也和

《莫儿的门》一书中的莫儿不同，家养的狗无法自由出入。《莫儿的门》的意义就在于此，莫儿是一条自由的狗，它的行动是自由的。

今天，狗的生活和二三十年前有了很大的不同，它们不再自由。我认为还没有人意识到这会产生什么样的影响。我相信如果针对狗的攻击事件做一项流行病学研究，就会发现这类事件比我小时候要多。我不确定针对人的攻击事件是否也增多了，但从 1986 年至 1994 年，狗咬伤事件增加了 36%。狗数量的增加并不能解释这个现象，因为狗的数量同期只增加了 2%。从基因上讲，针对狗的攻击和针对人的攻击肯定是有所不同的，因此狗对狗的攻击的增多并不一定意味着狗对人的攻击的增多。我的问题是：对于拴狗令无意中所带来的后果，我们看到了吗？为了让狗生活得更加安全，我们专门通过了法律，但这是否会让人的生活更加危险呢？

拴狗令让我们从不同的角度认识了凯萨·米伦和其他强调群体首领的专家。他们谈论的是今天的狗，而不是生活在二三十年前的狗。虽然狗的演化就是为了更好地和人类生活在一起，并且人类可能也发生了演化，以便更好地和狗一起生活，但狗毕竟不是人，从心理上讲，生活完全被人类所控制的狗就像一条生活在一个陌生狼群里的狼。如果拴狗令和栅栏已经让狗感觉就像是生活在陌生的狗群里，而不是和自己的家族在一起，也许现在的狗的确需要一位首领。

下一个问题是，在情感福利不受影响的情况下，狗可以独处多长时间呢？在我看来似乎只要主人一直在身边，一条狗即使不见同类，或者基本上不和同类互动，依然可以快乐地生活。但是如果连续独处几个小时，狗是不会快乐的，因为它们的社会性太强。如果主人由于工作整天在外面，独自在家的狗就会抓狂。兽医和训练者遇到过很多这样的例子。如果狗被单独锁在家里，它就会咬坏房门和窗帘，拼命想要出去，这样的视频我看过很多。如果主人在家，没有一条狗会这样做。狗之所以会咬家具，正是由于分离焦虑。安迪唯一一次咬东西是在它小时候，咬坏了一些鞋子和妹妹的填充动物玩具。

这是现在的拴狗令和栅栏所带来的另外一个不良影响。狗仿佛变成了俘虏，而不再是伙伴，房子和被栅栏围起来的院子似乎变得像一个很精致的动物园。因此，如果你现在想要养狗，必须要想一想，怎样才能面对它将要生活在一个不自然的环境中这个事实。

我认为如果你因为工作而不得不整天离开家，要么就不要养狗，要么干脆养两条狗，最好是两条互相熟悉的狗。还有另外一个选择，那就是养一条依恋性不那么强、不那么容易惊慌的狗，因为这样的狗白天可能会呼呼大睡。

我知道有很多狗都在遭受着寂寞无聊之苦。和狼相比，狗可能更无法忍受长时间的独处，因为狗是青少年阶段的狼，而这一阶段的狼会和父母亲在一起生活，一直到它们两岁左右。据说有些狼会和父母亲一起生活到近三岁。

个头小的玩赏用犬可能更需要陪伴，如查理士王小猎犬，因为和大块头的猎犬相比，它们的心智更为幼稚。当查理士王小猎犬的支配行为和服从行为不再变化时，它们只相当于二十天大的狼。对于无论是狼还是狗来说，这个年龄都太小，不适合长时间独处。有些专门研究犬类的行为学家开始证实这一点。《新科学家》（*New Scientist*）杂志曾引用过唐娜·布兰德（Donna Brander）的一段话："这些处于青少年阶段的狗有分离焦虑的问题。……它们从来没有形成更加成熟的行为模式。"

因此我强烈建议如果你会有很多时间不在家，或者不能每天抽出一小时的时间和狗相处，你应该考虑养两条狗。许多人认为养两条狗要比养一条有趣，看着它们玩耍是一件很惬意的事情。但是如果你下定决心只养一条狗，并且又不得不整天在外面，那么当你不在家时，最好把狗送到一家好的日托中心。

陌生的狗组成的狗群

在日托中心，狗会不会结成群体，并出现类似于在狼群中出现的那种问题呢？我认为对于进攻性较强的狗来说，狗群可能会出现问题，但是其他的品种的狗可以和平相处。许多狗喜欢到同类聚集的地方嬉戏玩耍。有三个因素可以决定狗群是否会出现问题：遗传进攻性，是否具有与生俱来的服从行为，其幼时是否和别的狗有充分的交往。许多拉布拉多猎犬一点进攻性也没有，它们只知道玩耍，因此对它们来说，缺少服从行为并没有什么影响。偶尔有一条进攻性强的拉布拉多猎犬可能会造成问题，因为有些品种的狗不善于和其他的狗相处。我注意到在封闭的环境中长大的狗对其他的同类常常会很凶恶。

狗的思维方式十分具体化。拴了狗绳的狗和不拴狗绳的狗对其他同类的行为可能大相径庭。当有狗绳拴着时，它想到的可能是怎样保护主人，但是一旦摆脱了狗绳，就是它尽情玩耍的时间了。对狗大脑的研究表明，它会像电脑一样创建"文件夹"，有些情况放在"保护主人"的文件夹，有些属于"玩耍"文件夹，前者属于恐惧系统，而后者属于寻求系统。

狗的社会化

对于狗的惊慌系统，另外一个问题就是它和人类与别的狗相处的能力。在其关于犬类情感的书中，帕特里夏·麦考奈尔提出了一个很好的观点：社会化并不等于丰富化，养狗的人必须两手都要抓。在5至13周大的时候，小狗需要和其他同类、猫、小孩和成人交往。这一时期是敏感时期，如果等到年龄更大，它就永远不会充分社会化。

现在有很多关于如何让狗完成社会化的书，因此我这里不再赘述。再说太多的建议也没有必要，这大部分都是常识。最重要的就是要让小狗多接触小孩、成人和同类，这既包括家庭内部成员，也包括外界的人和狗。

这里我想再补充一点，因为很多书上似乎没有提到，那就是青少年阶段的狗还需要第二轮社会化。研究者兼兽医卡伦·欧沃劳（Karen Overall）博士专门研究行为医学这个新领域，他认为狗在 6 至 9 个月大的时候开始性成熟，但是在社会交往方面要到 18 至 36 个月大时才能成熟。许多驯犬师认为这两个阶段中间的阶段类似于人类的青少年时期，在这一阶段年轻的狗会变得十分放纵、无所顾忌。根据我们对其他动物的了解，我认为在这几个月最好让它和一些成年狗在一起，对于雄性狗尤其如此，因为它可以从这些成年同类中找到榜样。我小时候接触过的狗全部是从其成年同类那里学会社交技能的。在安迪年轻时，它可以自由地和其他成年雄性狗交流互动，而"闪电"和亨特就是它的老师。

大发雷霆的狗

雅克·潘克塞普认为愤怒系统可能源自身体受到束缚的体验，因心理的约束而产生的挫折感是一种轻微程度的愤怒，例如当一条狗无法从有栅栏的院子里逃出来的时候。

所有饲养或照顾动物的人都应该尽可能让它们少遭受挫折，但是对于小动物来说，有必要有意识地让它们遭受一些挫折，只有这样才能培养它们承受挫折的能力。和小孩一样，小狗也必须学会如何控制它们的情绪和行为。帕特里夏·麦考奈尔专门解决狗身上的问题，她说自己见过成百上千的养狗者向她抱怨说他们的狗"无法控制"，这意味着这些狗已经从挫折变得愤怒，又从愤怒变得进攻性十足。它们无法忍受任何的挫折。

所有神经正常的狗都可以学会怎样控制愤怒，但是它们的确需要学习才能做到这一点。对有的狗来说，学会控制情绪很简单，它们可以在日常生活中自己摸索。但是如果你家的狗情绪似乎很容易受外界影响，那么你应该给它一些带有轻微挫折的积极体验。挫折是生活的一部分，因此情绪容易受外界干扰的人必须学会防止自己的挫折感升级为愤怒，狗也是如此。它们还必须要学会控制冲动，只有这样，即使在十分愤怒的时候，它也不会做出傻事。当邻居家的小孩粗暴地抓着它的脸，并且冲着它的耳朵大喊大叫时，如果它依然能够控制自己的情绪，这才是安全的狗。像这样的狗有很多，这就是为什么人们会这么喜欢狗。

对于狗来说，学习忍受挫折的第一课来自妈妈的怀抱。麦考奈尔博士说在她见过的小狗中，独生小狗出现严重行为问题的概率远高于非独生小狗。它们长大后会进攻性十足。

麦考奈尔博士讲了她养的一条独生小狗的故事，非常有趣。她很担心这条小狗长大后会是什么样子，于是她努力复制一个有同窝小狗陪伴的环境。当一窝小狗争着吃奶时，它们会互相踩着往上爬，因此嘴里的奶头常常会被兄弟姐妹撞掉。于是每当这条独生小狗吃奶时，每隔几秒钟，麦考奈尔博士就会用一个小的填充玩具把它的嘴推离奶头。

遗憾的是，这种方法似乎没能起到代替同窝兄弟姐妹的作用，因为在它只有5周大的时候，有一次麦考奈尔博士碰它，它竟然发出威胁性的吼叫。麦考奈尔博士说："一条只有5周大的狗冲着人怒吼，这就像是5岁大的孩子用剪刀捅他妈妈，是有意为之。"

她很害怕这条狗以后会长成什么样子，于是从此之后她花很多时间训练这只小狗习惯被人触摸。每次短暂地触摸它之后，她都会给它点奖励，这是一种典型的正强化。这一招果然奏效，最后这只小狗开始主动寻求爱抚。当它学会像正常的狗那样行动之后，麦考奈尔博士将它送给了一位没有孩子的妇女，两者相处甚好。

主动叫停的狗

在一条行为正常的家养狗身上，你可能会看到很多忍受挫折和控制冲动的例子，尤其是那些生性并不欢快但是却很乖的狗。我就见过这样一条狗，它是一条黑褐色的混种狗，身上有罗特韦尔犬（Rottweiler）、斗牛犬和猎犬的基因。它总是一副很严肃的样子，几乎从来就不会像生性快活的狗那样咧着嘴笑。它的眼神总是很忧郁，甚至有一丝悲哀在里面。从主人把它从收容所领回家的那天起，它一直是这副神情，它是那种乐天派的对立面。

还是小狗的时候，它就表现出很多不好的征兆。它会冲着家里的小孩吼叫，有一次竟然对着一位身高约 1.8 米的水电工狂吠。这么小的狗竟然敢于向他宣战，水电工觉得它很可爱，但是它的主人并不这么想。更糟糕的是，这个家里还有一位患自闭症的孩子，孩子的行为已经让人难以捉摸，一条动辄汪汪大叫的狗显然是雪上加霜。

它的主人读了一些关于支配性和支配性进攻的书籍。他们觉得必须让它知道自己在这个家庭中的位置，家里的每一位人类成员都高于它，包括自闭症小男孩。于是他们不允许它在任何情况下怒吼。每当它冲着家里的小孩怒吼时，女主人就会生气地把它从吼叫的地方推开。她没有打它，而是一边训斥它，一边粗暴地把它推开。

在这种情况下，支配性的概念不但无益，反而有害，因为他们对这个问题的诊断是错误的。这条狗的问题不在于其支配性，虽然从行为来看，它就像是那种驯狗指南上被称为支配性的狗。我认为女主人没有必要采取很多表达自己支配地位的行动，她要做的只是在它安静本分时给予奖励，在它怒吼时施加适当的惩戒。幸好狗已经很好地适应了人类，对于它们中的很多来说，即使人类犯了一点错误也没有什么关系，因为它们想要让人们高兴。这条狗意识到一点，即冲着人类吼叫是绝对不允许的。

这个家庭所采用的方法很有趣，因为他们最终在无意之中训练了狗承受挫折的能力。他们之所以这样做，部分上是因为他们担心自己的自闭症孩子，部分原因是在他们看来，狗的社会行为有点异常。他们当初选择这条狗是因为家里原来的狗死掉了，7 岁大的孩子想要养一条小狗。但当时这条小狗对家里的两个孩子并不感兴趣，甚至和大人也不怎么互动。每天傍晚，它不是和这家人在一起，而是独自躺在走廊尽头卧室里的板条箱里。

女主人认为这不是一个好现象。她感到家养狗应该有自己的工作，那就是和孩子们一起玩耍，至少不要在孩子们想要和它玩耍时行为失控。于是每天傍晚，她就把它从板条箱里抱出来，放到床上，而全家人则会坐在床上看电视。她并不让它在床上很长时间，但她的确把它带到了全家人所在的房间里。她会把它放到自己身边，它也喜欢这样。然后，如果它似乎有点厌倦了，她就会把它送回到板条箱里，或者让它自己回去。

她还做了很多驯狗指南上通常会教的事情，如把食物或玩具从它身边拿开；掰开它的嘴巴，看它的牙齿；在它睡着的时候把它转移到另外一个地方，等等。在做所有这些的时候，她都十分友善，因此狗对此没有任何不满。

她认为自己在做的是支配性训练，从某种程度上讲，这是对的。我在后面谈到恐惧系统的时候会讨论支配性。但是她所做的实际上就是正强化训练一条很沉闷的小狗学会应对挫折。这条小狗学会了承受挫折，也学会了控制冲动，因此如果需要叫停的时候，它会主动叫停。例如，有一天，女主人带着它和隔壁邻居还有邻居家的两条狗一起出去散步。这时主人家里已经又养了一条狗，因此一起散步的共有四条狗。此前这条混种狗已经和邻居家的一条狗打过两次架了，但在第二次架之后，这两条狗都学会了怎样在一起散步，因此任何问题也没有发生过。

那一天，除了这条混种狗，其他三条狗开始在雪地上一起玩耍。它们玩得很起劲，这条混种狗看着它们玩，越看越兴奋，汪汪叫个不停。

同时它也在努力与它们保持距离。每当那三条狗向它靠近时，它就会后退。如果它们靠得太近了，它就会跑到除雪机留下的一个约两米高的雪堆顶上。然后它会站在那里，一边看着其他的狗玩耍，一边在高处大声吠叫。过了一阵子，它会从雪堆上跑下来，近距离冲着其他的狗叫，但是只要它们一开始向它靠近，它就马上跑回到雪堆上。

对于它这种行为，女主人和邻居有相同的解释，她们认为它在避免其他的狗撞到它身上。它和邻居家的金毛猎犬之间第二次打架就是因为后者撞到了它身上。当时金毛猎犬从浓密的树丛中跳了出来，根本没有注意到它的存在，于是两者就撞到了一起。双方都大吃一惊，以至于它们的冲动控制机制根本没有来得及反应，它们就马上斗了起来。女主人知道它是担心如果被撞到，自己会再次脾气失控，于是它有意识地和它们保持距离，以免再次发生冲撞，它这样做实际上就是在自我叫停。

现在这条狗已经6岁了，一直是这个家庭的优秀成员。它和孩子们相处得很好，当家里有客人时也总是很高兴。对于其同类，只要和它们处上几分钟，它就可以和它们一起开心相处。但就是这样一条狗，却曾经很可能被很多人说成是不可救药的。

我认为这条狗所生活的早期环境起到了决定性的作用。在有些家庭，如果他们看到狗冲着孩子怒吼，就会让孩子离狗远远的。但是这一家知道他们无法训练自闭症孩子和狗保持距离，于是不得不转而训练狗。就这样，它成长为一条可以控制自己的情绪并远离麻烦的狗。

如何训练狗承受挫折

麦考奈尔博士认为要想训练小狗增强承受挫折的能力，最好的方法是教它们学会两种指令，分别是"别动"和"等待"。尤其是后者，在放它们出门之前，最好先让它们等待几秒钟。她认为在狗难以管束的小时候，即使是几微秒的等待时间也很有帮助。许多狗在出去散步时会兴高采烈地冲出家门，因此这时是训练它们控制情绪、注意行为的最好时机。很多关于支配性的书籍对"等门"训练有错误的认识。强调支配性和群体领导的训练者会告诉你在进出门时必须在狗前面，但这是不必要的。这项训练中重要的是等待，只要它已经安静地等了一秒钟，谁先出门没有关系。关键的一点是，狗已经学会了控制冲动和情绪。

还有一个好办法就是训练小狗不介意你把它的食物拿走。狼会不遗余力地捍卫自己的食物。梅可博士曾看到过这样的一幕：一匹饥肠辘辘的公狼想去偷母狼吃剩下的骨头，虽然母狼已经美美地吃了一顿大餐，但公狼还是白费了一个小时的时间。按照常理，母狼没必要死守着那根骨头不放，但它就是不愿放弃。公狼一过来，母狼就面露凶光。骨头是它的，它是不会放弃的。如果你训练小狗不介意你把食物拿开，它就会养成很强的承受挫折的能力。

拉布拉多猎犬和其他家养狗

我前面提到过，有的狗可以在和人类家庭一起生活的过程中很自然地学会承受挫折。但是你不能因为养了一条友好的狗，就以为可以不用专门训练它这方面的能力。对于拉布拉多猎犬来说，情况尤其如此。拉布拉多猎犬有两种，有一种体形很大，它们乐于整天躺在那里。我称这种性格类型为"轮椅性格"，它们十分安静，可以为残疾人服务，成为优秀的服务犬。

如果你养了一条具有轮椅性格的拉布拉多猎犬，也许就不必担心挫折承受能力的训练了。但是还有另外一种属于容易躁动的拉布拉多猎犬，它们可以和小孩很好地相处，因为它们生来活泼、精力充沛。我有一位朋友养了一条黄色的拉布拉多猎犬，名字叫莫利（Molly）。她告诉我她13岁的儿子曾说过这样一句话："莫利有三种表情：高兴、有点高兴、很高兴。"这句话很好地描述了这种狗的性格特征。如果一条狗的嘴巴处于一种放松的、半张至全部张开的状态，我们就可以知道它是高兴的。

躁动的拉布拉多猎犬很好玩，它们喜欢玩飞盘游戏。如果它们可以通过游戏活动寻开心，就不会那么躁动不安。但是它们不能很好地控制情绪和冲动。无法控制冲动，这基本上就是"躁动"的定义了，凡是养过这种狗的人都明白我的意思。莫利如此躁动，以至在其5岁之前，家里没人可以爱抚它，就是现在想要这样做也不容易。爱抚所带来的愉悦舒适的感觉让它兴奋不已，无法自控。

当费多森·彼得森博士把拉布拉多猎犬和别的狗放到一起时，她发现它们中只有一部分会表现出严重的进攻行为，而不是所有的，我想也许这就是原因所在。进攻性强的拉布拉多猎犬可能缺少情绪控制机制，正是这种控制机制避免冲突升级为愤怒，再由愤怒升级为猛烈进攻。因此，虽然拉布拉多猎犬是最安全的品种之一，但最好还是训练它们学会"等待"和"别动"。躁动类型的拉布拉多猎犬可能更容易失控咬人，但对此我并不确定，我认为其他人也无法确定。愤怒系统普遍存在，因此所有的狗都要学会控制情绪。

认识愤怒：支配性进攻是一种焦虑症吗？

多年以来，驯犬师一直在讨论支配性进攻和恐惧性进攻的问题，但大部分养狗者发现在将这种理论用到攻击性强的狗身上时，两者之间很难分清。恐惧性进攻容易理解，当一条惊恐的狗感到走投无路时，它就会狗急跳墙。恐惧性进攻也很容易识别：因为恐惧而发起进攻的狗在看到让它害怕的人或物时，会一边吠叫一边后退，而一旦无路可退时，它就会发起攻击。会和不会因恐惧而咬人，这是恐惧性进攻的狗和正常受到惊吓的狗之间的区别。正常的狗在受到惊吓时会夹着尾巴试图逃跑，但是它不会咬人。

在应对狗与狗之间的攻击行为时，这两种完全不同的进攻行为的确很容易混淆。是什么情感促使一条狗攻击另外一条狗呢？是恐惧吗？是它想要保护主人或地盘吗？如果它想要保护主人和地盘，这种行为来自什么样的情感系统呢？

所有的行动都是由情感所驱使的，因此要想理解支配性进攻，我们必须弄清楚驱动这种攻击的是什么情感。对于支配性进攻，我所见过的最佳解释来自卡伦·欧沃劳博士写作的一本教科书，书的内容是如何对猫和狗的行为问题进行临床治疗。欧沃劳博士认为狗身上的支配性进攻源自深层的焦虑症。与其说它们害怕，不如说它们焦虑。

在人类精神病学领域，有很多关于焦虑症的有趣研究，这些研究发现也适用于狗，因此在今后几年，犬类行为学家对狗的焦虑的认识可能会发生变化。现在我们可以说焦虑和恐惧有关，虽然这可能不仅仅是一种轻度的恐惧，因为恐惧和焦虑之间有一些生物学上的差异。但是从焦虑和恐惧的关联性来看，支配性进攻和恐惧性进攻也有关系。

传统上恐惧性进攻和支配性进攻之间的差异在于：因为恐惧而发起攻击的狗会一心想着逃跑，而为了取得支配地位而发起攻击的狗则一心想着要控制资源，如食物、玩具和睡觉的地方，或者是要支配自己的行为，如摆脱狗绳、跳到床上等等。它之所以不愿意逃跑，并不是因为它无所畏惧，处于支配地位，而是因为逃跑无法解决它的问题。例如，如果你碰它的食物会让它感到焦虑，那么它也不会乐意马上逃开，让你把食物拿走。唯一能够让它感觉好一点的是你不要动它的食物。它想让你离开，不要动它的食物，这就是它怒吼的原因。的确，它是在保护自己的东西，而不是因为它处于支配地位，想要支配你。它很焦虑，因此你不妨说它的怒吼这是一种焦虑性进攻。

从欧沃劳博士对支配性进攻的描述来看，它们就像是患有强迫症的人。也许你会称这种人"控制欲强"，或者是"管得太细"。我认为她在这一点上是正确的，因为支配性进攻的狗总是高度紧张。它们不会放松，也不快乐。

还有另外一个证据可以表明恐惧性进攻和支配性进攻都和恐惧或焦虑有关，那就是两者常常适用同样的抗焦虑治疗，其中包括药物疗法，如抗抑郁药阿米替林，还有一些行为疗法。

深度压力的镇静效果

我对一种新的物理疗法很感兴趣，这种疗法叫"焦虑缓解套"（anxiety wrap），发明者是驯犬师苏珊·夏普（Susan Sharpe），而启发她做出这一发明的则是我青年时期为了缓解焦虑而发明了挤压器（squeeze machine）。以前我已经多次讲过这种挤压器，当时启发我的是养牛场上给牛打针时用来防止其乱动的牢靠架（squeeze chute）。当我看到身体上所受的压力让牛变得如此平静时，我就为自己量体定做了一个挤压器，它同样让我感到十分平静。利用同样的理念，苏珊·夏普为狗发明了一种类似于 T 恤的贴身外套，这种外套可以给狗全身施加压力。她说这种焦虑缓解套对所有的行为问题都有帮助，包括恐惧症、害怕和攻击性。

在这方面，另外一位动物行为专家南希·威廉姆斯（Nancy Williams）也取得了很大的成功，她用包裹马腿的宽大橡皮圈将狗的腰身部位包裹起来。我一位朋友曾在一条狂躁的惠特兰梗（Wheatland terrier）身上尝试压力疗法。在感恩节的家庭聚会上，这条狗无法忍受家里的喧闹。于是她就用胳膊环绕着它，并施以压力。过了一会儿，它就平静下来，也更加专注了。

我还见过一项利用三条进攻性很强的大丹犬所做的惊人试验，其中两条的攻击性针对同类，另外一条是针对陌生人。它们先被放到一个被称为全身束缚（full-body restraint）的装置中，然后再和陌生的狗和人类接触。在这个试验中，先把狗放到一个箱子里，箱子上有一个洞，狗的头部可以伸出来，然后往箱子里填充燕麦，直到其颈部以下部分全部被包围起来，使它无法动弹。这种做法让狗变得十分平静，即使在和陌生的狗与人类直视时，它们也都可以保持完全平静。要知道，这些狗都有严重的进攻性问题。后来当它们再次见到这样的箱子时，就很高兴地主动走了进去。它们把在试验中获得的这种平静下来的本领带到了家里，其中一条此后多年持续这种良好状态。

无论是哪一种形式的压力疗法，都必须注意一点，即一次治疗的时间不要太长。最佳镇静效果会在 20 分钟左右消退，因此对于时间较长的治疗来说，最好的做法常常是治疗二三十分钟，停下来 30 分钟，然后接着治疗。

在我们有更多了解之前，**我认为养狗者应该认识到一点，即狗身上许多无法解释的进攻性都源自恐惧或焦虑，他们应该循序渐进地减少这种痛苦的情感。**人们应该关注的不应该是支配性，这并不是一种情感，而是其他两件事情：

第一，识别并治疗进攻性强的狗身上的恐惧和焦虑。

第二，训练进攻性强的狗学会控制情绪，注意自己的行为。

强势的狗不等于恶狗

还有一点也很重要，即必须意识到支配性和支配性攻击不同。支配性仅仅意味着当两个动物（或两个人）想要同一个东西的时候，处于支配地位的动物总是可以得到。支配性动物通常并不需要进攻就可以获得想要的东西。在真正的社会等级关系中，支配性动物并不像处于从属地位的动物那样进攻性十足，情况几乎总是如此。

这就意味着支配性行为并不能自动导向支配性攻击。在很多情况下，两者根本就没有任何关系，我们必须"因狗施教"。一条强势的狗如果总是欢快活泼，它就不会构成威胁。但是如果它总是很严肃，动不动就发出怒吼，那就要小心点了。关键是要看激发这种行为的情感是什么。

可见，很多教人"确立支配性地位"的建议是错误的，因为它没有将动物的情感考虑进来。例如，驯狗指南会告诉人们千万不要让狗跳到家具或床上，认为这样可能会让它们产生一种高高在上的感觉。再例如，这些指南还会告诉人们永远不要和狗玩拔河游戏，认为这样做会让狗以为可以对人发起挑战。这种认识是完全错误的。在《我们为什么不说话》一书中，我谈到过一个与此有关的试验。在这个试验中，研究者和14条金毛猎犬玩拔河游戏，让其中一组几乎总是获胜，而另外一组几乎总是输掉。玩过这个游戏之后，无论是赢的一方还是输的一方，所有的狗都变得更加驯服。在拔河比赛中击败一个人并不会让狗的支配性更强。我相信如果做试验让狗跳到家具或床上，它们也不会因此变得更具支配性。

跟在身后走的狗

虽然很多驯狗指南聚焦于支配性和如何成为狗群的首领，但如果你记住一点，依然可以从中获得很多有用的建议，例如，作为成年人，如果你想让你的狗保持镇静，首先你要保持镇静。所有优秀的驯狗者、行为主义者和动物行为学家都会告诉你，在和狗打交道时，控制自己的情感十分重要。塞萨尔·米伦称其为"镇静的自信"（calm assertive）。帕特里夏·麦考奈尔曾这样说过："狗似乎喜欢气定神闲、镇定自若的人，它们喜欢和这样的人在一起。"

一旦你知道自己的目标是要教狗学会控制冲动、约束情感，你就可以选择接受不同驯犬师的有关建议。我那位养一条混种狗的朋友偶然利用了凯萨·米伦的核心原则，成功解决了这条狗相当严重的攻击同类的问题。这条原则就是：教你的狗学会跟在人后面。凯萨说很多美国人遛狗时都会让狗走在前面，被狗拉着向前，这会让狗产生支配心理，这就是为什么它们会和别的狗发生打斗。

我这位朋友很偶然地将这一原则应用到了她的狗身上，她并没有读过塞萨尔·米伦的书，没有看过他的电视节目，也没能成功训练狗跟在她后面。她的狗和其他的狗很难相处。如果散步时有陌生的狗靠近它，试图嗅它，和它打招呼，它就会发起攻击。朋友应对这一问题的方法就是：尽可能在不太可能会遇到其他狗的地方散步。当然，虽然如此，偶尔还是会遇到别的狗，如果这些狗靠近它，事情就会很麻烦。她尝试了不同的方法想要解决这个问题，例如当别的狗靠近时，让它坐下来，但是根本不管用。这条狗的情况变得越来越糟糕，最后甚至发展到看见别的狗就怒不可遏。

于是她不再指望能够改变这条狗的行为。此后又过了很久，她意识到它似乎不像过去那么疯狂了。她不知道为什么，但是她开始注意到狗的情况不是越来越糟，而是越来越好，有时甚至可以让陌生的狗嗅它了。

最后当她读到一篇对凯萨·米伦的采访时才知道到底怎么回事。原来，走路时不跟在后面的狗会出现行为上的问题，因为它们支配性太强。朋友恍然大悟，她这才意识到前后的不同所在：自从她开始使用电子狗绳（electronic leash）之后，狗已经自己学会了跟在她后面。塞萨尔的预测是正确的，自从它开始和主人并肩而行或者跟在主人后面之后，它对别的狗就没有那么强的进攻性了。

很多人反对使用电子狗绳，因为在使用这种狗绳或项圈训练狗的过程中，狗会受到很多次的电击。我赞同这些人的看法，我们不应该利用电击来训练狗。但是电子项圈还有一个蜂鸣功能，朋友就是用的这个功能。她家里有一个无线电栅栏，这个项圈发出的蜂鸣声和栅栏发出的声音相同。这条狗只被无线电栅栏电击过一次就意识到这种声音是一种警告。只要给它套上电子项圈，它听到蜂鸣声就知道最安全的地方是在主人旁边或者身后，就这样它很自然地学会了跟在主人后面。

读了这篇采访之后，朋友以为她的狗之所以会有如此进步，是因为她自己变得更具支配性了。我认为实际情况并非如此，而是狗意识到跟在主人后面比走在前面会更加安全，这样它就不会看到陌生的狗直接向它走来。面对面并不是狗互相接触的正常方式。如果你观看凯萨·米伦的节目，就会发现每当他介绍两条狗见面时，在让它们直面对方之前，他总是先让它们并肩而行。当人和有可能会很危险的狗见面时，麦考奈尔博士也提出相同的建议。不要面对面地走向一条危险的狗，也不要有目光接触。灵长类动物喜欢面对面的见面，但狗不喜欢。

纯种狗和混种狗

朋友认为她的混种狗之所以会在散步时遇到别的狗就出现问题，部分原因可能是它遇到的很多都是纯种狗。她曾很多次看到纯种狗向她的混种狗走过来，它们似乎根本没有注意到它已经挺起身体、颈毛直立，有时它们的主人似乎也不太注意。

古德温博士的研究表明纯种狗已经失去了狼身上很多与生俱来的服从行为。这也许意味着在散步时遇到的那些纯种狗中，至少有些的确激怒了朋友的狗。这些纯种狗中有很多拉布拉多猎犬，不少小体形的梗类犬，一些金毛猎犬和贵宾犬。一匹狼对另一匹狼表现出服从行为是为了维持和平，它所发送的信号是"我不想打架"。但是朋友的狗面对面遭遇到的狗总是很不礼貌，很少表现出服从行为。显然，这些狗不想和它打架，因为当它发起攻击时，它们总是表现出很吃惊、很害怕的样子，但是它们似乎失去了祖先用来表达善意的大部分行为。

我不知道有些纯种狗在失去一些狼的行为的同时，是否还失去了理解一些寻常的狼的行为的能力。有没有可能一些纯种狗根本就不知道颈毛直竖意味着什么呢？

另外一个问题是混种狗总体上是否可能比纯种狗更加焦虑。从基因上讲，混种狗可能更加接近于狼，因为只要纯种狗和其他品种的狗交配，它们的后代马上就开始出现更类似于狼的身体特征，如鼻子会更尖，如果原来的品种是黄色或白色，其后代的毛色会变得更暗，等等。如果混种狗在行为上更像狼，它们很可能比许多纯种狗更加焦虑，因为狼很怕见人。它们十分害羞，研究人员甚至能够钻到其洞穴里，把狼崽拿起来，而狼爸爸和狼妈妈则会躲在远处。狗就没有这么害怕了，这一点几乎可以说是两者之间的典型区别。野生动物一旦被驯化，就不会像在野生状态下那样不敢见人，否则的话，说明它们依然野性未泯。因此，就本性来讲，混种狗肯定不像狼那么怕见人，但是和纯种狗相比，它们总体上比较害羞。

有研究证实了这一点。康奈尔大学的格瑞格·艾克兰（Greg Acland）曾让害羞的西伯利亚哈士奇和两代比格猎犬进行交配，在第二窝产下的后代中有两只雄性十分害羞。他认为这一结果意味着害羞似乎作为一种显性特征得以遗传。如果害羞真的是一种显性特征，那么在混种狗杂交的过程中这一特征会重新出现。

狗与狗不同

多年以来，养狗的人总是听到"任何狗都可能会咬人"的说法。他们被告知应该保持高度警惕，一定要确立自己的支配地位，因为不这样的话，狗有可能会变得十分危险。但是这种说法是很容易误导人的，因为这就把所有的狗都混为一谈，一棒子打死了。对于完全正常、充分社会化，并且并没有受过童年创伤的狗来说，咬人的概率其实很小。

狗有不同的性格特征和不同的生物基础。我相信我们会发现攻击性强的狗和攻击性不强的狗的神经结构是不同的。在欧沃劳博士写作的教科书中，她谈到了她和同事在宾夕法尼亚大学动物医院所做的一项研究，这项研究的结果并没有发表。他们测试了 210 条攻击性强的狗和 84 条攻击性不强的狗的尿样。在攻击性强的狗中，有 88% 有新陈代谢方面的问题，而在攻击性不强的狗中，只有 23% 有问题。最常见的异常就是谷氨酰胺、牛磺酸和丙氨酸水平太高。谷氨酰胺和牛磺酸是传递兴奋性的神经激素。高水平的谷氨酰胺和人类身上遗传性的暴力倾向有关。

"罪犯"狗

养狗者必须了解自己的狗，必须将其当作一个独特的个体来对待，而不是将其当作某一品种的一个成员。必须把每一条狗都当成一个独特的个体，这一点很重要，斗牛犬就是这方面很好的例子。斗牛犬本来是繁育来和别的狗打架的，攻击人是万万不允许的。任何斗牛犬，只要攻击人类，马上就要被处理掉，将其基因从基因库中淘汰掉。现在，通过让攻击人类的犬类和攻击同类的斗牛犬进行交配，一些非法繁育者和黑社会头目故意将斗牛犬身上对人友善的特征繁育掉。我看过这样一个录像，只有八周大的小斗牛犬之间已经开始展开恶斗，这完全是不正常的，这些人在有意培养"罪犯"狗。一位在动物收容所工作的女士告诉我，就连动物救助人员也对这种狗没有办法，只好让领养了它们的人把它们送回来。我还听说有一窝小狗是一条凶恶的斗牛犬的后代，它们被不同的家庭领养，但是后来因为咬人问题全部被退了回来。

有些人听说这样的事件之后就会得出结论，说应该通过法律禁止饲养斗牛犬。但是禁止某一个品种的狗永远不会解决问题，因为要想培育进攻性强的狗实在太容易了。如果你宣布斗牛犬非法，不讲道德的繁育者就会繁育其他进攻性强的品种。这样，用不了多长时间他们就会繁育出又一条生性凶恶的狗。实际上这类事情已经在发生，例如，有人用秋田犬（Akita）和松狮犬（chow）与其他进攻性强的品种杂交，繁育出伤害人的恶狗。对于这种事情，我们能够做的就是引以为戒，确保你所感兴趣的那条狗没有受到不良品种的影响。

怎样找到"好养"的狗

在讨论好养的狗之前,我想先明确一点,那就是任何一条正常的狗都可以成为好宠物,其中包括胆小的狗、害羞的狗,还有焦虑的狗。有时(并非总是如此)这些狗需要多付出点努力,但是它们会成为很好的伙伴。

如果你想要一条性格随和的狗,你可以在购买或领养它之前对其做一个很快的性格测验。现在已经有很多这样的测验被开发出来,对大多数人来说最简单易行的就是帕特里夏·麦考奈尔发明的办法,她是这样测试小狗的性格特征的:

"……对于小狗,我最喜欢的练习就是轻轻将它翻过来,让它仰面朝天,然后再用一只手轻轻地按住它的胸部,不让它动弹。……我会把手轻轻放在它身上,直到它开始努力想要起来,然后我会稍微用点力,不让它起来。……这时注意松手之后它的反应。我曾见过有的小狗翻过身来,用那种'我要杀了你'的眼神看着我,并且再也不会靠近我。我可不想要这样的狗,因为我喜欢的是不那么严肃的狗(人也一样)。我也不想要一条被这一练习弄得紧张兮兮的狗。我最喜欢的是那些能够将这一切当作一场无聊游戏的狗。"

这种方法可以测试小狗是否过于胆小,是否过于愤怒。之所以能够测试胆量,是因为成年的狗和狼从来不会把同类打翻在地,除非它们陷入了一场恶斗。虽然麦考奈尔博士这样做时很温柔、很小心,但是对于狗来说,这依然可能是很可怕的事情。之所以能够测试愤怒,是因为愤怒来自受到约束的体验。之所以可以测试一条狗是否平易近人,是因为如果一条小狗镇定自如、认为被翻倒并被按住只是一场游戏,那么它一定会成为一条性格温顺的好伙伴。

终极关怀

对于如何照顾走到生命尽头的宠物，我们常常很难做出正常的决定。怎样才能知道将其安乐死是正确的选择呢？什么时候才应该对其进行痛苦的创伤性手术呢？什么时候才应该选择减少痛苦、提高其余生生命质量的简单疗法呢？

当面对这些问题的时候，你需要时间仔细思考，需要和家人与朋友深入探讨。如果你在动物医院得知你的宠物患上了癌症或其他的某种重病，你会有很多疗法可以选择。我强烈建议深思熟虑之后再做决定。如果情况不是十分紧急，最好先把宠物带回家，花上几天时间决定下一步应该怎么办。你需要时间从震惊中走出来，只有这样才能做出明智的决定。另外一个好主意就是探讨所有可能的选择，听一听另一家动物医院的看法。你必须记住一点，即动物本身无法理解痛苦的治疗有可能会延长其生命这个事实，它们只会感受到恐惧和痛苦，而你必须全面考虑动物的生命质量。

一个复杂的创伤性手术会改善你宠物的生命质量吗？此外，还有经济的问题必须认真考虑。最为重要的是，你必须确保你的选择不会加深其痛苦。

狗需要什么：玩耍还是寻求

狗身上的恐惧和进攻性有时会让人难以捉摸，但是狗的快乐却可以一目了然。任何接触过狗的人都知道狗喜欢什么。在核心情感方面，狗需要的是：

社会接触，这样它们的惊慌系统就不会被激活。

和主人之间的游戏玩耍，可以激活其寻求系统。

有趣的事情，尤其是长距离的散步，也可以激活其寻求系统。

我们已经谈论过狗的社会需求。狗不应该整天被独自关在家里，当然也不应该连续几个小时被关在一个箱子里。如果白天家里没人，你应该要么再买一条狗，要么就把它送到一家好的宠物日托中心。另一个好的安排就是把它送到白天在家的邻居那里。帕特里夏·麦考奈尔说狗就像需要食物和水那样需要陪伴。

狗尤其需要激活其玩耍系统，因为它们永远不会真正长大成熟。所有的小动物都比成年动物爱玩。因此，如果经济允许，应该多为你的狗买点玩具，还应该像人们将不同的玩具轮流给小孩玩那样将这些玩具进行轮换。旧玩具是枯燥的，新玩具则很好玩，这是规律。你应该每天都和它玩耍。如果它喜欢追球，很好。如果它喜欢玩拔河游戏，也很好。

狗的寻求欲望可能很强烈，因为它们源自狼，而狼是到处流浪的动物，其大脑可以受到很多的刺激，要做出很多决定。除了毫无羁绊地在院子外疯玩或携一两位"狗友"逍遥一整天之外，再没有比长距离的散步更让狗喜欢的了。

我有位朋友一次偶然看到她的狗在和邻居家的狗一起潇洒。当时她和11岁的儿子正在骑自行车，忽然发现它们两个在旁边跟着跑。它们咧着嘴巴，十分放松，跟着跑了一段距离之后又一路小跑到了一座小山上，那似乎是它们一生中最快活的时光了。

由于现在狗没有很多机会可以自由流浪，养狗者应该多为其提供一些智力上的刺激，让它们的大脑有事可做。狗必须每天遛，我认为最好能够将其带到可以不用拴狗绳的地方散步。这样它们可以得到更多的锻炼、更多的探索，而它们需要这样的探索活动以激活它们的寻求系统。

帕特里夏·麦考奈尔说狗每天至少需要主人一个小时的时间，而这仅仅是平均值。工作犬需要大量的锻炼。每天一个小时的共处时间可以用来散步。如果你没有精力这样做，可以将其分成三个部分：半小时散步，15 分钟玩耍，15 分钟学习新玩法。

要想锻炼狗的大脑，激活其寻求系统，教它学习新玩法尤其重要。有些精力旺盛的狗喜欢敏捷性训练。你不妨参加当地的驯狗俱乐部，或者在院子里弄一些设备，如跳高架和地道。

狗需要人，需要玩耍，需要探索学习的机会，这些它们无法自己提供给自己。

这是我们要做的。

03.

喵喵喵，我是一只猫

猫和狗之间的一大区别就是猫没有那么强的社会性，你不能通过表扬来训练一只猫，并且猫不会像狗那样有时会通过观察主人的反应而进行自我训练。狗是为人类服务的，而猫则需要人类为它们服务。

　　另外，猫也不像很多人认为的那样，是自给自足、形单影只的独行侠，它们也有社会性需求。遗憾的是，动物行为学家对猫及其情感的了解不如对其他家养动物那么多，但是在我们所知的范围内，还有很多东西没有被大众所了解。

　　猫并没有真正被驯化，至少其驯化的程度远没有狗那么高，意识到这一点至关重要。有些狼在 10 万年前就开始演化成为狗了，但还没有人确切知道野猫是什么时候开始演化成为家猫的。人类墓穴中发现的最古老的猫的遗体有 9500 年的历史。此时，在世界上的一些地方，农业已经出现，人类已经度过了狩猎采集的阶段，开始居住在城镇和乡村，这时人们开始和猫交往。关于猫是怎样变成家养动物的，最为流行的理论是它们来到人类聚居的地方捕食老鼠。从根本上讲，让它们成为宠物的是它们自己。

　　但是这个理论未必正确。宾夕法尼亚大学兽医学院动物与社会互动中心（Center for the Interaction of Animals and Society）主任詹姆斯·瑟贝尔（James Serpell）副教授专门研究人文伦理和动物福利，他认为人类可能在狩猎采集阶段就已经与猫为伴了。在塞浦路斯岛上的人类最早定居点之一，考古学家发现了一只猫的腭骨，而这一时期农业刚刚出现。如果最早的村落里有猫，那么狩猎采集阶段的人类可能也已经有了猫。瑟贝尔博士认为在今天尚存的几个狩猎采集社会，人们喜欢捉来野生动物的幼崽并照料它们，由此可见，人们一直都在"养动物"。当代的狩猎采集者精心照顾这些动物，不但不会吃它们，如果它们去世了，还会很伤心。

如果瑟贝尔博士是正确的，那么猫和人类相处的历史也已经很长了。但是无论它们和人类相处的时间有多么长久，猫也许永远不可能因此而改变很多，因为它们和人类之间是一种互惠关系，而不是像人类和狗之间的那种共生关系。早期的人类需要狗守卫他们的营地，帮助他们捕猎，而早期的狗则需要人类为其提供食物和住所，两者互相依赖。但是人类和猫的关系更像是一种互惠关系。猫捕杀老鼠，人类提供很多老鼠供猫捕杀，因为在人类的聚居地会有很多老鼠。人类和猫之间与其说互相需要，不如说是互利共赢。

因此，今天的家猫和野猫之间的相似性要远强于狗与狼之间的相似性。要理解为什么会这样，我们必须要知道驯化的过程是怎么发生的。最早和人类一起生活的狼可能不像其他的同类那么怕人。这些不太怕人的狼接受了人类的喂食，和那些所有的食物都要自己去找的同类相比，它们就获得了繁衍上的优势，这样就形成了一种选择压力，而这种压力有利于让它们更加驯服。

例如，如果跑得慢的羚羊会被狮子吃掉，跑得快的羚羊就可以更成功地繁育，就会留下更多的后代，因为它们存活的时间会比那些跑得慢的要长。经过几代的繁衍之后，如果更多跑得慢的羚羊比跑得快的羚羊被吃掉，那么羚羊这个物种就会跑得越来越快。物竞天择的压力就是促使动物演化的机制。

那些和狼一起生活的人类也获得了一种繁衍上的优势，因为在他们睡觉时，有狼可以提供保护，在打猎时，有狼可以提供帮助。就这样过了几代，那些不太怕人的狼就变成了狗，而人类在此过程中可能也变得喜欢和它们生活在一起。

在猫身上，让它失去对人类的恐惧的选择压力没有狗那么强，这部分是因为作为家猫祖先的非洲野猫远不像狼那么害怕人类。150年来，一直有报道说非洲野猫生活在村庄的周围，村子里的人抓来小猫，训练它们，让它们捉老鼠。欧洲人的著作中也谈到过驯养野猫，让它们捉老鼠。非洲野猫不需要改变太多，就可以成为家猫。

但是在有些方面，猫的确发生了变化。和它们的野生祖先相比，所有家养动物的大脑都更小。因此，家猫的大脑也比野猫要小，但是这方面的差异我们知道的并不多。家养的动物身上还会出现一种幼态持续现象。成年家猫身上有三个野猫在小时候才会有的行为，分别是喵喵叫、呜呜叫和搓爪子。成年野生猫是不会对人类表现出这些行为的，虽然它们也会对其他同类发出呜呜的叫声。但是，除此之外，猫的幼态持续没有其他家养动物那么严重。它们很容易就可以回到野生状态并生存下去，而狗就做不到这一点。如果你把一条家养的卷毛狗放到野外，它生存下来的概率会很低，除非它能够找到另外一个人家养它。被人丢弃的猫不会有这种问题，和人类在一起时它们可以生活得更好，因为它们可以得到兽医的护理，但是它们不需要另找一个家庭就可以生存下来。它们依然可以适应野外的生活，依然可以把自己照顾得好好的。

狼和早期的狗身上还有另外一种选择压力，是猫所没有的，那就是人类更喜欢那些更善于守卫定居点的狗，或者是那些更善于和他们一起捕猎的狗。这样一来，狗就开始朝着更适合工作的方向发展。猫的个头不够大，无法保护人类免受大型肉食动物的攻击，因此它们就不会有要成为看家猫的选择压力。另外，人类也没有理由非要选择最佳的捕鼠者，因为所有的猫生来就都是要捕捉老鼠和其他能够捉得到的小动物的。

即使对家猫演化的历史一无所知，通过其外貌和行为，我们依然可以知道猫不像其他家养动物那样发生了那么多的变化。从外貌上看，被驯化的动物比野生的同类更为多样化。狗的种类就极其多样，从小巧的玩具品种到大块头的阿拉斯加马拉缪特狗。猫的种类远没有这么丰富，虽然也演化出一些不同的毛色，但是大部分人在看非洲野猫的照片时，看不出它们和普通的虎斑猫有什么差别。

为什么驯化的动物在外貌上更加多样化呢？原因至少有三个，这三个原因在猫身上的体现可能还不如在其他动物身上明显。首先，人类通常会保护驯化的动物不受掠食者的侵害，因此对保护色的选择压力减少了，使动物更容易被发现的毛色的基因没有被从基因库中淘汰出去。其次，和外貌有关的基因通常在某种程度上和行为有关，因此，随着正在被驯化的动物身上出现不同的行为，其外貌也会发生变化。后面我会深入讨论猫的毛色和其行为之间的关系。

驯化的物种之所以外貌会更加多样化，第三个原因是人类有意为之，通过繁育而有意识地让物种更为多样化，这是人类驯化动物过程的第二个阶段。起初，驯化过程是自然发生的，有些动物开始和人类在一起生活，如看家狗和猎狗，它们可以比其他的同类更为成功地繁衍后代。后来，人类发明了选择性繁育技术，开始有意识地让家养动物更加多样化。狗和马被繁育来从事专门的工作。奶牛、山羊、绵羊和鸡的某些生产性特征被专门繁育出来，例如生长速度、产肉量等等。人们开始选择性繁育猫只有 150 年左右的历史，纯种猫之所以会被专门繁育出来，不是因为其工作特征，也不是因为其生产性特征，而是为了获得某些外貌特征。

在行为方面，猫和其他家养动物还有一个重大区别，那就是你不能用惩罚和负强化来训练猫，这一点让猫比狗、马和奶牛更像是野生动物。凯伦·普莱尔（Karen Pryor）为我们精彩地描述了野生动物在面对惩罚或强力的情况：

"每一位将未经驯化的野生动物作为宠物养过的人都知道一点，即野生动物更难训练。例如要想牵着一匹狼散步就十分困难，即使你把它从小养到大，即使它已经十分驯服。如果你向前拉它，它就会往后拽。如果你继续用力拉，无论它平时是多么平静、多么驯服，这时的它一定会惊慌起来，努力逃脱。如果你用绳子牵着一条驯服的宠物水獭，除非它想到哪里你就跟到哪里，否则它就会用尽全身力气往后拽绳子。

海豚也是如此。如果你推海豚，它就会推你。如果你想用网把海豚从一个水池赶到另外一个水池，只要它们感到太拥挤，那些勇敢的海豚就会对着网猛冲，而那些胆小的就会惊慌失措地游到水池底部。"

要想训练野生动物，唯一的方法就是利用正强化。正强化的意思是如果动物有了你所想要训练的行为，你就奖励它。猫也不例外，人们一直认为猫根本就无法训练，因为传统的动物训练主要依靠惩罚和负强化。这些惩罚和负强化可能极其轻微，但是依然是负面的。例如，给小狗戴上项圈，牵着它和你一起散步，这就会给它的脖子造成轻微的、不愉快的压力。为了摆脱这种压力，它就学会了向前走。这就是负强化，即利用动物或人想让某些负面事物停止的心理对其进行强化。在上面的例子中，小狗脖子上的压力就是负面事物。在下一个章节我会进一步区分惩罚和负强化之间的差异。

要想训练猫学会被你牵着散步，你不能通过给猫戴上项圈并用绳子拖着它来完成，但是你可以利用正强化达到这一目的。后面我会解释具体怎样做。

总之，家猫和生活在塞伦盖蒂平原（Serengeti Plains）上的野猫之间并没有那么大的差异。从事兽医研究的尼古拉斯·多德曼（Nicholas Dodman）在其《呼救的猫》（*The Cat Who Cried for Help*）一书中说："在有些方面，猫就像是你客厅里的一只小老虎。"

难以捉摸的猫

在本章一开始我就说过，猫比大部分人想象的要更具社会性。人们一直未能意识到猫的社会性，原因之一就在于家猫并不像狗和马那样被完全驯化。它们会我行我素，有的甚至会一去不返。我有位朋友告诉我说她小时候最喜欢的是一只身上有条纹的公猫，它块头很大，名字叫"国王"。后来这只猫搬到了一个邻居的家里。除了偶尔回来看看之外，平时它都在邻居那里。这位朋友家在农场，所有的猫都在谷仓里长大，因此据她父母亲估计，它可能已经在新的家庭里升级为一只真正的家猫。人往高处走，猫也不例外，只要有好机会，它就一定不会错过，而狗是永远不会做出这种事情的。

人们的想象中的猫之所以会比现实中的猫更喜欢独处，另外一个原因就是虽然经过了驯化，但猫身上和人类共通的因素依然不像狗或狼这样的物种那么多。狼的家庭结构和人类的相似。和猫相比，狼的交流方式可能和人类也更为接近。狼的很多交流依靠视觉，它们的面部表情相当丰富。经过驯化，狗也会发出很多不同的声音，人们对这些声音有很好的理解。狗之所以会通过吠叫"说话"，是因为它们的演化是为了更好地和人类共处，而人类就是通过声音交流的。狼大部分时间很安静，成年的狼几乎从来不吠叫。

狗也可以很好地理解人类，这方面的研究有很多。

猫和人类完全不同，我认为正是这种不同让它们难以捉摸。对人类来说，猫最大的问题就是它们的面部表情不丰富。人们很自然地会通过观察动物的表情了解它们在想什么，因为人类属于灵长类动物，灵长类动物利用面部表情来交流。有的人类学家甚至认为面部表情比语言更为重要。我们可以观察狗的面部表情，但这还不够，还需要注意其姿势和尾巴。但是从猫的面部表情我们看不出什么，它们的体态语言比狗和狼都要多。因此，当人们观察猫的面孔时，他们其实看错了地方。

关于猫的面孔，还有一点很有趣，那就是猫没有眉毛，这和人类与很多狗不同。眉毛的出现也许就是为了让面部表情更加丰富，很多深颜色的狗每只眼睛正上方有一个淡颜色的小圆点，可能就是出于同样的原因。

我认为之所以有人会说自闭症小孩像猫，就是因为猫缺少面部表情，甚至有一本书的名字就叫《所有的猫都有阿斯伯格综合征》(*All Cats Have Asperger Syndrome*)。猫就像患有自闭症一样，因为它们不会像狗那样给人一种容易相处或十分友好的感觉，还因为它们的面部表情几乎是空白的，而自闭症患者的面部表情常常也有些空白。

另外，可能猫也不善于读懂人类的面部表情。在《呼救的猫》一书中，尼古拉斯·多德曼讲了这样一个故事：有一天，一只猫看到移动玻璃门外面一个人在痛打他的狗，它吓坏了，因为当时它正蹲在玻璃门旁边。这个人又高又瘦，留着胡子。当天晚些时候，这只猫攻击了它的主人，因为主人也又高又瘦，留着胡子。因此它很可能把主人当成那个打狗的人了，而这样的错误狗是不会犯的。

人们发现猫让人难以理解，还有最后一个原因，那就是人们可能根本就没有觉察到猫发出的大量信号。猫会利用嗅觉互相交流，而和猫相比，人类的嗅觉很差。研究人员认为猫的嗅觉和狗一样好，它们的嗅觉阈值比人类要高一千倍。当然，如果猫刚刚在家具上喷过尿液，每个人都可以闻得到，但是在这种浓烈的、难闻的味道里面，可能还有各种更加细微的嗅觉符号，这些符号别的猫可以理解，我们则不能。

猫一定可以通过留下人类闻不到的气味和其他同类交流。要做到这一点，它们至少有两种方法：第一，在猫的爪子上有腺体，只要它抓过的地方，都会留下气味；第二，猫脸上也有腺体，只要它的脸蹭过的地方，都会留下气味。狗也会通过撒尿在物体上做标记，但仅此而已，它们不会用脸在人身上蹭或用爪子按在人身上以留下自己的气味。

考虑到猫利用嗅觉进行如此多交流的事实，自然也就不难理解为什么养猫者向兽医求助时，排名第一的行为问题总是排泄方面的问题。

这就把我们带到了对猫大脑内部核心情感系统的探讨。

猫的蓝丝带情感：恐惧系统

对于猫来说，恐惧可能是一个很大的问题，这可能就是为什么英语里把容易受惊吓的人说成是"胆小如猫"（scaredy-cat）。很多家猫害怕陌生人，每当家里有客人时，它们就会躲起来。我怀疑这是否是因为它们在基因上和野生的同类更为相似。野生动物是怕人的，这是野生动物之所以是野生的特征之一。猫生来就比狗更怕人，也有可能是因为它们的驯化不像狗那样充分。

要想知道猫是否害怕很简单，恐惧的猫会想尽一切办法回避它们害怕的对象。家猫会跑得远远地躲起来。在动物园里，当大型猫科动物害怕时，它们会拒绝走到展览区。如果猫感受到的只有恐惧，它就不会毛发直立，弓起背部，发出呜呜的叫声，这样做的猫一定很愤怒。对于所有的动物和人类来说，恐惧系统会激活愤怒系统。因此，一只受惊吓的猫可能会变得十分愤怒，但是如果它仅仅是恐惧，就不会毛发直立或者发起攻击。

三项不同的研究都发现猫的性格可以分为两种——勇敢的和羞怯的。从事这三项研究的人员认为勇敢的猫更自信，更平易近人，更喜欢交往，更信任人，而羞怯的猫则更胆小，更紧张，更害羞，也更不友好。

　　胆量大小和友好程度是不可分割的，胆大的猫比胆小的猫更勇于接触新事物，对人也更友好。对于怎样让一只羞怯的猫更加友好，我在后面会有说明，但是如果你想养一只生性友好的猫，可以考虑养一个友好的品种，暹罗猫就是一个很好的选择。有人对养猫者做过一项调查，这些人有的养暹罗猫，有的养波斯猫，还有的养混种猫，结果表明暹罗猫和波斯猫比家猫更加友好。这项调查的工作人员还观察了这些人和猫在一起的情况，结果发现实际情况和他们汇报的相一致。

　　如果你想养一只家猫，并且是一只友好而大胆的猫，可以从下面三件事情着手。

　　第一，买一只小猫，并确保其小时候受到过很多人的爱抚。出生后的第二周至第七周是小猫社会化过程中的敏感时期，这一期间抚摸过它的人越多越好。这一点十分重要，因为猫很容易变野。我的朋友马克的猫在房子下面生了一窝小猫，但是一开始他没能找到。当他最后终于找到时，这些小猫已经两个多月了，它们野性十足，马克也拿它们没办法。

　　我也见过与此相反的事情发生。有一次我去一个牲畜拍卖场，正好那天他们没有拍卖活动，我发现在拍卖商的摊位下面有一只猫妈妈和它的一窝小猫。拍卖场上的很多人都摸过这些小猫，它们成为我所见过的最友好、最可爱的小猫。在其敏感时期，小猫需要很多来自人类的友好触摸。

　　但是触摸不会让一个基因上就很羞怯的猫变得完全友好起来，至少有两项研究表明这种羞怯是遗传而来的。虽然你可以在一定程度上将其减轻，但不可能完全逆转。

　　第二，如果你从动物收容所领养一只猫，一定要选择友好的那只。我去过很多动物收容所看猫。如果我把手放到笼子里，有的小猫会马上跑过来，在我手上蹭，而有些则会退缩在一旁。那些马上向你跑过来的小猫就是你所需要的。

许多收容所有一个专门的房间，让你对它们有所了解，因此你可以仔细观察，看当你把它带到这个房间时，它会如何反应。如果小猫让你抱它，这就是一个好兆头。你还可以带一个玩具过去，看它是否会玩耍。有一个玩具我很喜欢：一根约 45 厘米长的小鸡毛掸子。猫也很喜欢这个玩具。

第三，领养黑色的猫。英国一家动物收容所的工作人员莎拉·哈特威尔（Sarah Hartwell）称黑色的猫为"个性随和的小黑"，称玳瑁猫为"调皮的玳瑁"。好几个研究的结果都支持这一描述。猫的毛色和行为之间的确有关系。和其他颜色的猫相比，黑猫十分友好，可以更好地适应拥挤的都市生活。它们也更合群，这意味着它们更愿意生活在猫群里。总体看来，黑猫更喜欢交往，无论是和别的猫还是和人类。

猫身上黑毛的来历很有趣，黑毛是由隐性基因造成的。读过生物学的人都知道，后代要想获得隐性基因的特点，父母双方必须都有这种基因。猫的黑毛基因在四种不同的品种身上发生了四次演化。显然，黑毛或者是和黑毛有关的特征让黑猫获得了巨大的生存优势。猫科动物基因组项目成员斯蒂芬·欧布莱恩（Stephen J. O'Brien）认为，造成黑毛的基因变异可能让猫具有抵抗一些艾滋病毒的同族病毒的能力。

其他的研究发现黄色的公猫比黑色的公猫更具进攻性。这是合乎常理的，因为黄色的猫比黑色的猫更加怕人，而胆小的猫往往更容易因为恐惧而发起进攻。我注意到阉割了的黄色公猫和黄色母猫可能会变得温情脉脉，有些黄色的猫会整天粘着你，但是，总的说来，黄色的猫容易受惊吓。

黑猫生性更加平和，也许这就是为什么虽然黑毛的基因是隐性的，我们周围依然会有这么多的黑猫。生活在城市里的黑猫可以比黄猫更成功地完成交配，因为黄猫会花太多的时间和别的公猫打架，而黑猫则会耐心地等待着自己的机会。

在农村就不一样了，因为这里的猫没有城市那么多。在这里，黄猫会更有优势，因为它们可以垄断当地的母猫，而不用和别的公猫发生争斗。农村的猫实行的是一夫多妻制，这意味着一只公猫可以同时拥有多只母猫，而城市里的猫大部分属于"滥交者"。在不同的情况下，不同的遗传特征在起作用。

毛色并不能确保一只猫有这样或那样的性格，因此领养一只黑猫并不意味着你一定可以高枕无忧。黑猫未必就一定喜欢群体生活，喜欢和人群相处。在选择猫的时候，你一定要具体问题具体分析，而不能仅凭毛色就搞"一刀切"。

怎样在兽医诊所不恐惧

对猫来说，最可怕的地方就是兽医诊所，即使是最大胆的猫也是如此。要想让一只猫老老实实地接收检查和治疗，必须像养殖场的人对待一头牛那样，应用我所归纳的约束原则：

不要有突然的动作，动作要平稳、镇定。

检查台不要是光滑的金属表面。最好能够从家里带一块浴室用的橡胶脚垫铺在台子上，因为脚下打滑会让所有的动物都惊慌失措。

稍微用力地抚摸猫的全身，给它施加一种深层压力。不要拍打，也不要像抓痒一样触摸。

有一次上完课后，一位学生来找我，告诉我说他曾经做过兽医的助手，他所在诊所的每一个人都称他为"猫语者"，因为他是那里唯一一个可以让来检查或看病的猫镇静下来的人，他的秘密就是使用了我所归纳的约束原则。他从《我们为什么不说话》这本书中读到这些原则后，试着将其用在猫的身上，结果发现很管用。

小猫和大猫都应该接受训练，让它们感觉到猫笼是一个安全的地方。食物奖励可以放到笼子里，让它逐渐学会忍受笼子里的生活，将其关在笼子里的时间可以逐渐延长。这样，当你开车送它去看兽医时，它就不会惊吓得嗥叫不停。在送它去看兽医或开车带它旅行之前，必须要先让它充分习惯猫笼里的生活。

在我小时候，当我们全家开车带着家里的猫去夏季别墅时，我们全都犯了个错误。妈妈和我都认为这次旅行对于它来说应该没有问题，就像家里的狗那样，它会跳到车里，和我们在一起。但是这只猫从来没有接受过生活在笼子里的训练，结果把装它的单薄纸板箱撕开了。还有一次我们一起外出，它在妈妈正在高速公路上驾驶时用爪子抓她的头，因为它在笼子里一个劲地叫，妈妈就把它放了出来，她错误地认为这样它就会安静下来。像这样的糟糕经历会给它留下永远的恐惧记忆，再想训练它平静地乘车旅行就很难了。

排泄问题

猫身上的大多数标记行为（marking behavior）源于焦虑，而焦虑和大脑里的恐惧系统有关。多德曼博士认为"如果猫感到焦虑，它们就会没有安全感，强烈需要重新划定地盘"。

公猫通常会有标记问题，但是母猫由于有不正确的标记行为，也会形成排泄问题（elimination disorder）。多德曼博士认为可以通过注意其标记的区域了解猫为什么焦虑。他有几位客户的猫往主人身上撒尿做标记。其中有一位女士，她的猫在她躺在床上时向她脸上撒尿，它还会在她的衣服、背包和钱包上撒尿。这只猫很不高兴，因为这位女士的男友过来和她住在了一起。多德曼博士告诉她说这只猫在她身上和她的东西上做标记，是为了"让全世界都知道你是它的"。在服用一种名叫丁螺环酮（BuSpar）的抗焦虑药物之后，它发生了彻底的变化，不但不再往主人的东西上撒尿了，还开始喜欢上了她的男友，和他一起玩耍。

猫会患间质性膀胱炎，这种疾病和人身上的那种尿道感染相类似。但是，当欧沃劳博士在宾夕法尼亚大学动物医院研究患这种病的猫时，发现其中只有 15% 的猫同时有行为上的排泄问题，其他的都可以好好地利用它们的沙盒（litter box）。抗抑郁药物盐酸阿米替林（Elavil）一直被用于间质性膀胱炎的常规治疗，尼古拉斯·多德曼认为这也许意味着这种膀胱炎和焦虑有关。

排泄性问题至少以三种形式出现：

往家具和地毯上撒尿。
在沙盒外面大便。
在沙盒外面大小便。

每一个范畴都有一套相应的小范畴，如基底厌恶（substrate aversion）和地点厌恶（location aversion），前者是指猫厌恶主人所买的猫砂，后者是指猫厌恶沙盒所放的位置。来兽医诊所治疗行为问题的猫中，有 40% 至 75% 是在错误的地方撒尿或大便。

猫不喜欢沙盒可以有很多不同的原因，下一部分我会对其展开讨论。这些问题中很多都可以轻松化解，具体操作如下：

改变基底。有的猫喜欢沙子状的猫砂，有的不喜欢除臭剂的强烈味道。

改变沙盒所放的位置。猫可能会认为沙盒过于暴露或者是在房子里的位置过于偏僻。例如，如果把它的沙盒放在阁楼上或者是地下室的偏僻角落里，它可能会不高兴。

改变沙盒的底部材料。人们为了保护地板，会在沙盒下面铺上塑料垫子。猫不喜欢这样，可能是因为这个垫子容易滑动。对于光滑的、容易摔倒的地面，所有的动物都强烈厌恶。任何不稳定的地面都会让动物受到惊吓。

经常更换沙盒。

如果你养了不止一只猫，一定要为它们提供足够的沙盒，最好是每只猫一个。

如果你养了不止一只猫，要把不同的猫的沙盒放在不同的房间里。

选择不同种类的沙盒。有的猫喜欢带盖子的沙盒，有的不喜欢。

即使到了现在，人们也并不知道排泄方面的问题是一种多么复杂的行为。猫在错误的地方撒尿或大便，对养猫者来说，往往是很讨厌的事情。有时情况更为严重，有点像是家里养了一只从来没有受过任何训练的小狗，但这其实是一种情感问题。

在不同的时候排泄问题可能有不同的意义。例如，如果猫在门口大便，可能是因为它看到了门外一只陌生的同类，这激活了其恐惧系统，于是它就通过大便来标记其地盘，通过划出一个安全地带降低恐惧。对于猫来说，标出自己的地盘也许就和人类在后院建起栅栏是同样的道理，狗也是如此。防君子不防小人，大家都知道这一点。栅栏只是一种社会符号，告诉遵守法律的人这个地方属于你。

猫的强迫症

猫身上有很多类似强迫症的行为，我将其大概地归入恐惧系统，因为根据精神疾病诊断统计手册，传统上将强迫症归为焦虑症，还因为患有强迫症的人会感到十分焦虑和恐惧。随着对这方面研究的深入，这个分类可能会发生变化。潘克塞普博士认为强迫性思维与行为可能和寻求系统的过度兴奋有关。很多人认为强迫行为是与生俱来的生存行为，例如理毛行为，但是不知怎么回事，这种行为变得一发不可收拾。

和大脑其他部分相比，猫的额叶所占比例很小。在我们对此有更多了解之前，我认为强迫症也许与此有关。人类的额叶位于前额部位，其体积占大脑的 29%，狗的额叶占大脑的 7%，猫的只占 3.5%。额叶对于执行功能十分重要，包括计划、组织、集中精力和轻松顺利地改变行动和计划。有强迫症的猫的问题就出在最后一项，它们执着于一种行为或念头，无法将其改变，有强迫症的人也是如此。

猫的行为方式往往会很固定，这方面它们比狗要严重很多，因此，很多情况下，猫无法很好地适应新的环境。我知道有这样一家小收容所，那里养了大约四十只猫，这些猫全部生活在一个中等大小的房间里。沿着墙壁摆放的都是猫笼子，大部分笼子的门开着。房间中间有一块很大的像岛屿一样的空地，就像是一个岛式厨房。收容所的女士告诉人们千万不要领养这里的成年猫，因为它们即使被领走最后也要被送回来。这里的猫形成了一个群体，这间房就是这个群体共同的家，它们不想离开这里。这并不意味着你绝对不能领养成年的猫，而是说只在收容所生活过几周的猫可能会更容易适应新的家庭。

猫也会变得十分恋家。姑妈的牧场上也养过一只猫，后来她搬家搬到了约 8 千米之外的一个地方。这只猫很难适应这种变化，它总是会跑回原来的老房子，虽然那里已经空空如也。每次它跑过去，姑妈都会把它接回来，这样有了很多次，最后它总算不跑了。还有一位女士告诉我说她家的猫一直没能适应新家，它也总是会跑回旧房子，直到最后旧房子的新主人搬进来，他们说愿意收养它，于是它就一直住在它喜欢住的地方。

猫对于周围的事物也很固执。一位男士告诉我说他家的猫可以注意到周围环境的微小变化，它会一直站在滴水的龙头旁边，直到有人过来将其关掉。许多猫拒绝饮用它们水碗里的水，这有时是因为碗太脏，它们非要饮用直接来自水龙头的水。还有人告诉我说他家的猫只从一个放在浴缸龙头下面的盘子里喝水，因为这个龙头一直在一滴滴漏水。

我想这么多的猫之所以会陷入这种境地难以自拔，原因之一可能就是强迫症，它们的思维陷入固着状态。有一次我不得不把家里的猫从洗碗机下面拯救出来，因为它无法改变路径，原路返回。我家有一台旧式的洗碗机，整个托盘可以像一个大抽屉一样拉出来。一次有人把托盘整个拉了出来，这只猫通过水槽柜一直爬到了洗碗机下面。它努力向前爬，想要从里面钻出来，虽然地板和洗碗机底部的装饰板之间只有大约 2.5 厘米的距离。它把爪子伸出来，不停地嗥叫着，因为它的身体部分出不来。

它的寻求系统让它钻到了洗碗机下面去探索，但是到了洗碗机前面之后，它退不回去了。眼前的地板吸引着它一个劲向前。

我不得不慢慢地把托盘全部推回去，让它退后到墙的位置。当它靠近墙边之后，它就可以返回到水槽柜下面，这才钻了出来。

很多排泄问题都有强迫症的特征，对此我一点也不感到奇怪。沙盒和入侵其地盘的同类都会让猫很焦虑，于是它就开始在沙盒外面大小便，直到最后变得一发不可收拾，到了欲罢不能的地步。

愤怒

在《我们为什么不说话》一书中，我谈到过在兽医诊所里发生的一幕，一只猫第一次看到狗，马上变得像发疯一样。我看过对此事的记录，上面写着"助手抱着猫从楼道走下来，猫忽然发狂"。为我制作网页的茱莉（Julie）女士曾被猫咬过，伤口很深，一直到了骨头，她不得不连续六周打抗生素，原因也是这只猫看到了一条狗。在这两个事例中，猫也许由平静变得十分恐惧，接着变得十分愤怒，因为恐惧系统会激活愤怒系统。这就是为什么抗焦虑药物可以用来帮助减轻猫与猫之间的进攻性。

猫之所以会在几秒钟的时间内由平静变得恐惧或愤怒，就是因为它们的额叶太小，而额叶是大脑里的制动器，可以抑制情感的发作。

小额叶也让一只愤怒得毛发直立的猫很难平静下来。前面我们提到过一只猫，它因为主人长得像打过狗的坏人而对其发起攻击。主人到家时它已经烦躁了两个小时，但一点也没有缓和下来。这的确是一次恶性攻击，以至于主人不得不逃到了楼上。

一旦愤怒系统被激活，猫会暴力十足，并且这种情况会延续很长时间。因此，如果你养了不止一只猫，必须小心谨慎，千万不要让它们卷入激烈的打斗。猫之间的打斗很可怕，一场恶战可能会导致更多的打斗。我小时候，有一年夏天，妈妈从梦中醒来，发现我家的猫正在和另一只公猫在床上展开激烈的持久战。那只公猫从窗户爬了进来，两只猫斗得你死我活。

我不想让人们吓得不敢再多养猫。猫需要伙伴，大多数猫之间可以和平相处，但是养猫者对它们之间的打斗应该有思想准备，因为在错误的情况下，两只本来相处甚好的猫也会大打出手。对此有一个术语，叫"转向性攻击"（redirected aggression），即当一只猫无法攻击另一只猫时，它会转而攻击别的猫或者人。多德曼博士养了两只猫，它们是母女，但是也发生过一次转向性攻击。它们关系非常好，难舍难分，晚上睡觉时也蜷在一起。有一天，猫妈妈看到一只陌生的猫蹲在门外的露台上，两者之间只隔了一道网格门。它马上毛发直立，向自己的女儿发起攻击，这也许是因为它无法直接和门外的猫斗。前面提到过的那只攻击自己主人的猫也是在转向性攻击。

母女之间的打斗刚一开始，马上被多德曼博士分开。他先把它们两个都赶到了另外一个房间，然后他又把女儿赶到楼梯上，关上房门，让它们整夜分开。到了第二天早上，它们就像什么也没有发生过一样。

如果生活在一起的猫发生了激烈的打斗，但是你没有及时将它们分开，再想让它们和好就会很难，虽然这不是不可能的。密苏里州圣路易斯的黛博拉·霍洛维茨（Debra Horowitz）是一位猫科动物行为专家，她认为如果进攻性的问题不太严重，可以在进攻性更强的猫项圈上系一个铃铛。这样它们就不会打到一起，因为受到攻击的猫在听到铃铛声之后会静静地走开。

如果进攻性的问题比较严重，可以将进攻性更强的猫放到一个猫笼里，然后再将总是受到攻击的猫放到房间里，让它们在这种情况下重新见面。如果进攻性更强的猫开始发出呜呜的叫声，霍洛维茨博士建议往笼子上盖一条毯子。千万不要将受攻击的猫放到笼子里，因为这样攻击性更强的猫就会威胁它。

如果这些方法都不起作用，你可能就不得不逐渐地为其脱敏，而这个过程要持续好几周。当然，你还可以考虑对其进行药物治疗。多德曼博士成功利用了抗焦虑药物丁螺环酮，甚至将其用在了对打斗行为已经完全失控的猫身上，这些猫曾接受过为期几个月的行为矫正治疗，但没有什么效果。

我小时候家里养了两只猫，它们之间互不喜欢。一只是阉割了的雄性暹罗猫，名字叫比利（Bee Lee），前面提到过的那只害怕乘车的猫的就是它。另外一只是黑白相间的雌性混种猫，名字叫布奇（Bootsie）。布奇到我们家的时候三岁左右，而当时比利已经六岁了。有一次，它们卷入了一场你死我活的持久战。从此之后，为了避免它们再次打到一起，我们让比利生活在楼上，让布奇生活在楼下。此外，我们还在前楼梯处设了一道门，这道门似乎发挥了作用。虽然它们都可以很轻松地跳过这道门，但是它们并没有这样做，它们似乎接受了这一条分界线。最后，它们逐渐开始容忍对方的存在，可以一个在客厅的一端，一个在另一端，而不会发生打斗，但它们始终没能学会喜欢对方。

如果你的两只猫之间总是打架，并且情况越来越糟，那么你将不得不为其中的一只找一个新家。猫之间的争斗对它们双方都没有好处，同时也让你很难和它们在一起生活。

恐惧、愤怒和混合情感

我认为和家养动物相比，野生动物的情感可能更加复杂，或者可能它们表达情感的方式更加复杂，因为它们不像家养动物那样出现幼态持续现象。我之所以这样说，是因为成年人的情感比小孩的情感更加复杂，因此野生成年动物的情感可能也比驯养动物更加复杂，因为处于幼态持续状态的成年驯养动物身上保留了其幼时的特征。

由于同样的道理，家猫的情感可能比狗更加复杂，因为它们的幼态持续不像狗那样严重。按照欧沃劳博士的说法，猫可以发起消极性进攻（passive-aggressive），从这一点就可以看出猫身上的成熟情感可能会更多。当一只猫对另一只猫很生气但是又很害怕而不敢与其搏斗时，它就会撒尿，做出一种消极威胁。再例如，当一只更加自信的猫威胁一只胆小的猫时，这只胆小的猫会在更加自信的猫离开后撒尿。它不打算和另一只猫直接对抗，只是等后者离开后再"骂上几句"。

在得不到充分的注意时，比利会在妈妈的枕头中间大便。妈妈曾称其为"泄私愤"，狗是不会做出这样的事情的。研究人员还发现排泄性问题常常和进攻性问题同时出现，两者之间之所以会有联系，是因为猫会利用撒尿和大便来互相交流、表现冲突。由于很多时候猫是在威胁结束之后才做标记，它们的主人会不知道发生了什么。如果人们能够理解这些气味意味着什么，他们就会更容易发现猫在针对什么做出反应。

惊慌系统和社会生活

猫的社会性比人们想象中的要强，不同的猫之间也有很多个体差异。这是必需的，否则的话它们就不可能和人类生活在一起，也不会和人类发生互动。我所见过的最容易相处的猫是我姑妈家一只名叫托马西那（Tomasina）的公猫，当时姑妈家客居在一个牧场上。它是一只普通的虎斑猫，身上有黑灰相间的条纹。它很友好，但是很胆小。所有的客人都可以爱抚它，它也很喜欢和人在一起，有时甚至会跳到充满水的浴缸里，因此，大家都很喜欢它。

我还听说过很多猫知道怎样让人对它们言听计从。我在伊利诺伊州遇到的一位女士给我讲了这样一件事：她家的猫总是想一大早就从房子里出来。她和丈夫刚把它领回家时，每天早上它都会跳到两人的床上叫个不停，直到两人中有一个起床把它放出去，但是她总是任它叫唤，一直呼呼大睡。就这样过了一段时间，这只猫意识到它需要叫醒的是她丈夫，而不是她，于是每当它早晨想要出去时，就会坐到她丈夫的胸部上，轻轻地拍打他的鼻子。

她生活的地方距离她父母的房子有几个小时的路程，她每次拜访父母都会带上这只猫。显然，这只猫意识到她的父亲才是那里的"一家之主"。于是，每天早晨，它不再唤醒她的丈夫，而是跳到她父母卧室床上的架子上，把上面的东西弄下来，让它们落到她父亲的头上，把他弄醒。有趣的是，它从来不让这些东西落到她母亲的头上，而是总砸在她父亲的头上。

对猫的社会生活的研究很多是利用试验室的猫来进行的，也有几次研究用的是可以自由活动的家猫。试验室里猫群的社会生活和外面的有所不同，但是研究人员还需要对两者的异同做更多的了解。

在试验室内部，猫会形成地位等级结构。现在研究人员已经发现在圈养的群体内部，线形的支配等级关系（linear dominance hierarchy）建立在体型大小之上。处于支配地位的猫先吃食物。通常情况下，支配性的猫体型最大，年龄最长，大部分都是雄性，因为公猫是母猫大小的 3.5 倍，但是有时候母猫似乎也会处于支配地位。据有的养猫者说，在他们家里，母猫的地位高于公猫。

我们并不知道处于支配地位的猫究竟是如何获得这种支配权的。它们并不会为了维护自己的地位对别的猫动用武力。恰恰相反，别的猫会主动对它毕恭毕敬，无人可以理解它们为什么会这样做。研究者认为处于支配地位的猫一定有某些威胁行为，只是人类觉察不到而已。还有，处于支配地位的猫会占据房间里最高的位置，这也许是一种信号，意味着下面的猫都要服从于它。但也有可能是反过来，支配性的猫之所以能够占据最高的位置，就是因为它处于支配地位。所有的猫都喜欢高处，于是地位最高的猫得到了最好的位置。

在圈养状态下的群体里，猫之间的关系十分融洽。在一些小的动物收容所，你常常可以看到这种情况。在人类看来，它们生活的环境似乎拥挤不堪。我曾经到过这样一家收容所，那里到处都是猫，一间普通卧室大小的房间里有几十只猫，但是它们谁也不会打架，看起来似乎也都没有打过架。很多只猫依偎在一起，它们都是被拯救来的成年猫，每只猫都有与众不同的生活经历。其中很多曾被抛弃，有些可能还受过虐待，但是它们共同生活在一个狭小而拥挤的空间里，和平相处。

生活在试验室里的猫群也不会经常打架。欧沃劳博士提到过一项对试验室猫群的定时研究，发现猫之间发生矛盾的时间只占总时间的1%。这个猫群里有七只被阉割过的公猫，有一只没有阉割过的公猫，它们之间也能相安无事。

可以自由活动的猫通常很合群，但人们总是认为它们独来独往，这也许是因为它们捕猎时单独行动。但是它们单独捕猎并不是因为喜欢独来独往，而是因为它们捕食的都是小动物，如老鼠和小鸟，因此不打算分享。大型猫科动物会集体捕猎，如狮子，这是因为一只狮子吃不下一匹角马，而且捕猎角马时也需要其他狮子的帮助。

自由活动的猫会形成自然的群体，但是试验室外面的猫群似乎并不存在线形的支配等级关系。猫群的大小差异很大，小的只有两三只，大的可以有五十多只，但是研究人员也发现有些猫独自生活。他们发现在中等大小的猫群里，公猫之间的互动最为频繁。

在这样的群体里，母猫有 40% 的时间会在一起，通常会互相依偎。看起来似乎母猫比公猫更合群，但这也许是因为猫科动物的雌性一生中有 80% 的时间和幼崽在一起，因此，它们几乎从来就不是独来独往的。养猫者常常说公猫对于不是自己后代的小猫比母猫还要关心，因此在合群这一方面可能并没有性别上的差异。

在研究猫的过程中，我所读到的最令人惊奇的故事是一只母猫为另一只母猫接生。这两只猫是姐妹，先是它们中的姐姐在一堆稻草中间做窝生了三只小猫，18 天之后，猫妹妹也来到这个窝里生产。它翻过身来，猫姐姐则舔舐着帮它把五只小猫生下来，再把它们舔干净，咬破胎膜，并把脐带咬断。这个故事发生在 1978 年，此后研究者发现合作生育（communal breeding）现象在农场的猫中属于正常现象。生活在同一个窝中的猫妈妈会互相哺育对方的幼崽。如果它们想要离开原来生活的地方，也会互相帮忙把幼崽搬到新家。

在接受研究的猫群中，公猫之间不会为了争夺性伙伴而发生争斗。欧沃劳博士提到过一位研究人员拍的照片，照片中一群公猫等着轮流和一只发情的母猫交配。它们之间不会打架，而是等着自己的机会。这群公猫主要是对外来入侵者有进攻性。因此我认为，人们所听说的公猫之间打架的现象可能发生在不同猫群的公猫之间。

猫爸爸不像狼爸爸那样照顾妻子和子女，但研究者现在所知道的基本上就是这些。一项对农场的猫所做的研究表明公猫的确会照顾小猫。一位从小和很多猫一起长大的男士给我讲过一个有趣的故事，这个故事发生在一只名叫萨米（Sammy）的公猫和它的小猫身上。

这位男士和他的母亲从生活在小区里的一只母猫那里把萨米抱回了家，和它一起过来的还有它的弟弟宽扎（Kwanzaa）。它们的妈妈是一只很温顺的流浪猫，无家可归。当时宽扎只有几周大，萨米是它的大哥哥，已经流浪街头一年左右。这位男士告诉我说萨米在和他们一起生活之后，依然"有很多时间在户外"。

有一天萨米遇到一只母猫，此后它们就经常一起出去闲逛。他和母亲经常看见萨米和它的"女朋友"在一起游荡，他们心想"这下萨米不会回来了"。果然，它们交往了没多长时间，萨米就消失了。

后来，过了三四个月，它带着四只小猫回来了。这位男士对我说："它想让我们看看它的孩子，并和我们道别，像是在说'再见了，你们对我很好，但是我现在娶妻生子了'。"然后它就带着小猫离开了，从此之后再也没有见到过它。显然，它又重新过上了流浪猫的生活。

通过这个故事，我意识到我们对猫在自然状态下的社会生活所知太少，很难说公猫和它的小猫之间到底是什么样的一种关系。动物行为学家认为公猫并不参与抚养小猫的过程。这也许是真的，但公猫有时会知道哪些是它的幼崽吗？我们不得而知。

温情时刻

猫很合群，我已经从养猫者那里听说过好几个关于"搜救猫"的故事，我甚至听说有一只猫救了它主人的命。得克萨斯州的一位女士养了三只猫，她告诉我说最老的那只猫如果晚上想得到她的爱抚，就总是会舔她的手指头。有一天夜里她已经入睡了，它又开始舔她的手指头，但是她没有醒来。这时猫开始轻轻地咬她的手指，最后甚至开始用力咬，直到她完全清醒过来。原来是她没有把煤气灶关好。这位女士并不确定她的猫是否在努力提醒她，但这只猫以前从来没有这样做过，此后也没有这样做过。因为猫不喜欢变化，我想可能是它想要提醒主人房子里有点异样，需要解决一下。

告诉我萨米的故事的那位男士还给我讲了另外一个故事，听起来有点像是电影《灵犬莱西》里的一幕，因为这只猫为了保护主人，敢于和威胁主人的人做斗争。

那时这他还很小，家里养了一只名字叫鲍比（Bobby）的猫。它"极其讨厌小孩"，只要有小孩过来玩，它就躲得远远的。它之所以会这么讨厌孩子，是因为在它大约六周的时候，从他家房间的窗户里跳了出去，从七层落到了地面上。这件事发生时，他和母亲都不在家。猫受伤并不严重，甚至不需要去看兽医，但是它可能吓坏了。当母亲发现它的时候，它正蜷缩在楼下，一群小孩正在向它身上扔东西。因此，它可能把这次从楼上落下来的经历和小孩联系在了一起。从此之后，它就开始痛恨所有的孩子。

有一天他病了，请假在家，这时有人敲门。那时他只有 12 岁，也没有问外面是什么人就把门打开了。结果发现是来自同一社区的两个男孩把门推开，闯了进来。他们一个 13 岁，另一个 17 岁，两人总是喜欢从中学生那里抢电子游戏机。

他们进了他的卧室，开始到处乱翻，寻找他们喜欢的游戏机。他当时又沮丧，又害怕，不停地告诉他们赶快离开，否则等妈妈回来，发现她不在家时他让人进来，会责备他的，但是这两个男孩就是不肯离开。

正在这时，鲍比忽然从它藏身的地方跳了出来，它站在梳妆台上，弓起背来，冲着两个男孩大叫。这只猫全身乌黑，而他们对黑猫有点迷信，吓得撒腿就跑。他说他们跑得很快，看起来就像动画片《史酷比》里的人物，虽然影子还在那里，但是人已经不见了。一开始鲍比并没有出现，而当主人感到害怕并可能身陷危险时，它才跳出来将坏人赶走。这件事真的很让人感动。

但是我所听过的最动人的故事发生在萨克拉门托（Sacramento）的一位女士身上。她在家里养了很多动物，其中有两只猫、一条狗，还有几只鸟和几只兔子。与此同时，她还帮人照看狗，因此家里通常还会有另外一两条狗。

两只猫总是睡在它们在车库里的床上，有一个小门专门供它们出入。有一天夜里发生暴风雨，这位女士决定把猫弄到房间里过夜。大约凌晨一点钟的时候，名叫"彩虹"（Rainbow）的那只猫跑进她的卧室里，跳到床上，在她的耳边喵喵叫个不停。它身上有暹罗猫的血统，因此也像暹罗猫那样声音不大，于是她就充耳不闻。她把它从床上推下来，但是它又爬上去，继续在她脸边叫。她再次把它推下来，但是它马上再次爬上去，还是在她耳边叫。

后来，她第三次把它推下来，而它也第三次爬上去喵喵叫。她忍无可忍，于是就起床把它抱起来，放到了走廊里，并把卧室的门关上，但是她仍然不能安心睡觉，因为这只猫就站在卧室门外不停地叫。

最后她再次起床，打开门，看这只猫到底怎么回事。它沿着楼道走了几步，停下来，一边回头看她，一边叫。然后它又走了几步，转过身来，又叫了几声。接着，它又第三次这样做。这位女士说她当时盯着这只猫，心想"它到底怎么了"。

她唯一可以想到的就是猫想回到车库里，睡在它原来的地方。于是她就跟着它一直走，以为这是猫想要带她去的地方。

但是猫并非想要回到车库，而是进了起居室，站在了玻璃移门旁边。这时它不再叫了，也不向外走了，而是走到门旁边，站在了那里。她跟着这只猫，看着外面的大雨，过了几分钟，她看到房子后面小河里的水已经漫过了堤岸，但是她并没有多想。她在这里住了那么多年，只有三次河水漫过堤岸，并且即使漫过堤岸，也没有发生过大问题，而这次的暴雨并不像以前的暴雨那么严重。

她看着外面的雨水，忽然想起来外面棚子里的兔子。这个棚子上面有遮雨的东西，但是雨水是倾斜着下来的，她担心兔子会淋湿。她知道又湿又冷对兔子不好，于是决定把它们弄到屋子里。

她走出去，摸索着到了棚子那里，这时她才意识到这次的洪水比她从起居室里所看到的要严重很多，溪水漫过堤岸，已经到了兔子棚这里。

这些兔子生活在一大堆干草中间，它们在草堆里掏了一个洞，在里面过冬。她不得不蹲在洪水中，用手在草堆里摸索。最后她摸到了一只兔子，把它拉出来。当她回来拯救第二只兔子的时候，洪水已经到了草堆那里。如果这只猫没有叫醒她，并不住地纠缠她，如果再晚来几分钟，这些兔子就要没命了。

这位女士不知道她的猫是否真的想要救这些兔子，但是那天晚上，当她把兔子拿到房子里之后，这只猫再也不纠缠她了。从此之后，它再也没有做过那样的事情。这只猫可能和兔子之间很有感情。这并非没有可能，这只猫从来就不知道兔子是猎物。这个家庭的两个女儿常常会把兔子从棚子里拿出来，在院子里一起玩耍，因此也许这只猫把它们看成了这个家庭的成员。这是一只母猫，母猫会照顾窝里的所有小猫，而不仅仅是自己的后代，也许这些兔子激活了这只猫身上合作生育的潜能。

猫需要伙伴

　　猫需要朋友和伙伴，只有这样才能满足它们的社会性本能。如果全家人要么工作要么上学，基本上没有时间和猫互动，你最好养两只猫，让它们互相为伴，最好是来自同一个窝的两只猫，或者是一对母女。其他的组合方式也可以，就像试验室或农场里的猫群那样，但是猫在选择朋友的时候很挑剔，因此最好能够选择来自同一家庭的猫。

　　很多猫白天要独自在家，因为主人要外出工作，但它们并没有行为问题。猫往往喜欢夜间活动，它们中很多白天睡觉，傍晚或晚上出来活动。这和狮子的行为模式相似，狮子白天睡觉，日落之后捕食猎物。猫自然的活动模式和人正常的工作日正好合适，因此主人下班后可以在猫最活跃的时候和它们玩耍。我记得比利在白天人都在家里时会一睡就是几个小时。它最喜欢的睡觉地点是气体干燥器的顶端，这个金属顶端总是很舒服、很暖和。

寻求系统

　　猫是超级捕猎动物。有一位调音员，他经常和新闻小组的其他人员在人们家里进行采访。他告诉我说他们不能在麦克风上使用挡风板，因为猫喜欢抓它。挡风板是用毛茸茸的人造毛制作的一个盖子，放在麦克风上，以便把风的声音过滤出去。除了大脑结构，猫的身体结构也生来就适合捕猎。犬牙所在的位置让它们可以咬住捕获的动物，只需一口就可以使其椎骨脱位。在小猫只有五周大的时候，猫妈妈就开始把活着的猎物给它们，教它们怎样捕猎。大部分人都见过猫和猎物一起玩耍，但是没有人知道它们为什么会这样做。一个有趣的猜想是通过玩耍，猫可以让体型太大或者难以制服的猎物筋疲力尽，这样就可以让其少反抗。好奇心和学习也是由寻求系统负责的，一只快乐的猫有很多机会可以探索世界、学习本领。

我已经提到过，猫对其环境有一种强迫症，可以注意到每一个细小的变化。它们还可以从环境中学习，它们可能有很多的社会性学习。一项重要的研究表明，要想教会它们一个行为，利用强化物教它们不如让它们观察别的猫学得更快。另外一项研究教它们如何从一个盒子中逃出来，结果发现与其让它们观察一位已经知道怎样做的"猫专家"演示，不如让它们观察另一只"猫学生"的学习过程。凯伦·普莱尔讲过这样一个故事，她养的一只猫看到她女儿用碎火腿训练狗坐在摇椅里摇来摇去。狗刚一离开房间，这只猫马上跳到摇椅上，也开始摇来摇去，也希望以此获得火腿。

凯伦·普莱尔认为，猫对社会性学习的依赖可以说明它们为什么会爬到树上却下不来。爬上树是很自然的，猫不用学习就知道怎样做，但是要想从树上下来，它们必须向后退，因为它们的爪子是弯曲的。猫也许必须从猫妈妈那里学习如何后退，而大部分宠物猫还没有来得及学习就离开了妈妈，因此它们可以爬上树，但不知道怎样倒退着下来。

我认为她的这一看法可能是正确的，因为我从来没有见过生活在谷仓里的猫陷在树上下不来，只有家猫才会有这样的问题。农场上生活在谷仓里的猫可以自由活动，也可以自由繁殖。它们生性驯服，因为驯服的猫妈妈把幼崽生在人们可以找到的地方，这样它们刚一出生，就开始和人类接触。由于这些小猫也会生活在谷仓里，没有人把它们从猫妈妈身边拿走，它们很可能从妈妈那里学到所有需要学习的本领，怎样倒退着从树上下来可能就是其中之一。

关于猫通过观察别的猫来学习一项本领，我所见过的最惊人的例子发生在一只自学如何使用马桶的猫身上。此前我听到过很多关于猫使用马桶而不是沙盒的故事，但是我一直半信半疑，直到有一位女士告诉我她朋友的经历。她的这位朋友嫁给了一个离过婚的人，这个男人有两个小孩子，他们周末会和爸爸在一起。她的朋友则没有孩子，只有一只猫。

两个小孩过来住之后，她发现有人用过马桶，但没有冲水，有时马桶座也是湿漉漉的。起初她不愿意说什么，但是最后还是忍不住对丈夫说了，想让他告诉孩子们在用马桶时一定要把马桶座掀起来，用过之后一定不要忘记冲水。丈夫这样做了，但是孩子们说这事不是他们干的。当然，她认为一定是他们，因此有一阵子家里的气氛有点紧张。直到有一天她去洗手间，正好看到她的猫正在马桶上大便。她说这只猫什么都学会了，就是没有学会冲水。

还有一位女士告诉我她的猫差一点就学会了怎样冲马桶，但它并不是要大小便，而是喜欢看水冲刷马桶的样子。每当有人冲水，它就在一旁看着，后来它开始尝试着自己冲，但就是不成功。显然，它也注意到每当有人往马桶里放卫生纸的时候，水就会开始打漩。冲水不成，于是它开始往马桶里弄了很多卫生纸，我猜测它可能以为让水打漩的是卫生纸。

听了这些故事之后，我到视频网站上去搜索了一下，发现有关猫使用马桶的视频有二十来个。我不知道其中有多少只是像那位女士的猫那样独自揣摩出来的，它们中有很多可能接受过专门的训练。有一种训练猫如何使用马桶的工具，这种工具就像是一个放在马桶内的沙盒，过了一段时间，它就开始学会在没有沙盒的情况下使用马桶了。虽然如此，看到猫使用人类的马桶依然是一件很让人惊叹的事情。

所有这些探索性学习行为都是寻求系统所激发的。猫很好奇，因为它们生来就是捕猎者，这也许就是为什么英语里会有"好奇害死猫"这个说法。好奇心就是寻求系统，这方面我所见过的最好例子就是姑妈家的公猫托马西那。有一天晚上，我们一起在往马棚的方向走，忽然发现门外有一条巨大的牛蛇。这条蛇大概有 1.8 米长，直径约为 3.8 厘米。它蜷缩在那里，嘴里发出嘶嘶的声音。牛蛇没有毒，也不咬人，但是如果受到威胁，它们很擅长模仿响尾蛇。

这时再看约 1.5 米之外的托马西那，只见它蹲踞在那里，盯着这条蛇。它并不是要对其发起攻击，而完全是出于好奇，想看看这条蛇在干什么。我把这一幕用相机拍了下来。

如何激活猫的玩耍和寻求系统

对于动物的福利来说，关键是要激活其积极的情感系统，如玩耍和寻求系统，尽可能关闭其消极的情感系统，如愤怒、恐惧和惊慌系统。激活猫的玩耍和寻求系统并不难，因为它们是天生的猎手，而猎手的大脑会被移动的物体所激活。你只要给它们提供会移动的玩具就行了。必须注意的一点是千万不要用手逗着它玩捕猎游戏，否则当它长大以后会很危险，最好是用拴在绳子上的玩具，或者是我前面提到过的细长的鸡毛掸子，这样它才不会抓伤你的手。

对于可以在户外自由活动的猫来说，也许根本不需要人类的帮助就可以激活其寻求系统。它们可以尽情地捕猎，任意地探索。但是很多人认为应该将它们关在室内，这样对它们更安全，很多小鸟也不会被它们所捕杀。我见过很多被关在室内的猫，它们情况很好，尤其是当主人养了不止一只猫时，或者当它们已经在室内生活了一辈子时。但是猫生来就更加适应户外的自由生活。如果你住在安全的乡下，也许可以考虑让你的猫在室内和户外都自由活动。

如果你打算养一只在室内生活的猫，必须要想着怎样给它提供心智方面的刺激。在一次接受采访时，欧沃劳博士说："人们不把猫看成是聪明的、有认知能力的动物。他们忘记了猫最关键的需求，在我看来，这就是智力上的需求。我认为我们低估了猫和狗的认知能力。我认为现在的猫智力上没有受到充分的刺激，它们在心智上的需求普遍没有得到满足。"你不能把猫单独关在卧室里，一关就是一整天，这样的生活并不比动物园里圈养的动物曾经遭受的待遇更好。

欧沃劳博士建议养猫者为他们的猫提供一些迷宫、攀爬树和户外活动区域等等，这样它们就可以有很多的选择，压力就会降低。

我支持她的建议。我还建议购买一个响片和一本关于响片训练（clicker training）的书，这样就可以训练你的猫了，因为猫的大脑需要新事物的刺激，就像学习可以刺激人的大脑一样。利用响片训练，教猫学习新事物，这可以刺激其寻求系统。

在讲述怎样进行响片训练之前，我想先谈一谈为什么需要响片或类似响片的东西。原因很简单，仅仅用声音来训练猫是极其困难的。业余的训练者会发现响片训练对任何动物都很适用，但是很多养狗者可以完全利用社会性奖励，如表扬和爱抚，训练他们的狗掌握一些基本的指令，如"坐下""别动"和"过来"等等。猫就不同了，必须要用食物作为奖励，才能激发它们的积极性。响片训练可以很好地用在猫的身上，因为它们把响片的声音和奖励联系在一起。人们一直认为猫无法训练，因为纯粹的社会性奖励在它们身上效果不好。但其实只要使用响片，它们完全是可以训练的。现在人们甚至开始提出要把猫训练成如导盲犬一样的服务类动物。

和狗不同，对猫必须要用食物奖励作为刺激，原因如下：首先，由于狗的额叶比较大，其社会性比较强，因此它们会努力取悦训练者。在演化的过程中，额叶之所以会变大，就是为了让动物的社会行为更加复杂。第二个原因是狗比猫的驯化更为充分，因此它们可以比猫更好地读懂我们的表情和姿势。狗在你说"好狗狗"之前，就可以觉察到你姿势和面部表情的细微变化。我确信狗很快就将这些细微变化和"好狗狗"这句话，还有食物奖励联系起来。因此，狗在我们意识到自己发出信号之前就已经很快地接收到了信号。这一点很重要，因为在训练动物时，速度和时机十分关键。要想做一位优秀的训练者，必须先做优秀的信号发送者，而要做优秀的信号发送者，速度必须要快。专业的训练者会在训练对象按要求完成任务的同时，马上弄响响片或给予声音奖励，或者是其他形式的奖励。另外，训练对象也要马上读懂这一信号。但是即使是对于最优秀的训练者来说，语言总是慢的，要比响片或口哨慢。这对狗没有什么关系，因为它们也许可以读懂你所发出的信号之前的隐秘性信号。

我认为响片给猫的信号可能也很快速，就像表情和姿势的细微变化给狗的信号那样。猫也许可以觉察人的表情和姿势的细微变化，但是它们并没有演化得能理解人类，它们也没有察言观色的动机。你知道猫会听到响片的声音，但你不知道它会觉察到表情和姿势的细微变化。

响片之所以可以对猫起作用，第三个原因是利用响片可以很容易完全使用正强化。要知道，猫不会对惩罚或负强化做出反应。如果你利用响片训练猫，在第一阶段，你要让它知道"响声意味着奖励"。响片一响，就有奖励。响片再响，还有奖励。你只需要这样做两三次，它就会意识到响声意味着食物，训练者称这个过程为"为响片充电"。

心理学家称其为经典条件反射（classical conditioning），巴甫洛夫的狗所学会的就是这种反射。它们每一次听到铃声，都可以得到食物，很快它们就开始一听到铃声就分泌唾液。接受过响片训练的动物在听到响片声时可能也会分泌唾液。响片的声音已经成为一种奖励，因为响声意味着食物。即使当响声本身成为奖励时，你也不能停止给予真正的奖励。你不一定非要每次发出响声后都给予食物奖励，但是如果从此一次食物奖励也没有了，那么响声就会变得没有意义。

只要你看到猫已经意识到"响声意味着奖励",你就可以从经典条件反射,转换到操作性条件反射(operant conditioning),即教它为了得到奖励而完成某件事情。一开始可以是非常简单的、它已经会做的事情,如看着你,或闻你放在它面前的东西。很快你的猫就会意识到"响声意味着继续做正在做的事情",它就会有意识地看着你,或者是闻面前的东西,因为这样做就可以听到响声,得到食物奖励。只要它掌握了这一行为,你可以马上开始另外一个与此不同的简单行为,因为你要让它"学会学习"。在第一阶段,你的目标是教它"我要考虑着怎样才能让主人弄响响片"。凯伦·普莱尔认为养猫者要做的就是,让猫以为它可以通过尝试不同的行为来训练你,直到有一个行为可以让你弄响响片。

利用响片训练,所有这些都完全是利用正强化来完成的,在此过程中没有惩罚,也没有负强化,也就是说动物学习新行为不是为了让你停止做让它不快的事情,例如用绳子用力拉它。要想训练一只猫乖乖地让你牵着走,你可以先利用响片训练它接触一个目标,如一把木勺子,然后你再把目标物放在它鼻子前面,并牵着它散步,这样它就会为了响声和食物去接触这一目标物。在它学会这些之后,你再慢慢地将目标物撤除,如果它安静地被你牵着散步,你就弄响响片,给予其奖励。

我最近观看过一只猫进行跨越障碍的训练。训练者在一把长木勺的把子上拴了一个响片,并在勺子里放了食物。他在利用"响片勺子"带着猫跨越障碍物,每当它做对了,就弄响响片,给予其食物奖励。

对于动物园里的大型猫科动物来说,如果利用响片训练它们从一个架子上跳到另外一个架子上,它们会更加快乐,而不会那么无聊。在圣选戈动物园,猎豹和云豹为公众表演。我曾见过有的云豹很痛苦,根本不愿意走出它们的围圈。如果利用响片训练,激活其寻求系统，也许它们就不会这么恐惧。

猫的学习过程需要严格的正强化训练，即奖励，而人类利用声音进行所有的交流，无论交流的内容是好还是坏，是积极、消极或中性。一位优秀的训练者可以将每一句话或咂舌的声音和奖励联系起来，但是我认为响片或口哨可以帮助普通人保持积极的状态。由于我们的核心情感方面的原因，对于人类和动物来说，消极情感都是很自然的。如果你想训练一只猫，而这只猫却学不会，你往往会感到很沮丧，而这种感觉就来自愤怒系统。消极是自然的，而要想百分之百的积极，则需要我们的努力。

为什么响片可以打开寻求系统

在我读大学的时候，我学到的是巴甫洛夫的狗之所以会听到铃声就分泌唾液，是因为铃声已经成为一种强化物。食物是初级强化物（primary reinforce），即自然的、从生物学意义上使动物或人类获得满足的东西。铃声是次级强化物（secondary reinforce），即它之所以有酬赏作用，不是因为其本身，而是因为它和初级强化物之间的关联。对于人类来说，金钱和分数都是次级强化物。

但是现在的研究者对多巴胺和寻求系统有了更好的理解，我们对奖励的认识也在发生着变化。让人满足的与其说是奖励本身，不如说是寻求奖励的过程。从某种程度上讲，追求某事物的过程比实际上得到它更加有趣。

这就是为什么"充电"了的响片会打开寻求系统，响声本身不是奖励，它只是一个信号，表明马上就会有奖励。响片的声音激活了寻求情感，于是动物进入了一种十分愉悦的期待状态。

要想满足一只猫的社会需求，你要尽可能地让其恐惧系统、愤怒系统和惊慌系统保持关闭。要想做到这一点，你要为其提供友好的、积极的伙伴，这个伙伴可以是你和你的家人，也可以是另外一只猫。

　　要想满足一只猫的情感需求，你必须要打开其寻求系统。要想做到这一点，最好的办法就是为其提供玩具和响片训练。

04.

快走踏清秋：马

马要想在野外生存下来，有两种办法，要么就是逃跑，要么就是用蹄子猛踢攻击它的掠食动物。对于马来说，生存就意味着逃跑，因此恐惧是其主导情感。

马是一种被掠食食草动物，被掠食意味着它们有可能会成为被掠食动物如狮子和老虎的食物。食草意味着它们以草为食物。这一类动物有两种行为模式：牛和羊会结成群体以求安全，而马、鹿和羚羊则通过逃跑以谋生存。因此，它们分别被称为集群动物（buncher）和逃跑动物（flee-er）。认识到两者之间的区别很重要。和集群动物相比，逃跑动物更加胆小，更容易受惊吓，这也让它们更容易受到心理创伤。因此，马比奶牛和羊都更容易受惊逃跑。激发动物集群行为和逃跑行为的是新奇而快速的动作，也就是动物没有见过的、出乎意料的、突然而快速的动作。对于食草的被掠食动物来说，要想在野外生存，视力比其他的感觉器官都更重要，因为快速的动作意味着危险迫在眉睫。你也许从照片上见过这样的一幕：一群羚羊在安静地吃草，而一群狮子就在不远处晒着太阳。这些羚羊并没有逃跑，因为狮子并没有悄悄地跟踪它们。它们怎么知道狮子没有跟踪它们的呢？因为它们可以看到狮子正躺在那里。视觉告诉它们什么时候掠食者是危险的，什么时候不构成危险。

如果马被逼入绝境，无路可逃，它会背水一战，用后腿猛踢掠食者。马很聪明，它们的额叶很大。我想你一定见过几匹马站在一起的样子，每一匹马的头部靠近另外一匹马的尾部，这样它们就可以互相帮助驱赶脸部的苍蝇。我从来没有见过牛学会这样做，虽然这可能是因为牛的尾巴又粗又硬，它们不愿意被其他的牛打耳光。

西部山脉的野马生活在小的群体里，一匹公马和四至六匹母马在一起，而其他的公马则一起生活在它们的光棍群体中。由于它们以逃跑求生存，因此并不需要组成太大的群体来寻求保护。新生的小马驹几乎一生下来就会奔跑。

马和狗有一点是类似的，即它们都想取悦人类。几个世纪以来，经验丰富的骑马者一直在努力描述他们和马之间密切的关系。最早的骑术手册是希腊历史学家色诺芬（Xenophon）的《论马术》（*On Horsemanship*），成书于公元前 365 至公元前 345 年。色诺芬写道："对于强迫而为的事情，马会盲目而行，其表现必不佳，如鞭子和棍棒之下教会的舞者。这样的马或人会举止笨拙，生涩难看，毫无风度和美感。我们所需要的马应该行止由心，神态非凡。"

马和恐惧系统

马并非生来就很驯服，它们十分胆小，必须从其出生之日起就开始和人类接触。从 20 世纪 90 年代开始，一种名叫"马驹铭印"（foal imprinting）的驯马方法变得十分流行，这种方法针对的是新生的马驹。有些行为主义者担心这种方法可能会给马驹带来太多的压力，因为在铭印的过程中，必须要把它牢牢束缚住。我不知道小马驹是否会很紧张，因为有些压力束缚反而会有镇定效果，如对攻击性太强的狗所进行的全身束缚。但是我一直认为马驹铭印过于粗暴，并且到目前为止，相关研究并没有发现它有持久性的效果。我很高兴看到 2005

年发表的一项新的研究结果，表明让马驹习惯和人相处的最好方法是：在马驹出生以后，连续 5 天为母马刷毛，每天 15 分钟，并且让马驹在一旁观察。当它看到妈妈喜欢人们为其刷毛时，它也就会变得更容易接受人类。在这项研究中，在一岁大时，那些观察人们为母马刷毛的马驹比控制组的马驹对人类更加友好，因为控制组的那些马驹只是看到人站在母马旁边而已。不仅如此，它们也可以更快地接受马鞍垫，对陌生人也更加友好。

粗暴的训练方法可能会摧毁一匹马

遗憾的是很多训练者还在使用粗暴的旧式方法来训练马，这种方法被称为"麻袋训练法"（sacking out）。在西部的一些牧场上，这依然是一种常见的做法，他们不是让马逐渐习惯新事物，而是一下子全部向它扔过去。这种方法通常用于一岁大的马，先是把一个很结实的笼头套在它头上，然后把它拴在一根柱子上。这时训练者会把各种东西向它扔过去，如易拉罐、毯子、塑料片等等，拿到什么就扔什么。一开始，所有的马都会努力向外挣，想要逃跑。有的马会惊慌失措，倒在地上，从此留下心理创伤，还有的会习惯下来，学会忍受扔来的所有新鲜事物。

麻袋训练法的目的是让马不要害怕新事物。训练者不断地向马身上扔东西，它会拼命用力向外挣，直到最后要么因为筋疲力尽而放弃，要么学会接受。这和一种名叫泛滥疗法（flooding，又称冲击疗法或满灌疗法）的行为治疗法相类似，在进行这种疗法时，接受治疗者要一下子接触大量他所恐惧的对象。如果他害怕电梯，你就一下子把他推进电梯里，而不是慢慢地让他脱敏。

对于马来说这是很可怕的事情，对于容易激动的阿拉伯马来说尤其如此，它们会受到心理创伤，从此一蹶不振。我认为马会像饱受心理创伤的老兵那样，因此患上创伤后应激障碍（PTSD），有过如此经历的马将无法再骑。反应不是那么强烈的马，如生性平和的夸特马（quarter horse），虽然可以接受这种训练，但是这对它们依然不是一件好事情。热血和冷血这两个术语可以用来描述一匹马的性格和体形，有时还可以描述其品种，而不是指血液。热血的品种包括阿拉伯马和英国的纯血马（Thoroughbred），它们身材苗条，腿也很细，冷血的品种身材更加健壮结实，骨头也更粗大，如驮马。对腿骨直径的测量表明，最胆小的马腿骨也最细。无论粗暴的训练方法是否有效，我们都不应该对马过于粗暴。我发现粗暴的驯马者更愿意训练性格更平静、反应不那么强烈的马。

让马不再害怕

要想成功训练一匹马，就要使其习惯陌生的新事物，包括马勒、马鞍和骑马者。如果新奇的事物出现得太快，马就会惊慌。优秀的训练者会尽量避免给马造成惊慌的反应，这些反应包括后腿跳起、猛踢和后腿站立。对于容易紧张的品种来说，更要让其逐渐接受新奇事物，不可操之过急。

要让马习惯生活和工作中所遇到的各种新奇刺激物，需要花很长时间，对马的训练还要和它以后所要过的生活相适应。骑乘马所要习惯的刺激物与警察用的马和表演特技的马是不同的。

在美国的大部分地方，要让马摆脱的主要是对自行车、旗子和气球的恐惧，因为在马术表演比赛和游行队伍中这些事物十分常见。对于马来说，自行车是恐怖的，因为它移动迅速、悄无声息，有时会突然出现在它面前。旗子和气球也让马害怕，因为它们会有不规则的快速运动，并且光线的反差很大，而这会惊吓到很多动物。还有就是聚酯薄膜气球会发出一种像火在燃烧一样的声音，这也会让它们感到很害怕。

想要一匹马习惯自行车很简单，只要把自行车推到它身边，先让它习惯一下，然后再慢慢地骑一段距离。随着马逐渐习惯下来，你骑的速度可以越来越快，距离也越来越长。让一匹马习惯旗子的最佳方法就是把旗子拴在栅栏上，让它主动走过去，自行探索。对于气球也可以用同样的办法。如果你打算让你的马参加马术表演，或者是打算在很多不同的地方骑它，就必须要让它习惯各种各样的声音和场面，包括可能会遇到的其他动物，如美洲驼。还要让它接触很多常见的事物，如椅子、婴儿推车和小孩的大玩具。在引入新事物时，你必须仔细观察，以确定触发恐惧心理的是哪一种感官。大部分情况下是视力，但有时也会是声音和气味。有一次我骑着我的马参加一个化妆演出，它要扮成一匹太空时代的马，而我则扮成宇航员。在演出之前，我很小心地让它先习惯一下行头。我拿着表面覆有一层锡箔纸的头盔，一动不动，它走过来闻了闻。但是只要我一动头盔，它马上就跳开了。最后我意识到它害怕的是头盔上的一根晃动的线发出的声音，声音并不大，但很奇怪。对于它来说，这根线发出的声音比头盔本身还要可怕。我通过将线拿掉，解决了这个问题，因为如果要训练它习惯这种声音，可能要花很长时间。

和新奇的味道相比，马更容易被新奇的声音和事物所惊吓。在一项试验中，研究人员让马接触新奇的事物、声音和气味，分别是锥形交通路标、白色噪音和桉树油。结果发现锥形交通路标和白色噪音可以让它们心跳加速，但是桉树油却不能。这是因为马通常不会利用嗅觉发现危险，所以它们对于奇怪的味道并不十分敏感。因此对于气味不用过于担心，除非这匹马被身上有股奇怪味道的人虐待过。我听说有一匹马害怕身上有酒精味道的人，但这并不常见。在大部分情况下，马更容易把虐待和视觉或听觉的刺激物联系起来，一些常见的例子如留胡子的人或高嗓门。

超级具体化的恐惧记忆及其应对方法

在所有习惯化的过程中，你必须要让马接触它可能会遇到的所有的可怕事物，而不能只是让它接触一两个事物，就指望它能够总结出这样的规律来：不要害怕新奇的刺激物。你必须一件一件地让它习惯每一个可能会惊吓到它的事物。

这是因为和自闭症患者一样，动物对感觉方面的细节十分敏感，十分具体化。在《我们为什么不说话》一书中，我曾提到过一匹马，它害怕黑色的牛仔帽，但是却不怕白色的牛仔帽和棒球帽。

人们一直就知道马对于细节十分敏感，但是却没有正确地理解这一点。例如，有时马从不同的视角看同一个事物时会有不同的感觉，这种情况可能会发生在表演场地，也可能会发生在路上。当你从一个方向骑过去，又从相反的方向骑过来，过去的时候没有惊吓到马的事物，却有可能会让它在回来的时候受到惊吓。

过去对这一现象的解释是马的大脑无法传递两眼之间的信息。马的眼睛长在脸的两侧，因此人们认为，马在过去时没有被表演场地上的旗子所惊吓，而在回来时却会受到惊吓，这是因为实际上这两次看到旗子对它来说都是第一次，一次是用一只眼睛，另一次是用另外一只眼睛。但是解剖学和行为学方面的研究已经表明马的大脑是可以将一只眼睛看到的信息传递到另外一只眼睛的。在这种情况下，马之所以会受到惊吓，我认为真正的原因是当它从不同的角度来看同一事物时，这一事物看起来其实是不一样的。因此在它眼中，这一事物就变成了一个全新的可怕事物。对于我来也是如此，如果我去一个地方的路上看到一个谷仓，在我回来的时候这个谷仓看起来就会像是一个不同的物体，因为我看它的角度发生了变化。

伊芙琳·亨吉（Evelyn Hanggi）博士做过一项试验，想证明这是否就是真正的原因，结果发现可能就是如此。她把小孩的玩具交替摆在不同的位置，她所测试的马认出了有些排列中的玩具，但并不是在所有的排列中都可以认出来。虽然马看的是几分钟前刚刚看到过的同一个玩具，但是它们却没有意识到这一点。

我为养马者所提供的咨询，几乎全部都是关于马超级具体化的恐惧记忆以及如何应对的。如果马的主人知道它以前的情况，我们通常可以想出问题所在。最近我和一位养马者进行交谈，他的马看到长把手的工具就吓得要死。他可以将这件事追溯到以前发生过的一个事故，当时它摔了一跤，翻倒在地，一下子拉紧了缰绳，勒了胸口处。这是一根蓝色的粗绳子，对它来说，拉紧的缰绳看起来就像是一根扫帚把。因此，现在它看到蓝色把手的清洁器就害怕，看到扫帚也会害怕。

这就是视觉超级具体化的一个例子，因为马所想的不是"绳子"或"工具把手"，而是一个超级具体化的视觉范畴：又直又长，直径约 1.9 厘米，可能是蓝色的东西。其他的马都没有这样一个范畴，只有这匹马。我告诉它的主人不要让它靠近长把手的东西，除非骑在它背上的人和它关系很好，可以让它镇静下来。如果骑在它身上的是个小孩，当它看到一个靠在墙上的耙子时，就会惊慌失措。对于恐惧记忆，最好的办法就是尽量让它远离它所害怕的对象。对于如何消除恐惧记忆，我在后面再进行讨论。

我还和另外一位养马者交谈过，如果她骑在马背上时手拿马鞭，这匹马就会极其害怕，但是如果她是站在地上时手拿马鞭，马就不会在意。这是另外一个恐惧超级具体化的例子，只有当人手拿马鞭并骑在它背上时，它才会害怕。这是因为当人手执马鞭站在地上时，并没有发生过什么不好的事情。在另外一个例子中，马害怕毫无遮盖的白色马鞍垫，但是如果这个垫子被马鞍遮住了一部分，它就不那么害怕了。只有当孤零零的白色马鞍垫放在栅栏上或者另外一匹马的背上时，它才会害怕。很可能它以前接受麻袋训练法时，受到过白色马鞍垫的惊吓，而黑色的垫子对它没有任何影响。

由超级具体化的恐惧记忆而引起的问题有时很容易避免。例如，有一对夫妇问我为什么他们的马只愿意从拖车的左边上车，而不肯从右边上。他们不知道这匹马的过去，我猜测它以前可能在拖车的右边发生过某种事故。我告诉他们只要从左边让它上车就行了，其他的不用担心。

还有一对夫妇联系我，他们买了一匹母马，想用来拉马车。在给它套上挽具时，这匹马很镇定，也很安静，但是在向前拉车子并感受到挽具对背部施加的压力时，它会突然像发了疯一样。于是，他们对这匹马的历史进行了解，发现这匹马曾被用来收集尿液，以制造一种名叫普力马林（Premarin）的雌性激素。为了收集尿液，整个冬天牧场主都会把怀孕的母马关在马厩里，并在其尾部系上一个形状如同回力球长勺手套的橡胶采集杯。他们会把母马牢牢地拴在栏里，以免它们把采集杯撞掉。

以前拥有这匹马的牧场主把拖拉机的车胎内胎切割成条状，用来束缚这匹马。这样的挽具可以伸缩，这样它就可以躺下来。有一天这匹母马的绳子松开了，它走出了约 6 米，而在此过程中它一直在用力拉着用内胎做成的挽具，最后这套挽具从后面突然断开，像一个巨大的橡胶带一样打在它的尾部。当新的主人将它套在马车上时，来自挽具的压力唤醒了它超级具体化的恐惧记忆。由于这匹母马是一匹不错的骑乘用马，我建议他们还是用来骑乘，不要再把它套在马车上。

造成恐惧记忆的不同原因

造成恐惧记忆的有两个因素，一个是过去遭受虐待的经历，另外一个是过快地接触新事物。最好是从一开始就能够避免恐惧记忆的形成，因为恐惧记忆一旦形成就很难彻底根除。马对于拖车、马蹄铁或新设备的初次体验应该是十分积极的，一次糟糕的初体验更容易造成恐惧记忆。如果可能，在让你的马登上只能装两匹马的小型拖车之前，应该先让它上一个长一点的拖车。对它来说，大一点的拖车不那么恐怖。马对于拖车的恐惧也是超级具体化的。我知道有这样一匹马，它在上拖车时毫不费力，但是从车上下来时则像火箭一样猛冲。这是因为它以前从拖车上倒退着下来的时候头撞在了车上，现在它快速地从车上下来，就是为了避免再次被撞。

与嚼子或其他马具有关的恐惧记忆有可能是因为虐待，也可能是因为这些东西出现得太快，它们根本就没有习惯。与马具有关的恐惧记忆也是超级具体化的。一位 13 岁的女孩带着她的马参加马术表演长达 3 年，没有出现过任何问题，这匹马棒极了。后来突然有一天它就疯了，最后他们只好把它卖掉。当他们听了我的讲座，知道了马大脑里超级具体化的恐惧记忆时，他们这才想起就在这匹马崩溃之前，骑术教练给每一匹马都换了新的马嚼子。

我肯定就是这些新嚼子惹的祸。对于人类来说，嚼子就是嚼子，但是对于马来说，一个组合式的嚼子和单片的嚼子是完全不同的。我曾对人说过："当你回家时，一只手里拿着单片的嚼子，另一只手里拿着组合式的嚼子。如果你注意观察，就会发现它们的反应是完全不一样的。"我已经给四五个人讲过这样的话，他们的马显然是因为某种嚼子才出的问题。这些马曾经受过主人或骑马者的虐待，因此它们就把受虐时戴的嚼子和虐待联系在一起。在所有这些情况中，换一个嚼子都完全可以解决问题。那位女孩的父母亲如果意识到问题出在嚼子上，他们可能就没有必要卖掉那匹马，但是在和我交流之前他们并没有将两者联系在一起。

过快地引入新奇的感受会造成一个常见的问题，那就是当它改变步法时，它会猛然弓背跃起。这是因为步法不同，马对马鞍的感受是不一样的。如果它只是习惯于慢走和小跑时对马鞍的感觉，当它开始快速跑起来时，马鞍会变得就像是一个新的刺激物。我的马就有这种问题，这匹马是在我读高中时姑妈买了送给我的。但是它太危险，不适合我骑，因为当它从小跑开始变为快跑的时候，就会猛地弓背跃起。如果当时我知道今天我所知道的这些，我就会重新开始训练它，将西部的马鞍换成英国的马鞍，给它一种完全不同的感受。我会让它逐渐习惯每一种步态时新马鞍的感觉。但是当时我只是一个高中生，对于超级具体化的概念一无所知，因此姑妈只好把它再卖给马贩子。

恐惧的行为表现

识别恐惧在行为和身体上的表现的确十分重要。恐惧的马会摇摆尾巴，而随着恐惧的增加，尾巴会摇摆得更快。其他的表现包括高举着的头，没有强体力活动的时候出汗，皮肤的颤动。真正受到惊吓的马会眼睛凸出，露出眼白。当一匹马接触任何新的活动时，如被装上拖车或蹄子被拿起，每一次训练应该尽可能短暂，最好在恐惧加剧成为暴怒时就结束，因为暴怒可以形成恶劣的恐惧记忆。如果它开始摇摆尾巴，就要在它按照要求完成某一动作的时候结束该次训练。如果在上马蹄铁或看兽医的过程中马变得烦躁不安，最好先给它30分钟的时间让它平静下来。前不久我和一位兽医技术员进行交流，她曾在诊所里一匹狂怒的马身上试用这种方法。兽医认为这匹马需要镇静剂，但其实只要给它点时间让它平静下来就行了。

人们常犯的一个错误就是将恐惧和进攻性混为一谈。在管理、医疗、装卸和骑乘时出现的大部分行为问题都是由恐惧或疼痛造成的，而不是因为进攻性。对于一匹受惊吓的马来说，最糟糕的事情就是冲着它大喊大叫或大打出手。恐吓或痛苦的惩罚只会让恐惧更加严重。

恐惧和疼痛

养马者必须理解马的恐惧系统的本质，因为马身上的很多行为问题都是由恐惧造成的，但有时问题也会是身体上的，这时的行为问题由疼痛所致。当一匹马出现行为问题的时候，你首先要了解是不是因为健康问题带来的疼痛，如牙龈脓肿、嘴部受伤、鞍伤或腿伤。还要检查一下挽具是否太紧，或者是否有其他的东西给它造成伤害。兽医和钉马掌的人应该仔细检查，马掌上一根钉子钉错就会让一匹马饱受痛苦，一粒嵌到蹄子里的石子也会让马痛苦不堪。如果疼痛的因素可以排除，这时就可以将行为问题归因于恐惧。

学会不要害怕

要想降低一匹马的恐惧，唯一的也是最为重要的事情就是从一开始就避免恐惧记忆的形成。对于所有的动物来说，恐惧记忆都是永久性的，包括人类。有时恐惧可以被消除，但是恐惧消除（fear extinction）不是忘记，而是新的学习。

例如，如果你在学习骑自行车的过程中从车子上摔了下来，你就永远不会忘记此事造成的恐惧。但是此后你又骑了几次，并且都没有摔下来，你就认识到骑自行车也可以是安全的。恐惧记忆并没有消失，但是一种更强大的"有趣记忆"得以形成，它可以对抗恐惧记忆。但是每当你骑到道路分叉口的时候，或者是当自行车在光滑的路面上打滑的时候，你的恐惧就会马上回来。我喜欢用计算机术语来解释这一点，因为这样更容易理解：新的学习可以关闭"恐惧文件夹"，但是这个文件夹并没有被从马的记忆中删除，有时它会不断弹出，要想完全删除是不可能的。

要想消除马的恐惧，你要很小心地让它少量接触它所恐惧的事物，然后强度不断增加，直到马不再害怕。你还可以让马接受对抗性条件反射（counter-conditioning）方面的训练，将可怕的事情和美好的事情联系在一起，如食物奖励。如果一匹马害怕拖车，在拖车上喂它好吃的东西可能会帮它战胜这种恐惧。

马非常胆小，要想消除马的恐惧比消除人的恐惧还要困难。对于高度紧张的阿拉伯马来说，要想消除严重的恐惧记忆几乎是不可能的。在其《怎样像马一样想问题》（*How to Think Like a Horse*）一书中，驯马师切丽·希尔（Cherry Hill）列举了马身上的诸多不良习惯。她将这些习惯分为三种，分别是：可以摆脱的、不可以摆脱的和几乎不可以摆脱的。不可以摆脱的坏习惯都是由恐惧造成的行为，如后腿站立和踢人，这里的踢人是指马用其前腿猛地对人发起攻击。另外一个由恐惧造成的难以根除的行为是不断地甩动尾巴或绞尾巴。表演盛装舞步的马在进行最为复杂的动作时，常常会不断地甩动尾巴，这通常是它们在学习这些动作时所接受的不愉快的训练方法造成的。

可以摆脱的不良习惯包括止步不前，不和兽医合作。这些行为可能会和恐惧因素有关，但是这种恐惧通常并不强烈。

愤怒系统

愤怒系统是造成马身上行为问题的主要情感系统，因为马比许多其他物种更加胆小，但是在有些情况下，造成行为问题的也有可能是沮丧，而这是一种轻微形式的愤怒。我见过有些马连续好几个小时在圆形的围栏里转圈，它们会变得厌烦而沮丧。要想训练马习惯带着马鞍的感觉，圆形的围栏会是一个很好的活动场所。在现场的人可以在马弓背跳起要把马鞍甩掉之前发现其恐惧，这样训练者就可以在它暴怒之前结束该次训练。但是如果一匹马被迫连续几个小时在同样的地方原地转圈，其愤怒系统就会被激活。

还有另外一件事情会让马感到沮丧，那就是被关在一个单圈里，根本没有锻炼的机会。我认为公马身上出现的很多进攻性问题可能就源自沮丧和愤怒，而这些情感是因为被单独关着而没有锻炼机会造成的。生性胆大的马如果受到严重的虐待，其愤怒系统也有可能会被激活。

你可以通过伤害它们的身体迫使大胆的马服从你的命令，但是这样它们会有很多压抑的愤怒，一旦你背对着它们时，它们就会伺机复仇。我从一本书上读到过对中世纪驯马方法的介绍，书上说那时的人们通过殴打让马服从命令。作者还几次谈到马恶意攻击人类的事件，在其中一次，马把人的内脏都掏出来了。这样的情况只会发生在那些受过严重虐待的马身上。谁也不应该教马痛恨人类。

惊慌系统和群体动物的社会需求

马是群体动物，它们有很强的社会需求。你不能总是把一匹马独自关在马栏里，但是有些繁育者一直都在这样做。马很需要伙伴，养马者有时甚至会登出广告为自己的马寻找伙伴。

如果马不得不独自生活在马栏里，它们应该有一面镜子，这样就可以看到自己。最好是让它们生活在可以和马厩里其他的马发生目光接触的马栏里。

但是仅仅能够看到其他的马是不够的，而这正是很多人所犯的错误。生活在各自的马栏里和生活在一起是不一样的，因为大部分生活在马栏里的马不能进行社交性的理毛行为。在马互相理毛的时候，它们的心率会慢下来。如果必须要将马关在马栏里，就有必要在马栏之间建开放式的栅栏，这样马就可以互相接触、互相理毛。

对于训练和骑乘来说，给马良好的社会生活也很重要。一项研究对两岁前的两组公马进行对比，一组独自生活，另外一组生活在由三匹马组成的群体里，结果发现，和独自生活的马相比，生活在群体里的马要容易训练得多，也很少会咬人或踢人。

起初，正是马的社会性让它可以被人类驯化。在148种体重超过45公斤并且可能被人类所驯化的大型哺乳动物中，只有14种真正被驯化，虽然人们一直在尝试驯化更多的动物。在这14种动物中，只有4种在世界各地都很重要，它们是：牛、猪、绵羊、山羊和马。让一种野生动物被人类看中并加以驯化的主要因素之一就是：它必须生来就很好相处。到现在为止，还没有一种生性孤僻的大型动物被驯化。所有这14种都是群体动物，它们中间有清晰的支配等级关系，因此它们可以将这种支配地位转移到一个人身上，由服从群体里的另一个同类转而服从人。

这些被驯化的大型动物身上有一点共同之处，那就是它们生活在各自的家域（home ranges）中，而这些家域之间会有部分重叠。许多群体动物会对自己的地盘进行巡视，还有的在一年中大部分时间会有重叠的家域，但是在交配季节除外。但是，野生的牛和马在一年中的任何时间都不会介意家域的重叠。这样我们就可以将不同的群体放在同一个围栏里或牧场中。和没有被人类驯化的动物相比，被驯化的动物性格更加平和。斑马从来没有被人类驯化过，主要原因就是它们过于胆小。斑马会咬住人不松口，在动物园，它们伤害到的人比老虎还要多。

马的社会性使其愿意取悦人类主人。如果一匹马和骑马者确立了良好的关系，它会有一种与生俱来的和其合作、听其指挥的愿望。即使看到可怕的事物，骑马者也会像好朋友一样让它保持镇定。

为什么要注意情感

对于马的生存福利来说，最大的挑战就是避免行为问题的出现。马需要精心的习惯化训练，因为它们比导盲犬和警犬这样的服务犬更加胆小。即使是一匹训练有素的马，骑在它身上依然是一件危险的事情。一项研究对发生在英国的骑马受伤事故进行调查，发现骑马比骑摩托车要危险 20 倍。还有一项研究根据骑马的不同场合对这种危险进行了分类：

在休闲式骑马时，每 100 个小时有一次受伤。

在业余的骑马跨越障碍比赛中，每 5 个小时有一次受伤。

在马术三项赛（cross-country eventing）中，每 1 个小时就有一次受伤。

马术三项赛是指一种为期两三天的马术竞赛，由三部分内容构成，分别是盛装舞步赛、越野赛和障碍赛。克里斯托弗·里弗（Christopher Reeve）就是在马术三项赛的越野赛部分从马上摔下来的。越野赛是马术三项赛中最危险的项目。

训练一条服务犬需要几个月的时间，对于普通的犬种来说，如果训练没有达到效果，通常也没有什么问题。例如，一条拉布拉多猎犬如果没有被成功训练成为服务犬，可以将其送给一个想要宠物的家庭。但是马却不大可能被仅仅当作宠物来饲养，因为它成本太高。在美国西部的科罗拉多州，如果你有邻居可以租一片牧场给你，每年仅吃草这一项就要花掉 3000 美元。我的助手马克（Mark）养了 5 匹马，这些马可以免费在属于我的优质牧场上吃草，但每匹马每年还是要花大约 1000 美元，用于看兽医和购买冬天的干草与饲料。由于他本人就是蹄铁匠，钉马蹄铁和修剪马蹄这样的事他都亲自动手，这样就省了很多钱。如果你没有自己的农场或牧场，要想养一匹马，每年至少要花 4000 美元。如果你生活在城市，还要多花很多。

如果养马者养了一匹他不能骑的马，他会努力将其卖给别人，而新主人也许可以将这匹马进行改造。如果找不到新的主人，他会在拍卖会上把它卖掉。一项研究对法国的 3000 匹非比赛用马进行调查，发现 66.4% 的马在 2 ~ 7 岁就死掉了，其中大部分是因为有行为问题被处理掉的。我不知道在美国这个数字是多少，但是我知道一定有很多。我有对 10 个州的 10 场等级马（grade horse）拍卖会的调查数据，在所有被拍卖的马中，有 47% 健康状况良好，可以骑乘。等级马是指混种马或血统没有被记录的马。等级马拍卖会有点像是二手车交易市场。马原来的主人送它们去拍卖会并不是为了获取利润，主要是为了将其脱手，要么是因为马出现了行为问题，这种情况比较常见，要么是因为主人养不起了。马贩子把马买到手，再把它们转卖给不同的买主，直到这些马要么找到能够解决它们问题的主人，要么就被送到屠宰场。我去过几个屠宰场，那里的每一匹马状况都很好，但是都有行为问题，像疯了一样又踢又蹦。这些美丽的生灵因为没有人可以控制它们，最后不得不进屠宰场。

色诺芬曾讲过如何温和地对待一匹马，我们今天应该听从他的建议，这样就会有更多的马永远不会出现行为问题。色诺芬对马的情感的确十分了解，他说：

"千万不要带着愤怒情绪靠近一匹马，这是一条金科玉律。愤怒时往往缺少先见之明，因此常常会驱使一个人去做清醒时会后悔的事情。如果一匹马害怕某个物体，不肯靠近，你必须要让它知道没有什么可怕的，对于大胆的马更要如此。如果这个方法行不通，你可以亲自去接触这个可怕的物体，然后轻轻地让马靠近它。与此相反，如果利用殴打强迫一匹惊慌失措的马，这只会强化它的恐惧。这样它就会从思维上将此时所遭受的痛苦和那个可疑的物体联系起来，并且很自然地将自己的痛苦归咎于那个物体。"

马语者会觉察感官上的细节

在过去的 20 年里，马语者和自然驯马法（natural horsemanship）已经变得十分流行。自然驯马法背后的基本原理就是：在不导致痛苦、不进行约束的情况下让马接受马勒、马鞍和骑马者。蒙帝·罗伯茨（Monty Roberts）是最著名的马语者之一，他说其他驯马者 4 ~ 6周才能达到的效果，他只需要半小时就可以取得。在半个小时的时间里，他可以让一匹从来没有被人骑过的马平静地接受马鞍和背上的人。他在这一领域的成就闻名遐迩，伊丽莎白女王曾邀请他去演示其方法。

我见过蒙帝·罗伯茨和其他的一些马语者工作，他们在驯马方面的确做得很好，但是有趣的一点是他们中很多人有点像阿斯伯格综合征患者，还有的患有诵读困难症。蒙帝·罗伯茨本人并没有这些问题，但是其他的有些马语者是这样。阿斯伯格综合征是一种"可以说话的自闭症"，患这种病的人在语言方面并不比正常的小孩迟缓，但是在社交和感知方面却会有自闭者的那些问题。

患有阿斯伯格综合征或诵读困难症的人常常善于和动物相处，因为他们的思维方式更多是建立在感官的基础之上，而不是建立在语言的基础之上。我多次告诉我的学生，要想理解动物，必须要摆脱语言，以图像、声音、触觉、嗅觉和味觉进行思维。在和马相处的时候，每一个和马打交道的人都可以学着更加感官化。坐在一个安静的地方，在脑海中想象你的马。在做各种事情的时候它会是什么样子呢？它呼吸的声音会是什么样子呢？在抚摸它的时候，它的皮肤是一种什么感觉呢？然后，当你和马在一起的时候，记住这些感官上的细节。

善于观察的训练者会在马变得暴跳如雷之前发觉其恐惧在逐渐升级，并相应地改变训练步骤。我见过一位训练者训练一匹刚开始接受训练的小马，教它接受背上的骑马者。这位训练者没有注意到小马的尾巴正在来回摆动，并且摆动得越来越快，直到最后猛地弓背跃起，把背上的人抛了下来。在15分钟的时间里，小马的恐惧不断增加，就像一壶水逐渐到达沸点，而实际上这次训练应该在小马的恐惧到达沸点之前就结束。

马术师汤姆·道伦斯（Tom Dorrance）被大部分人认为是自然驯马法的创始人。他在其《真正的统一》（*True Unity*）一书中说："随着年龄的增长，我越来越意识到大部分人对整匹马是多么缺少了解，对每一个部分的功能缺少了解。从总体上也许他们相当清楚，但是他们这里有一点不知道的、那里有一点不了解的，而这些可能是好的，也可能是不好的。人们可能知道其外在表现，但是他们无法认识到这背后到底是怎么回事。"马语者关心的是"真正的统一"，或者说是"建立联系"，又或者说是"和马协调一致"，但是很多学生并不理解他说的这些究竟是什么意思。

我和几位马语者交流过，他们的学生不理解他们的教导，这让他们十分沮丧。马语者可以觉察到马姿势的细微变化，他们可以感觉到马的恐惧在加剧。他们向学生描述的不是视觉上的变化，如头抬高了，也不是听觉上的变化，如呼吸更加沉重，他们描述的是马的情感。有的学生生来就对马比较有感觉，但是其他的则需要学习如何解读姿势和呼吸的变化。有的训练者并不用有意识地观察这些细微的变化就可以感觉得到，这就是为什么他们在教育学生时会使用含糊的描述。

马的福利要靠良好的训练。如果每一个人都可以像马语者和过去的马术师那样训练并对待马，就不会有那么多的马因为行为问题而被处理掉、被卖掉或被人们置之不理。但是如果人们不理解马语者和马术师究竟是怎样做的，就不可能做到这一点。

学习理论，负强化和恐惧系统

马语者和马术师的真正秘密是他们知道马在不同情感状态下的行为，并且意识到在期望的行为发生后一秒钟之内必须给予奖励或暗示，只有这样马才会将两者联系起来。驯马专家理解马的情感、本能的行为模式和行为训练的原则。他们可以在不知道事物背后科学的情况下跟着感觉走，但是其他人需要知道优秀的马术师是怎样做的，以及为什么这样做会起作用。

新手和普通的驯马者需要了解学习理论，因为传统的驯马者常常将训练的失败归咎于马。真正优秀的驯马者不会这样，但是很多训练者会这样做。人们一直在讲"愿意合作"的马和有"恶习"的马。保罗·马克格里菲（Paul McGreevy）是《行为：兽医和马科学指南》（*Behavior: A Guide for Veterinarians and Equine Students*）一书的作者，他说有些和马有关的书籍甚至说有的马是"堕落的"，在回答为什么有些马可以被成功训练而有些则不能时，这就是他们给出的答案。学生无法知道这匹"堕落的"马是受到了惊吓、是愤怒，还是不能理解训练者的意图和期望。

这就是为什么新的训练者必须了解操作性条件反射和正强化的作用。行为主义训练者从来不说马的恶习和堕落，他们是最为"乐观"的老师和训练者，因为如果接受训练的人或动物没有学会某一行为，行为主义者就会反省是否自己哪里出了问题，而不是认为训练对象出了什么问题。这就意味着行为主义的老师和训练者不会将问题归咎于学习者。

对于驯马者来说，行为主义方法十分重要，这主要是因为如果一匹马没能完成学习任务，训练者可以利用学习理论分析到底哪里出了问题。学习理论为人们提供了一整套的训练方法和解决问题的方法，帮助他们找出问题所在。

几乎所有的马都是利用负强化来训练的，而不是正强化。负强化和惩罚不同，因为惩罚会让某一种行为在今后不大可能再次发生，至少道理上应该如此，但是负强化则会让这种行为更容易发生。想一想强化的意义，你就可以记住负强化的定义，因为强化意味着让某事更强。例如，强化一支部队意味着要让其更加强大；如果把钢筋放进混凝土，就可以让建筑更加结实，这也是一种强化。可见，负强化让某种行为更强，在今后更有可能会发生。

负强化是指由于某种行为，"不好的"事情要么停止，要么不再发生。我之所以给"不好的"三个字加上双引号，是因为有时这种不好的事情可能会十分轻微，如训练者用双腿给马的两侧施加压力。马的天然习性是远离压力，但是在它一开始感到压力的时候，这种压力并不会伤害到它们。压力也许会在轻微的程度上激活恐惧系统。如果一匹小马向前移动时，训练者不再拉缰绳，这种负强化就会促使它向前移动。如果下次训练者拉缰绳，它就更可能会向前移动。

马主要是利用负强化来训练的，同时也要利用一些次级正强化（secondary positive reinforcer），如对其进行表扬。动物之所以会喜欢次级强化物，是因为它已经将这种强化物和它生来就喜欢的东西联系在一起，如食物。凡是动物生来就喜欢的都可以用作初级强化物（primary reinforcer），如食物、水、性、伙伴和爱抚等等。如果你将爱抚作为初级强化物，就应该稍微用力，就像动物妈妈用舌头舔舐幼崽时的感觉。不要拍打，因为它们可能会将拍打理解成为打击。

这和对狗的常规训练方法不同，训练狗时不仅要用负强化，还要用正强化。即使是使用翻身法（alpha rolls）对狗进行支配训练的粗暴训练者，也会利用很多食物奖励。驯马者几乎从来就不用食物奖励，这主要是现实原因所致。你不能像对狗那样扔给马一点食物作为奖励，尤其是当你坐在马背上时。此外，马是食草动物，每天都要花上七八个小时吃草。如果给它们一点食物奖励，它们可能会变得过于兴奋，根本无法集中精力接受训练。对于狗来说，这样的事情则不会发生。

对马之所以通常利用负强化进行训练，我认为可能还有另外一个原因，那就是对于它们来说，负强化比正强化更加强烈。专门研究马的学习行为的研究者发现马宁可逃离负强化，也不会等着得到正强化。从这个意义上讲，马也在对其训练者进行正强化，促使他们利用负强化进行训练。

这样我们就要回到马的恐惧系统，因为负强化是通过激活恐惧系统而起作用的。马是强壮但胆小的大型动物，其主要的自卫方式就是逃跑。要从不好的、可怕的事物跑开，这是它们与生俱来的行为方式。任何可以激活其恐惧系统的事物都很容易刺激它们。

负强化的问题

负强化的问题是很多人会施加越来越多的压力，直到最后演变成为虐待。我见过这样的事情发生在一匹接受训练的小马身上，当小马不肯移动时，训练者就会拉缰绳，并且越来越用力，而小马也变得越来越顽固、越来越恐惧。我也见过这类事情升级成为用车来拉着马移动。我一再地告诉学生们，要想训练一匹马被你牵着向前走，可以轻轻地拉一下缰绳，只要它稍微向前走了一点，就马上松开缰绳，作为对向前迈步的奖励，而很多人会错误地继续拉缰绳。

优秀的训练者在使用负强化时没有什么问题。大部分马语者和自然驯马法的使用者会极其微妙地利用负强化，这种负强化会逐渐变成温和的信号。马术师适当地靠近马，让它朝着自己想要它去的方向行动，如前进和后退，这就是利用负强化来完成的。如果马移动了，马术师就不再继续施加压力，消极的事情停止发生。

很多人不会如此微妙地利用负强化。训练时的负强化是双向的，训练者在训练马的同时也被马所训练。这样就很容易形成一种恶性循环，导致负强化升级。

在日常生活中，这样的事情一直在发生，一个很好的例子就是父母亲和孩子之间的关系。很多父母亲觉得他们总是冲着孩子大喊大叫，虽然他们并不想这样，但是很难停止。行为主义者会说这是因为父母亲的这种行为不断得到负强化，即每当孩子做错事情时，父母亲就会大喊大叫，而这时孩子就会停下来，这就是负强化。对于父母亲来说，孩子的行为让他们不快，而喊叫可以让不愉快的事情停止，因此以后父母亲会更轻易地大喊大叫，因为这样可以如愿以偿。通过停止正在做的事情，孩子强化了父母亲的喊叫行为。但是，由于父母亲经常大喊大叫，小孩开始习以为常，不再对其做出反应。于是父母亲更加大声地喊叫，这时小孩才会有所反应，而这就更加强化了父母亲的大声叫喊。时间长了，小孩会再次对此习以为常。于是一个恶性循环就这样形成了。

即使没有形成恶性循环，负强化也会有其消极的一方面。对人和动物来说，恐惧都是一种很痛苦的情感，这是最主要的一个缺点。你不应该将和动物的关系建立在恐惧的基础之上，对于胆小的被掠食动物来说尤其如此。

很多人在利用负强化时会产生副作用，不仅动物训练者如此，父母亲、老师和老板也是如此。凯伦·普莱尔说负强化"很容易造成惩罚所带来的不可预料的后果，如逃避、隐秘、恐惧、困惑、抵制和消极，还会造成溢出联想，现场的任何人和事物都会变得面目可憎，包括训练的环境和训练者，唯恐避之不及"。

利用正强化打开寻求系统、关闭恐惧系统

利用正强化可以更好地教育人或训练动物。正强化可以是奖励，也可以是爱抚。在教授复杂的任务和一系列行动时，我特别喜欢利用响片训练。

从操作的层面上讲，响片有助于对马的训练，因为它让训练者在一段时间里不用食物奖励也可以进行训练，但是这时必须保持响声和奖励之间的关联性。你不能把响片"充电"之后就完全将食物奖励扔到一边。响片训练还有一个更重要的好处，那就是它可以对马的情感和训练者与马交流的能力产生积极影响。

在进行响片训练时，训练者首先要为响片"充电"，即让响声和食物之间产生关联。这样响声就变成了次级强化物，它可以告诉这匹马"好事要来了"。只要响声意味着"好事要来了"，响片就可以打开寻求系统。对于所有的动物来说，这种感觉都很棒。这匹马不会每次

完成某一特定行为就得到奖励，而是开始期待奖励，而这是一种更好的感觉。

在训练任何动物或人时，最好能够打开其寻求系统，尤其在训练胆子很小的被掠食动物时，打开寻求系统的作用最为强大。这就意味着在利用响片训练法来训练一匹马的时候，既不会激活其恐惧系统，也不会激活其逃跑系统。首先，当你以正强化取代负强化时，你并不会为了你所训练的某一特定行为而激活马的恐惧系统。例如，如果你要训练马抬起蹄子来，以便为它钉马蹄铁，它这样做不是因为害怕蹄铁匠会打它，而是因为合作意味着会有好事情发生。

其次，如果马已经习惯于响片训练或其他可以激活其寻求系统的正强化，恐惧系统就会受到抑制，因为在大脑内部，寻求系统和恐惧系统是相对立的。如果在进行响片训练的过程中，一片塑料纸迎面飞了过来，马就不会像在恐惧系统被负强化打开时那样容易惊慌。马在心情愉悦的时候比紧张或害怕的时候更加大胆。亚历山德拉·库尔兰（Alexandra Kurland）在其写作的《响片驯马法》（*Clicker Training for Your Horse*）一书中说："响片驯马法……教给马如何控制情感，这一点很重要。如果你想要一匹安全的马，响片训练法可以很好地培养马的良好行为。"

这就是为什么像保罗·马克格里菲那样的科学家相信如果使用科学的训练方法可以拯救很多马的生命。掌握了学习理论的驯马者在利用负强化时，可以注意到自己的行为也受到马的负强化，发送的信号会越来越强。对于胆小、容易受惊吓的马来说，训练者可以利用正强化避免激活恐惧系统，打开其寻求系统，而这些马几乎不可能用其他的方法进行训练。

很多利用响片训练法的人说当他们利用正强化来训练动物时，它们变得更加高兴，也更加配合。这是因为任何正强化训练都会利用"塑造"（shaping），"塑造"就是对动物已经自然在做的行为进行强化。

例如，如果你要训练一只试验室老鼠按下横杆，首先你要对老鼠将头稍微转向横杆方向的动作进行强化。当它已经学会将头稍微转向横杆时，你继续进行强化，让它把头朝横杆继续靠近，就这样不断进行下去，直到它能够压下横杆。

负强化与此相反。利用负强化时，训练者对动物施加压力，迫使其执行他所期望的行为，然后通过减轻压力或给予食物奖励或两者结合来强化这种行为。你也可以兼用正强化和负强化，很多人都是这样做的。利用正强化时，动物突然"灵光一闪"，意识到它可以通过某一行为让好的事情发生，这就是学会学习。在动物学会学习之后，它会主动采取行动，会有意识地尝试各种不同的行为，看哪一种行为可以起作用。

凯伦·普莱尔说学会了学习的动物会感到是它们在训练人类，而不是人类在训练它们。它们知道自己可以想出一种让训练者给它们奖励的方法。根据行为主义者对人类的了解，她这种说法可能是正确的。我读过一篇由三位心理学家共同发表的文章，讲的是对人的积极控制（positive control）和嫌恶控制（aversive control）。公立学校通常的做法就是一种嫌恶控制，学生必须完成作业，上课必须认真听讲，否则就会不及格，或者是放学后不准回家。学前班的做法也许是一种积极控制，老师注意发现学生的良好行为，然后对这种良好行为进行强化。老师会观察学生，直到他们自发地做好事，然后给予奖励，以强化这种好的行为，让他们以后再接再厉，继续做好事，而不是以惩罚威胁他们。

心理学家认为这两种控制给人的感觉是不一样的。当一个人处于嫌恶控制之下时，他会有一种被人控制的感觉。这三位心理学家写道："人们报告说其自主权遭到侵犯，因为被逃避的行为被说成是他们'不得不'执行的行为。"积极控制与此相反，虽然老师或心理学家利用正强化创造了一个"控制"人们行为的环境，但是他们并没有感到被控制，这可能是因为他们被强化的行为并非他们"不得不"执行的。这三位心理学家写道："这种行为往往会被说成是自主决策的结果。从主观上讲，会带来好的结果的行为往往会被描述为我们"喜欢"或者"选择"从事的行为。"

凯伦·普莱尔讲过一个利用正强化重新训练一匹阿拉伯马的故事，这匹马在表演场地上不肯竖起耳朵。从这个故事中我们可以看出马是怎样有意识地主动采取行动的：

"遗憾的是现在还有一些训练者在马面前挥舞鞭子……（负强化）想让马竖起耳朵。但这一招对这匹母马并不管用，每当鞭子被甩起来时，它就夹起耳朵……露出牙齿……当然，越是甩鞭子，它这种现象就越严重。

新的训练者开始利用响片法训练它竖起耳朵。……它意识到响声意味着萝卜，而它可以让响声发生，并且它还意识到训练者想要的行为和耳朵有关，但是耳朵应该怎样才好呢？于是它就开始这样拍打耳朵，那样拍打耳朵；把耳朵前后摆动；一个耳朵高，一个耳朵低；一会儿转动这个耳朵，一会儿转动那只耳朵；有时还干脆两只耳朵一起转动。这一幕十分有趣。"

利用正强化训练的动物学习更快。如果你把一匹马放进一个迷宫，让它反复尝试摸索着找到出口，它会比那些如果走错就会遭到电击的马更快完成任务。保罗·马克格里菲说过："惩罚会扼杀创造性，阻碍马天生的解决问题能力的发挥。"

利用正强化重新训练胆小的马

响片训练法和正强化可以抑制恐惧系统。到现在为止，已经有人发表试验结果，支持这一观点。在这项试验中，研究者利用响片训练法重新训练了五匹马，它们的问题是不肯上拖车。这个问题在马身上很常见，也很危险，这也许是因为这种拖车本身就让它们感到害怕。前面我提到过马第一次上拖车的经历很重要，一定要是积极的。运马的拖车很狭窄，空间有限，而野外生活的马会避开狭窄的空间，因为这不利于它们逃跑。拖车里通常很黑暗，这就让它更加害怕。大部分马都不会主动走进这样的拖车，再加上有些人利用嫌恶控制来训练马上拖车，于是就有了很多不肯上拖车的马。如果这匹马反应十分激烈，主人只好放弃，不让它上拖车，而这样马就受到了负强化，更加不肯上拖车。

这项试验中的马没有一匹在上拖车或运输过程中有过创伤性经历，如摔倒或遭遇车祸。所有这五匹马都是纯种的母夸特马。夸特马的性格通常在热血的、胆小的阿拉伯马和冷血的、胆大的驮马之间。研究者想要马克服的是具体的恐惧，而不是恐惧症或惊慌。他们训练的并不是我所说的那种"恐惧的怪兽"（fear monster）。

这些马是"恐惧抗议者"（fear protester），它们在"罢工"。研究者说："之所以选择这些马，是因为让它们上拖车要花很长时间，有时长达三个小时，要费很多工夫。……在过去，这五匹马都曾被鞭子和绳索赶到拖车上。"这项试验的目标是让它们能够听到主人的口头指令就主动上拖车，最后这一目标在所有五匹马身上都得以实现。这是很让人惊叹的，是很了不起的成绩。训练者仅仅利用正强化，完全改变了它们已经根深蒂固的恐惧行为。

在进行这项试验的过程中，研究者还注意到除了上拖车之外，马在其他方面的行为和态度也有改进。其中有两匹以前只要看到有人拿着缰绳就马上跑得远远的，给它们套缰绳时它们也不老实，头总是摆来摆去。接受响片训练之后不久，再看到有人拿着缰绳时，它们开始跑到栅栏旁边，而不再是避而远之。它们甚至开始主动将头低下来，方便人为其套上缰绳。

我这里要提醒一句，在很多情况下，有严重的恐惧记忆的马并不能完全恢复正常。寻求系统可以抑制恐惧系统，但是恐惧记忆难以根除，很容易复发。对于不肯上拖车这样的行为问题，经过重新训练之后如果能有95%的马可以主动上车，这已经是很大的成功。对于更危险的行为，如用前蹄踢人，即使是一匹95%的时间都表现良好的马，也有可能在那5%表现不好的时候将人送进医院。应该通过细致的习惯化训练和响片训练避免危险行为的发生。

清晰的交流

响片训练的另外一个好处就是响片让更多的人可以和马更加清晰准确地交流，而这在过去是不可能的。亚历山德拉·库尔兰说在她一开始对马进行响片训练时，"我几乎可以感受到它在说'原来你想让我这样做呀，干吗不早说呢？'从此，它的训练突飞猛进，所有的小毛病和误解都可以轻松化解"。

我认为响片之所以能够如此有效，原因之一就是它顺应了马超级具体化的感官和思维方式。马可以将响声和听到响声时体验到的具体视觉、听觉或触觉联系起来。教马向前伸耳朵是学会使用响片训练的一个简便方法。当亚历山德拉在训练那匹马向前伸耳朵时，它的耳朵稍微向前一点，马上就发出响声。响片训练的一个基本原则就是：要在动物对所期望的行为稍微有所反应时就要发出响声。那匹马很快意识到夹着耳朵是不会带来响声的，于是为了得到响声，它开始尝试将耳朵置于不同的位置。对于马超级具体化的感官和思维方式来说，耳朵向前直立和一只耳朵向前、另一只耳朵左右摇摆是不一样的。如果当两只耳朵都向前的时候，响片发出响声，它会很快意识到如果两只耳朵向前，它就总可以得到响声奖励。你甚至还可以教它将耳朵指向一面旗子。这样做也许有点傻，但是你可以从中学会如何利用响片训练更加复杂的行为。

马和人的真正交流

几年前，我遇到了自然驯马法的实践者之一帕特·派若利（Pat Parelli），他当时正在位于丹佛的落基山马展览会上进行巡回表演。他骑在一匹毛色光洁的黑马背上，不用马鞍，也不用笼头和缰绳。这匹马表演了各种步态，如行走、小跑、快步跑，还会根据帕特的指示向左或向右转弯。

如果他想让马跑得快一点，他就身体前倾。如果想让马慢一点，他就身体稍微后倾。如果想让马停下来，他就身体向后倾斜多一点。如果他想让马向右拐，他就向右扭头。如果想向左转，他就向左扭头。每当帕特扭头的时候，他的马都可以感受到来自他腿部的方向性指示。这匹马很漂亮，也很安静，不乱摇尾巴，也不颤动皮肤，十分镇定。积极的驯马术就应该是这个样子。我希望有一天所有的马都能够像它这样和人类有如此和谐而默契的关系。

05.

吃的是草，挤的是奶：奶牛

家养的牛不像马那样胆小，但是它们也很警觉，时刻防备着捕食者。牛拥有广角全景视觉，其大脑就像是一位哨兵，可以立刻注意到有可能意味着危险的任何快速动作。牛和马之间的一大区别就是牛并不完全是逃跑动物。当受到捕食者威胁的时候，它们会集合起来，在群体中寻求安全感，有时还会转过身来，用头上的角奋力一搏。这也许就是牛不像马那么胆小的原因之一。

奶牛是群体动物，需要和伙伴与家庭成员在一起生活。它们之间的关系很亲密，尤其是在同胞姐妹之间和母女之间，它们喜欢在一起吃草。在今天的牛群里，大部分公牛都被挑拣出去，作为肉牛养殖，因此我们无法观察到它们在自然状态下的社会行为。它们会成群结队地每天往返于牧场和饮水槽之间。在从一个地方到另一个地方时，它们会排成一队，悠闲地行进。队列最前面的奶牛并非处于支配地位的奶牛。大部分人都会犯这样的错误，认为在水槽饮水时的老大在牛群行进时也会是牛群的领导者。其实，"领头牛"（leader cow）通常是一头好奇并且大胆的牛，而在饮水时把其他的同类推开的牛才处于支配地位。它会走在队列的中间，因为这里最安全，不容易遭到捕食者的袭击。

领头牛并不是真正的领导者。它之所以会在队伍的前头，可能只是因为它的寻求系统比较发达，也比较大胆。它并不指挥牛群该往哪里走。在决定行进方向时，群体动物似乎实行的是民主决策制。马鹿（仅次于驼鹿的大型鹿类）在有 62% 的成员已经站起来时就会开始行动，而不是当"领导马鹿"站起来示意大家时再行动。一项对肉牛群体在休息和活动之间的转换所进行的研究发现，"群体里没有带领大家改变活动内容的首领"。它们的行为"高度同步化"，体重相似的牛在休息和活动方面比体重各异的牛更加同步。没人可以理解它们是怎样做到这一点的。

一组研究人员对牛的社会支配性和进食时的取代行为进行了研究，这项研究非常有趣。进食时的取代行为是指一头奶牛在进食时把别的奶牛从食槽边挤开。通常情况下，社会支配性是不对称的，也不具有传递性。不对称意味着支配性是单向的。奶牛甲可以支配奶牛乙，而奶牛乙永远不可能支配奶牛甲。传递性意味着如果奶牛甲支配奶牛乙，奶牛乙支配奶牛丙，那么奶牛甲也可以支配奶牛丙。

但是这项研究发现奶牛之间发生在食槽边的互动有 52% 是双向的。有时奶牛甲把奶牛乙从食槽边赶开，有时则是奶牛乙将奶牛甲取而代之。三头牛之间的支配关系在 45% 的情况下是不具有传递性的。奶牛甲支配奶牛乙，奶牛乙支配奶牛丙，奶牛丙却可以反过来支配奶牛甲，这完全出乎人们的意料。可见，我们虽然知道奶牛是社会性动物，但是对于它们所在群体的社会结构我们知道的并不多。

奶牛妈妈对小牛呵护有加，为了小牛甚至会和丛林狼奋力一搏。我去过巴西的一个饲养场，那里的小牛和牛妈妈在一个栏里生活。小牛很小，可以从栅栏下面钻出去。在周围没有人时，它们就爬出去，到其他栏里找别的牛，或者是到处找草吃。但是只要有人过来，牛妈妈会马上哞哞叫起来，而小牛也会一路小跑，从栅栏下面钻进来，跑回到妈妈身边。那些牛妈妈仿佛在大声喊叫："你们马上给我回来！"

牛的恐惧系统

大部分肉牛并不驯服，但没有接触过农场牲畜的人很多时候意识不到这一点。宠物牛和工作用牛是驯服的，每天都被挤奶两三次的奶牛也相当驯服，这既是因为它们和人类接触很多，也是因为它们生来就比较胆大。从基因上讲，荷尔斯泰因（Holstein）奶牛可能比肉牛更不像其野生祖先，因为它们是为了产奶专门被选育出来的。但是大部分生活在牧场上的肉牛并不温顺，它们看起来温顺，只是因为它们不会见了人马上就跑。这其实是因为它们见惯了人类，而不是因为驯服。根据 2007 年 1 月 1 日的统计，仅在美国就有 9700 万头牛，即使你想要让它们全部充分社会化也是不可能的。

如果你靠近一头牛，它就会跑开，它跑开之前的这段距离就是其警戒区（flight zone）。动物越胆小，其警戒区就越大。驯服的动物是没有警戒区的，这就是从行为上判断动物是否驯服的标准之一。由于和人类接触比较多，牛已经见惯了人类，因此其警戒区比野生状态下要小很多，因为野生的牛基本上见不到人类。

农场上的牲畜也并不全部是驯服的，这一事实意味着相对于宠物来说，农场牲畜的恐惧是更为重要的福利问题，因为无论人们对它们多么和善、多么友好，它们总是会有点紧张。

即使对于生性不那么害怕人类的牛来说，很多时候它们最主要的不良情感也是由粗暴的对待所造成的。对于肉牛来说，最主要的福利问题就是牛场管理的情况。人们对它们大喊大叫、拳打脚踢，用电棍击打它们，所有这些都会让它们心惊胆战。有些管理者对牛十分粗暴。在 1997 年为美国肉制品学会（American Meat Institute）制定的动物福利审核表中，我加入了五条必定"不合格"的条目：

对牲畜拳打脚踢。

拖拉活着的牲畜。

故意赶着动物互相践踏。

将电棍或其他物体插入牲畜的敏感部位。

故意冲着动物猛地关门。

对任何动物，所有这些都是永远也不应该做的。

牛害怕什么

对于任何相信动物有情感的人来说，都可以理解像用锁链拉动物这样的行为有多么可怕。但是人们难以理解的是，为什么对人来说看似稍微有点消极甚至中性的行为会让牛如此恐惧。澳大利亚科学家保罗·海默斯沃斯（Paul Hemsworth）曾专门研究过牛身上的恐惧，他说："从直觉上看，管理者一些经常但是短暂的互动行为似乎无关痛痒，但是对牛的消极影响却十分惊人。……虽然我已经对人和动物的互动研究了 20 年，但是有时还是会感到很吃惊……"

保罗·海默斯沃斯列举了五种会让牛受到惊吓的一般刺激物：

冲着动物叫嚷。

人突然出现在动物的视野之内。

人"高高在上"地站在动物旁边。

事物快速移动，如汽车、自行车和掠食动物（如狼）快速移动。

事物突然移动（如树枝从树上落下来）或出乎意料地移动，无论是快的还是慢的。

这份清单上唯一一个显然是消极因素的就是冲着动物叫嚷。牛不喜欢被人叫嚷，让它害怕的与其说是这种叫嚷声，不如说是人的愤怒。在一项研究中，让牛分别听人叫嚷的录音和金属碰撞的录音，两者音量同样大，结果发现在听人叫嚷的录音时，牛的心率加快，也变得更加不安。牛知道什么时候人在发火，这让它们感到恐惧。和狗相比，牛和羊都更为害怕生气的人，这是因为它们对人类恐惧。就像一个家庭里有两个孩子，一个孩子胆小害羞，另外一个则很活跃，也很喧闹。如果妈妈冲着他们叫嚷，羞怯的小孩可能会哭泣，而喧闹的小孩却可能置若罔闻。由于牛并没有完全驯服，从生物学上看，在人类面前它们更像是那个胆小害羞的孩子。还有另外一个因素，即像牛和马这样的被掠食动物生来就比大部分的狗要胆小。它们的神经系统专门用来发觉潜在的危险，因此它们更容易受到惊吓。

这份清单上的其余四个因素听起来似乎没有什么危险，但是对于一头已经紧张不安的牛来说，这四个因素就并不是那么安全了。就像是那些生活在郊区的鹿，牛已经习惯了人类。生活在郊区的鹿不会看到人就逃之夭夭，但是如果你突然出现它们的视野之内，它们就会受到惊吓，匆忙逃跑。对于野外生活的鹿来说，这没有什么，但是对于牧场上重达680公斤的牛来说，这就很危险了。

无论是马还是牛，性情浮躁的（胆小，反应迅速）和性情沉稳的（胆大）之间都有很大的差异。和更加浮躁的品种如塞勒斯牛（Salers）相比，生性平和的牛警戒区通常更小，如荷尔斯泰因奶牛或赫里福德牛（Hereford）。在第一次看到快速行进的自行车时，驯服的、浮躁的牛可能会惊慌失措，而生性更加镇静的牛则可能只是畏缩一下。

理解牛的恐惧

保罗·海默斯沃斯还引用了杰弗瑞·格雷（Jeffrey Gray）博士对

恐惧的分类，这些恐惧是所有的动物共有的，其中也包括人类。这个分类形成于 20 世纪 80 年代，非常有用。格雷博士任职于伦敦国王学院心理学研究所，他将恐惧分为五类：

高强度的刺激。

特殊的"进化性恐惧"（evolutionary danger）。

社会习得的恐惧。

个体习得的恐惧，即中性的人、事物或情景和不好的事物之间产生关联，成为习得的恐惧。

新奇的刺激物。

工作中要和牛发生接触的人如果记住这份清单的内容，并识别出和牛有关的具体因素，一定会受益匪浅。

高强度的刺激：叫嚷会让牛感到恐惧，这部分是因为这是一种社会习得恐惧，部分是因为这是一种高强度的刺激。牛喜欢和安静的人在一起，也喜欢安静的管理方式。

当它们被强迫靠近其他高强度的刺激物时，也会感到恐惧，如影子或飘荡在灰色栅栏上的黄色雨衣，因为这些形象反差比较大。牛有双色视力，对它们来说，黄色是反差最大的色彩，因此黄色的事物都会让它们害怕，如雨衣和警报标志。

进化性恐惧：人类和动物都生来就害怕高处、害怕孤独、害怕蛇，等等。并不是所有的动物都有同样的进化性恐惧。在狭小黑暗的地方，小的被掠食动物如老鼠会感到很安全。但是对于以逃跑求生存的大型被掠食动物来说，它们自然会避开陌生而黑暗的封闭空间，因为这会让它们有一种陷入困境、走投无路的感觉。

牛生来就害怕高处和快速移动的物体。快速移动的物体可以马上激活牛和其他被掠食动物的恐惧系统。但是对于猫和狗来说，快速移动的物体则可以打开其寻求系统，如在追逐球类或毛茸茸的小动物时。

　　社会习得和个体习得的恐惧：牛会害怕伤害过自己的人类、地点和事物，它们还可以从其他同类那里习得这种恐惧。

新奇的刺激物：为什么动物会又好奇又害怕

　　第五个范畴新奇的刺激物并不难理解。对于所有的动物来说，环境中所有全新的、从未见过的事物都有可能会吓到它们。对于新奇的刺激物，牛会既好奇又害怕，这种说法是我的一位朋友提出来的。当时我们在一起，她看到一头牛小心翼翼地探索一件挂在栅栏上的黄色雨衣，于是就说"看起来它似乎既好奇又害怕"，从此之后我就开始使用这一说法。牛喜欢探索所有新鲜的、不同寻常的事物，但是同时它们也担心这些事物是否具有危险性。有一次，我把一个上面有夹紧纸张装置的书写板放到距牛群不远的地面上，书写板上有一张纸。这下子我可见识到它们是怎样既好奇又害怕的了。最大胆的牛靠近了书写板，但是当那张纸被风吹起来时，它们马上退后几步。然后，当那张纸不再动时，它们再次小心翼翼地靠了过去。

　　我不知道在其大脑内部这是怎么回事。也许它们的大脑在恐惧系统和寻求系统之间来回转换。静止不动的新奇物体会激活其寻求系统，而突然地移动则会激活其恐惧系统。牛的大脑里就像有一个开关一样，因为每当有风将纸吹起时，它们就会后退，当纸停止摆动时，它们就会小心翼翼地靠近。

　　这种解释有一个问题，那就是寻求系统往往会抑制恐惧系统，而既好奇又害怕的牛看起来则有点像是同时具有两种情感。我并不认为它们会同时产生这两种情感，其大脑可能就在寻求系统和恐惧系统之间快速地来回转换。

杏仁核是大脑内部的恐惧中枢，如果我们将现有知识和对杏仁核的研究成果结合起来，有可能会有助于解释为什么新奇的事物会既可怕又有趣。首先从我们的现有知识开始说起，研究人员已经进行过很多试验，表明人类和动物都会被新奇的事物和不可预测的事物所吸引。心理学家皮特·米尔纳（Peter Milner）专门研究注意力和学习过程，他认为人类的大脑学会了不停地判断不可预测的事物是好还是坏，这也就意味着大脑学会了注意并探索不可预测的事物。在其《自治的大脑》（*The Autonomous Brain*）一书中，米尔纳博士指出动物和人类都在不断地选择做结果难以预料的事情。为了能够争取到观看玩具火车在轨道上行进的机会，有时甚至是仅仅为了知道隔壁的人在干什么，猴子愿意为之付出劳动。根据米尔纳博士的说法，大脑的默认设置就是：不探索就无收获。如果动物无法预测一个行动的结果是好还是坏，它们就会冒险一试，人类也是如此。新事物总是不可预测的，因此我们可以得出结论，动物和人类生来就会注意并探索新事物。

对杏仁核的研究表明大脑内部的恐惧系统既可以被恐惧激活，也可以被不确定性激活，由不确定性所激发的情感也许是一种轻微的焦虑感或警惕状态。既好奇又害怕的牛就属于这种情况。如果看到新事物，它们就会警惕起来。它们想要探索新事物，弄明白它是什么，但是与此同时它们也感到恐惧，担心这个事物可能是不好的。它们既好奇，同时也有点害怕。

在这项新研究的前半部分，试验人员为老鼠和人类播放声音，有的声音之间的间隔是可以预测的，有的是不可预测的。结果发现不可预测的声音更能够激活杏仁核，对老鼠和人类来说都是如此。

在研究的第二部分，试验人员将老鼠和人放在测量焦虑的标准化试验室里，并播放两组声音中的一种作为背景音。结果发现生性焦虑的老鼠和人的行为总是不同于生来镇静的同类。

这项新研究里的老鼠和人类并非生来就很焦虑，当播放可以预测的背景声音时，两者并没有表现出焦虑。但是当背景声音变得不可预测时，两者突然变得像生性焦虑的同类那样。不可预测的声音激活了杏仁核，老鼠和人类的行为都像是生性焦虑的同类那样。

杏仁核并不是仅仅对肯定是可怕的危险事物才做出反应，它还对不可预测的事物做出反应，这时人类或动物就会感到轻微的焦虑或警惕。达特茅斯学院的保罗·瓦伦（Paul Whalen）教授专门研究恐惧的习得和杏仁核之间的关系。他围绕这项研究发表了一篇文章，很好地说明了为什么恐惧中枢会被新奇的刺激物所激活：

"恐惧感很重要。当你第一次看到地铁呼啸而过的时候，如果没有恐惧感，你可能会忘记一些生死攸关的事情，如一定要站在黄色警戒线的外面而不是里面。虽然恐惧感很重要，……但你这辈子被吓得'魂飞魄散'的次数依然屈指可数。那么负责处理恐惧的这部分大脑区域其他的时间都在干什么呢？

……从考察环境、发觉刺激物，到认定威胁、感到恐惧并采取行动，在这一系列的事件当中，杏仁核到底起着什么作用呢？"

瓦伦博士的结论是这项新的研究表明："健康的杏仁核至少有一部分就像是患上了焦虑症一样，为了对不确定因素做出反应，不断在寻求潜在的威胁。"

强加的新奇事物是可怕的

我对牛的这种行为的理解是它们身上的恐惧系统由两部分构成，一部分产生焦虑或警惕性，另一部分产生纯粹的恐惧反应。当牛既好奇又害怕时，它们的警惕系统被激活，但是纯粹的恐惧反应还没有被激活。当书写板上的纸被风吹动时，牛可能就在寻求系统和警惕系统之间来回转换。作为一个自闭症患者，通过自己服用抗抑郁药物的体验，我可以理解这是怎么回事。这种药物让我不再惊慌，并且抑制了我的恐惧反应，但是我的警惕和焦虑系统依然处于十分活跃的状态。当我夜里听到奇怪的声音时，我会马上醒过来，但是这种药物已经让我的心不再因为恐惧而怦怦乱跳。

在人和牛接触的过程中，新奇的事物有可能是有趣的，也有可能是可怕的，这取决于新奇事物的出现方式。有一个最为重要的因素决定着新事物是更有趣还是更可怕，那就是动物能否自行决定是否靠近这个事物。对动物来说，强加的新事物是可怕的。它们不喜欢有新事物被硬推到自己面前，人类也不喜欢。但是如果你把一个新事物给它们，让它们自由决定怎样探索，它们会很乐意，人类也是如此。

遗憾的是，肉类加工厂的牛没有慢慢探索可怕的新事物的自由，它们必须不停地走动。因此，在肉类加工厂里面最好不要出现新奇的刺激物。在《我们为什么不说话》一书中，我列出了一份清单，上面有必须从牛的行走通道排除的一些事物，以避免激活其恐惧系统。其中包括从光滑的金属上发出的反射光、挂在栅栏上的外套、迎风摆动的纸巾，还有来回摇晃的锁链。当这些新奇的干扰物被排除之后，再让牛在加工厂里移动就很容易。在牧场上或饲养场里，新奇的事物如水瓶子有可能会更加有趣，而不是可怕，因为牛可以自由控制它和瓶子之间的距离，可以自由决定怎样对其展开探索。

恐惧系统和转移牛群

有两个时间段最容易让牛感到烦躁，一个是不得不转移它们的时候，另外一个是必须要对它们进行近距离检查，或者是为了医疗对其进行约束的时候。

转移驯服的牛不成问题，只要你手里提着一桶吃的东西，它们就会跟着你走。只要利用好吃的食物进行奖励，对牛进行过仔细的正强化训练，让牛进入束缚装置（restraining device）或卡车也不难。我曾经训练过牛和绵羊在门口排队等着进入牢靠架。绵羊会主动跳上来，因为它们想要吃到食物。有的牧场主经常要用卡车将牛从一个草场转移到另一个草场，他们也发现让牛上卡车很容易。牛知道卡车会把它们带到好吃的食物那里，因此只要一看到卡车，马上就会跑过来。在所有这几种情况下，动物的寻求系统都完全取代了恐惧系统，因此它们愿意和管理者进行合作。

长距离地赶着牛群转移要更加困难。在集约化经营的牧场上，牛要轮流在不同的草场上吃草，因此它们可以从一个地方被转移到另一个地方，牧场主不需要驱赶它们。但是要想让生活在广袤牧场上的所有肉牛都能够驯服地合作，则是不现实的。

要想长距离地赶着牛群转移，必须要最低限度地激活其恐惧系统。安静地做到这一点并不容易。我们在以前的西部电影里看到过围拢牛群的场面，马来回跑着，牛仔吹着口哨，大声喊叫，牛群哞哞叫着。这种转移牛群的方式是完全错误的。这些牛高度紧张，在现实生活中，它们的恐惧行为很可能会升级。只要牛开始跑起来，事情就会很糟糕，尤其是在牛群里有牛妈妈和牛犊的时候，因为牛犊会跟不上牛群的速度。对于牛犊来说，和妈妈分开会给它们带来巨大的压力。由于害怕和紧张，它们的生长速度就会慢下来。

一旦牛群开始狂奔起来，往往会出现挤成一团的状态，这种情况是十分危险的。当狼对牛群发起进攻时，外围的牛就会努力往中间挤，这时就会出现挤成一团的状况。最强壮的牛努力想要挤到中间，整个牛群就会一圈一圈地跑动，完全挤成一团。挤成一团的牛会将路上的一切践踏在脚下。当受到捕食者的进攻而导致恐惧系统过度活跃时，这种现象是群体动物最后的防御。

对于牛来说，一个主要的福利问题是在转移牛群过程中的不当做法。斯蒂夫·科特（Steve Cote）是自然资源保护服务组织的成员，他在《动物管理：放牧土地管理的强大工具》（*Stockmanship: A Powerful Tool for Grazing Land Management*）一书中说：

"在七月份的一天，我见到了牛群惊慌溃逃的一幕。这个牛群由1500头牛组成，其中有大牛，也有牛犊。当时它们已经走了约19千米，但是在经过一道门的时候，它们再也承受不住压力，开始惊慌而逃，一路跑了约19千米回到了出发的地方。……赶牛者根本无法跑到牛群的前面拦住它们。但他们赶牛的方式和经过那道门的方式与大部分人没有什么两样。

我相信这些牛一定不愿意在炎热的下午这样惊慌溃逃，我也可以肯定赶牛者也不想要这样的事情发生。次日，赶牛者再次集合牛群，再次尝试转移……

这次他们的多了几个人手，牛群没有再次跑回来，……但是在后来的一周里，至少有125头牛犊患上了肺炎。"

牛语者

要想正确地围拢不驯服的牛，你就要向其警戒区"施加压力"，一直走到警戒区的边沿，然后再慢慢靠近。这时牛就会从你这里走开。如果它们在朝你想要的方向移动，你就退后一点。这里的道理和驯马者所使用的压力—释放原则一样，都是通过激活动物的恐惧系统来达到目的的。当牛被长距离驱赶的时候，如果人们对其警戒区施加过多的压力，它们会惊慌失措，就是因为这个原因。

马有像帕特·派若利、雷·亨特（Ray Hunt）和汤姆·道伦斯这样的马语者，同样，牛也有像巴德·威廉姆斯（Bud Williams）这样的牛语者。从1989年开始，巴德就开始在全国各地举办培训班，向管理者传授低压力的牲畜管理方法。但遗憾的是，很多牧场主难以理解他所传授的方法，因为他常常不提供明确可行的说明教人如何具体使用这些方法。我见过很多像巴德这样的人，他们本人是管理动物的专家，但是却很难将自己的方法技巧很清楚地说出来或写出来。

我对他的方法十分感兴趣，也参加了他的几期培训班。有一次我是和学生珍妮佛·兰尼尔（Jennifer Lanier）一起去的。那次培训结束后，我们两个在机场旁一家中餐馆里，用了四个小时的时间，才把他讲解的内容分解成其他人可以理解的具体指南。

完成之后，我把这份指南交给助手马克，让他尝试能否按照巴德传授的方法把牛赶到一起。我们两个到了位于山谷里的平坦牧场上，那里一共有75头牛。按照巴德的方法，马克开始在牛群里来回曲折地行走。就像巴德所做的那样，他也是安静地匀速前进。

但是牛却没有聚拢起来，而是向四面八方分散开去。这样的事情也发生在很多尝试巴德方法的牧场主身上。当巴德在一群牛后面来回曲折行走的时候，这些牛就像中了魔法一样，乖乖地聚拢在一起，向前行进。但是当其他人这样做时，牛就会跑得到处都是。

牛群散开之后，我忽然想起巴德说过的一句话，"慢慢来"。于是我就对马克说："慢慢来，不要催促它们，只要来回走动就行。"

于是马克按照我说的去做，不紧不慢地来回走动，一点也不催促它们。他就在它们的警戒区附近走动，这时奇迹发生了，它们聚拢到了一起，就像中间有一块磁铁吸引着它们一样。我在向人们解释巴德的方法时也总是会使用这样的表述："牛群中间像是有一块磁铁一样。"一旦它们聚拢到了一起，这时就可以将牛群安静地转移，根本不用叫嚷，它们也不会分散开。

当看到它们聚拢到一起时，我马上就说"这是天生的"。这是一种本能，我称所有这些自动的行为为"大自然的小软件"。这时我才明白为什么人们在尝试巴德的方法时会出那么多问题。在给牛的警戒区施加更多的压力之前，必须要先激发其集群的本能，而以前没有人意识到这一点。

在利用巴德的方法时，牛群并不是像惊慌失措地挤成一团时那样紧紧地贴在一起，而是松散地集合成群，这样在它们继续吃草的时候就可以得到更多的保护。这是生活在大面积开阔空间的食草动物身上常见的行为，因为远处的掠食者清晰可见。如果你仔细观察《动物星球》里的野生动物，就会看到羚羊在安静地吃草，而就在距其两三千米远的地方，一群狮子正在休息。被捕食动物知道捕食者是否在跟踪自己。牛有很多捕食者，它们自然会选择在有同类群体的地方吃草。在没有捕食者的地方，如现代化的牧场上，牛就会分散开来。

巴德·威廉姆斯并不赞同我这一看法，但是我认为在将牛从一个地方转移到另外一个地方的过程中，利用了牛与生俱来的自我防御行为。当放牧者在牛的警戒区外缘曲折行进的时候，他其实扮演了一位捕食者的角色，轻微地激活了其恐惧系统的焦虑和警惕部分，同时也激发了其本能，这就是它们为什么会聚拢到一起。一旦它们已经聚集到一起，这时放牧者就可以更加深入到其警戒区，让牛群向前移动。它们把放牧者当成了捕食者，所以才聚到一起寻求保护，当这位"捕食者"向它们靠近时，它们就会走开。

巴德的方法并不适用于完全驯服的牛，这也可以证明我们的观点。当我在一群完全驯服的牛背后来回走动时，它们仅仅是看着我，就像是我神经出了问题一样。驯服的牛不能被聚拢。它们可以被领导，但是不能被聚拢，因为它们不害怕人。

巴德并没有接受过动物行为方面的正规训练，但是他转移牛群的方式的确很让人惊叹。他喜欢牛，我想装作捕食者这样的事情一定让他于心不忍。他的方法之所以能够如此温和，就是因为他对牛的反应极其敏感。一旦牛开始移动，他会马上减缓对警戒区所施加的压力。还有就是他做每一件事都是根据牛的接受进度，而不是根据人的进度。接受过巴德训练的放牧者会静静地来回曲折行走，一直走到牛开始移动。虽然利用这种方法的放牧者的确会激活牛的恐惧系统，但这只是一种极其轻微的焦虑，就像是一个外地人在陌生的城市里开车时可能会感受到的焦虑。你可以说牛感到有点紧张，但是仅此而已。

这样温和地赶上几次之后，它们就会习惯于走到放牧者想要它们去的地方。如果牛被温和地赶到它们自己喜欢的地方，也许这时促发它们行为的就不再是恐惧系统，而是寻求系统，而这时放牧者也已经将负强化转变成为正强化。当看到放牧者在警戒区外缘曲折走动的时候，它们就会移动起来，因为曲折走动的放牧者意味着好事就要发生，意味着它们就要到一个有新鲜牧草的新草场。斯蒂夫·科特说："如果我们管理得当，牲畜就会变得越来越安静，这才是真正的控制，这种控制是自然而然发生的。牛能够并且也乐意听命于我们。"这样的牛才是受过良好训练的牛。

巴德对牛的管理方式十分温和，因此它们开始变得驯服。当它们看到在围拢它们的过程中没有什么不好的事情发生时，它们的警戒区就会变得越来越小。

河畔游荡者

在政府的土地上放牧的牧场主们最为头疼的一件事就是河畔游荡现象（riparian loafing），也就是牛总是喜欢到河流旁边的保护地上吃草，即使把它们赶开了，它们还是会回去。美国政府对在河流附近区域放牧的管理十分严格，因为河床的良好生态对于整个牧区的良好生态十分关键。如果哪个牧场主的牛违反规定，跑到河岸上吃草，相关部门就会吊销其放牧资格。这让牧场主感到很大的压力，因为只要有二三十头牛就可以将河岸上的草啃个精光。斯蒂夫·科特说河畔游荡的问题很难解决，因此放牧者不得不一再地将牛赶回到它们应该待的地方，而这让他们的马匹疲劳不堪。有些放牧者一个人配备了六七匹马，但即便如此，这些马还是会体重大减，有的还会死掉。

这种事情之所以会发生，是因为放牧者的做法违背了牛的天性，而不是顺应其天性。牛总是想回到能够让自己感到安全舒服的地方，这是牛身上的一个核心特征，马也是如此。即使被放牧者赶走之后，河畔游荡者还是会一再地回到河畔的草地上，这是因为在那里它们不再被到处驱赶。即使那里没有什么可以吃的，它们还是会跑到那里去，因为那里让它们感到安全。

要想从一开始就避免这种现象的发生，或者是想要克服因管理方法不当而导致的河畔游荡的习惯，放牧者不能仅仅把它们赶到自己想要它们待的地方。他们必须利用压力和释放原则。放牧者给牛的警戒区施加压力，让它们自己从河畔走开，然后在其刚刚开始移动的时候，马上从其警戒区退出，以释放其压力。这样，牛所移动的这段距离才不会和被驱赶的经历产生联系。但是如果放牧者把20头在河畔游荡的牛一下子赶回到大牛群，并且在此过程中一直在对牛的警戒区施加压力，那么只要放牧者一离开，这些喜欢在河畔游荡的牛会马上再回到河畔。

你也许会认为当它们被多次从一个限制区域赶开之后，它们会将这个区域与被驱赶、被叫嚷的经历联系起来，因而不再回去，但实际情况并非如此。这很可能是因为不当使用了正强化和负强化原则。如果放牧者将牛一路赶回到想要它们待的草场上，他所利用的不是强化，而是惩罚，而他所惩罚的却是牛向他所想要的方向移动的行为。放牧者必须利用压力和释放原则。释放压力可以鼓励牛朝着放牧者想要它去的地方行动。

有人做过两个旨在训练牛远离满满的食槽的试验，结果表明对强化的利用必须要准确无误，时机必须要把握好。在两个试验中，研究者都给 12 头牛套上了电子项圈，想要利用电击来训练它们。在第一个试验中，研究者利用的是压力和释放原则。只要牛越过食槽外侧无形的边界线，它马上就会受到电击。显然，这种电击就是一种压力。如果牛后退、转身或者是停下来，电击就会结束，而这就是一种释放。如果牛继续向着食槽靠近，电击就会在 5 秒钟之后停止。

就这样，所有 12 头牛都学会了和食槽保持距离。到了训练的第 15 天，有一头牛到了食槽那里。到了第 29 天，有两头牛到了食槽那里。但是从此之后，所有的牛都不再靠近食槽。这是经典的联想学习（associative learning），这些牛已经学会将电击和向食槽靠近的行为联系起来。如果它们不再向食槽靠近，电击就会停止，这样它们就受到了要远离食槽的负强化。

在第二个试验中，研究者利用的是无关联的训练方法。在这种情况下，牛的行为和电击之间并没有密切的联系，和电击产生联系的是地点，即只要牛进入食槽所在的区域，它们就会受到 5 秒钟的电击，当它们在食槽区域之外时，则不会受到电击。牛的行为和电击停止之间有某种联系，因为如果牛碰巧从这个区域离开时，电击就会停止。但是，电击和良好的行为如停止、转身或后退之间并没有直接的联系。这些牛处于一种非此即彼的状态，要么进入食槽所在区域，遭受 5 秒钟的电击，要么就远离这个区域，没有电击。

对这些牛的训练效果并不好，另外一个试验也发现了同样的问题。要想训练牛远离一个它们想去的地方，仅仅在它们进入这个地方时就让不好的事情发生是行不通的。训练和交流都必须更加精确，只有这样，牛才会知道它们可以通过哪些具体行为来避免不好的事情发生。

对于接受无关联训练的牛来说，它们的情况和管理不当的河畔游荡者一样。在河畔游荡的牛正在快活地吃着河滩上的青草，突然冷不防地就受到了惩罚：满脸怒容的放牧者骑着马向它们跑来，冲着它们大声叫嚷。但是它们无法将在河滩上吃草与愤怒的、叫嚷着的放牧者联系起来。由于这种不当的管理方式，后面要发生的就是这些牛开始四散跑开，而放牧者则叫嚷着紧追不舍，这实际上意味着牛因为做了放牧者想让它们做的事情而受到惩罚。对于任何动物来说，这都是不好的训练方法，对于人也是如此，但是对于牛来说这样做特别没有效果，因为它们的本能就是要回到安全的地方。

现在人们对牛的管理甚至还不如100年之前，这实在是一件很悲哀的事情。当美国西部的牛仔在驱赶着庞大的牛群长途跋涉的时候，他们意识到了安静地转移的重要性。在这样的长途跋涉过程中，粗暴管理所造成的压力可能会让成百上千头牛丧命。当时它们要行走的距离比今天要长很多倍。无效的、高压力的管理方式可能源自人们对大自然的疏远，对先辈曾经拥有的有关动物和土地的知识的丧失。对于这种丧失带来的后果我将在后文进行说明。

管理者需要重新认识牛的习性，了解如果安静地管理它们，它们会是什么样子。如果安静地转移，它们会聚拢在一起，牛妈妈和牛犊就很少会被分开。

让牛受到惊吓和压力是不好的，这既是因为人类不应该虐待动物，还因为这样会对生意产生不利，人们很早以前就已经认识到了这一点。早在1925年，《霍尔德氏奶场主》（Hoard's Dairyman）杂志的创始人霍尔德（W. D. Hoard）就认识到：良好的管理方法对产奶量十分重要。有很多研究表明良好的管理方法有助于提高牛奶的产量，牛可以增重得更快，繁殖得更多。1998年，保罗·海默斯沃斯和格雷厄姆·科尔曼（Grahame Coleman）就这个问题出版了一本专著。

我希望所有的牧场主都能够采用低压力的管理方法，这样做有很多好处。我相信在看到这样做所带来的良好结果之后，越来越多的牧场主会采用这种方法。

恐惧和愤怒

对于牛的福利来说，另外一个十分危险的时刻就是在其近距离接受医疗检查时。从本质上讲，只要有人靠近一头牛，为其进行注射或其他护理活动时，这个人就已经侵犯了牛的警戒区。近距离的检查会从两个方面激活牛的恐惧系统，首先，兽医和医疗仪器常常是陌生的；其次，医疗过程本身可能会是不舒服的，如注射。

在大部分情况下，进行近距离检查需要对牛进行约束，而这样会在一定程度上激活其愤怒系统。这种因约束而产生的轻微挫折感很容易会被恐惧系统升级为暴怒，这是因为恐惧系统对愤怒系统有一种刺激作用。有些牛在牢靠架中很安静，但是如果有人靠近并站在它们旁边时，它们就变得不安起来。对于牛来说，这是很可怕的，因为随着人越来越近，警戒区受到侵犯，但是它却无法逃跑。牛开始烦躁的第一个迹象就是其尾巴会不停地来回摆动，然后就是突然地猛烈挣扎。我认为之所以会有这种挣扎行为，是因为警戒区受侵犯时那种强烈的恐惧已经将烦躁升级为愤怒。

我为很多牧场和养殖场提供过咨询，教那里的人如何正确地对待牢靠架里的牛。牛的情感和行为受其视觉的支配，因此我要做的第一件事总是在牢靠架本来开放的两侧加上硬纸板。这样牛在进入牢靠架时就不会再看到站在架子旁边的人，而牢靠架旁边的人其实已经深入其警戒区的内部。

我还告诉管理人员不要对牛大声叫嚷，也不要用电棍击打它们。

这样它们的愤怒情感就会保持在较低水平，其恐惧程度也可能会大幅下降。我们可以这样比喻，下降前的恐惧就像是在地铁里遭遇抢劫，而下降后的恐惧则像是一次很不快的看医生的经历。我可以证明这一点，因为如果平静地对待它们，它们在牢靠架里大便的情况就会减少。行为研究者根据排便情况来判断恐惧和压力的程度，如果排便现象较少，说明它们不那么恐惧。我告诉牧场主们，如果牛在牢靠架里的排便现象少了，说明它们受到的惊吓也少了。

在安装完硬纸板屏障之后，我就会教他们如何利用牛肩部的平衡点。平衡点运动是牛与生俱来的一种行为模式。当有人快速地从其肩部向与其相反的方向走动时，牛就会向前移动。如果管理者能够利用牛对抗捕食者的本能，而不是电棍和叫嚷，牛就会更少地挣扎，不会到处乱跑，也不会动不动就排便。

要想完全消除恐惧，管理者必须训练牛为了得到可口的食物奖励而主动进入约束设备。习惯化和正强化十分关键。意识比较先进的牧场主会带着牛通过过道，让它们学会适应，降低其恐惧。如果它们主动接受约束，则对其进行奖励。如果你打算把牛带到乡村集市上参加展出，必须要让它们习惯自行车、旗子、气球和其他可能会遇到的新奇事物。

惊慌系统：牛的社会情感

对于牛来说，和惊慌系统有关的主要福利问题是突然给牛犊断奶，这会给它们带来极大的心理创伤，因此永远也不应该这样做。如果在牛犊六个月大时突然断奶，将其从牛妈妈身边分开，它就会叫个不停、来回走动，总是想着要回到妈妈身边。有时牧场主会把牛犊全部装到一辆卡车上，一起运输，它们会一路哀号。这样的事情更加可怕。

要想给牛犊断奶，又不至于给其造成创伤性的影响，有两种办法。一种是围栏断奶法（fence-line weaning），让牛妈妈和牛犊分别在围栏的两侧，它们依然可以紧密地站在一起，这是牛犊所需要的，但是它却不能吃奶。如果在将运输之前提前45天用这种方法为牛犊断奶，它就不会出现任何问题。有三四天的时间妈妈和牛犊会站在一起，但是它们会逐渐分开，虽然围栏双方都会发出叫声，但是不会太严重。

另外一种不至于给牛造成很大压力的断奶法可能会更好，这种方法包括两个步骤，先是给牛犊断奶，几天后再将其从妈妈身边分开。为了在不将牛妈妈和牛犊分开的情况下进行断奶，管理者在牛犊的鼻孔里嵌入了一个被称为"易离乳"（Easy Wean）的塑料薄片，这个薄片就像是一个夹式耳环，不会伤害到牛犊。薄片盖住了牛犊的嘴巴，让它无法咬到妈妈的奶头。这种方法的一个主要问题就是牛犊要两次进入牢靠架，一次是给它戴上薄片，一次是要将其摘下来，而这就需要更多的劳动。有些牧场要两次将牛犊弄到牢靠架里，为其免疫接种，这种方法就很好用。

萨斯喀彻温大学的德里克·哈利（Derek Haley）的博士论文讨论的就是两步骤断奶法。他将一群牛犊断奶四天之后再将它们从妈妈身边分开，发现这些妈妈比牛犊被突然断奶的妈妈少叫80%，而牛犊比用传统的断奶方式断奶的牛犊少叫95%。利用两步骤断奶法，牛犊在断奶后和断奶前在同一时间段里叫的次数是相同的。

突然断奶是完全不必要的，应该鼓励人们选择低压力的断奶方法。突然断奶的牛犊会有一周的时间增肥缓慢，并且其压力也更大。我希望随着越来越多的人意识到突然断奶不但不利于牛犊的生长，也不利于生产，这种做法会被人们所抛弃。遗憾的是，现在还有一些牧场主依然是在将牛犊运走那天才为其断奶。

奶牛的福利问题与此不同。要想让奶牛持续产奶，必须要让其每年生一只牛犊，但是它不能为牛犊喂奶，因为它必须要回到生产线上。牛犊在出生当天就被转移走，先是养在各自的圈里，6～8周后再将其转移到集体圈里。奇怪的是在这些养牛犊的地方，你听不到在肉牛养殖场所听到的种种叫声。肉牛的牛犊如果独自待在牛棚里会发疯似的大叫，但是荷尔斯泰因牛犊并不会因为离开妈妈而苦恼。这是因为在繁育的过程中，它们丧失了一部分的社会性，因此其惊慌系统的反应不是那么强烈。同样，荷尔斯泰因奶牛妈妈也不像肉牛妈妈那样因失去牛犊而产生心理创伤。它被专门繁育出来就是为了产奶，因此它对牛犊并不太在意。但是如果你把肉牛妈妈的牛犊带走，它会大声哀号。

奶牛的一大福利问题是这么多的牛犊应该怎么处理。从社会性的角度来看，对牛犊来说，和其他牛犊一起长大会更好，有些牧场主就是这样做的。但是新生的荷尔斯泰因牛犊过于脆弱，容易生病，因此这样做很难。有些牧场主将新生的牛犊放到专门的牛棚里，它们可以互相看到，但是无法接触。还有的牧场主把它们放到独立的牛栏里，牛栏的两侧是开放式的，这样它们就可以互相接触，同时又有足够的距离避免疾病的传播。

牛群的组合和重组

对于无论是奶牛还是肉牛来说，另外一个不自然的事情是为了运输、增肥或挤奶，它们常常被人为地组合到一起。对于牛来说，重组的过程并不是创伤性的，但是会给它们带来很大的压力，这也许和人类到一个新组织之中会感到有压力是同样的道理。牛喜欢和它们已经认识的同类在一起，而不喜欢和陌生的同类在一起。牛只要被重组，就会出现敌对行为，这种敌对行为主要是相互排挤、相互顶撞和追逐的形式出现。新加入的牛一开始会有一段时间很不好过。

要想避免动物之间的激烈打斗，牧场主和饲养场的管理者应该遵循如下这些行为原则：

1. 牛犊应该和其他的牛犊在一起，而不应该独自生活。孤立状态下长大的牛会有更强的进攻性，更不善于适应新的群体。所有的动物都要从小就和其他同类接触，牛也不例外。

2. 牛群里牛的数量不应该少于 4 头。对于很多动物来说，群体越大，动物越是安静。牛也是如此，牛群越大，它们互相之间的进攻性就越小。牛群越大效果越好，一个原因就是较大的牛群通常也有较大的牛棚，因此当受到攻击的时候，它们有地方可以逃避。对于猪来说，我发现当四五头陌生的猪在一起时，它们之间的打斗比 100 头陌生的猪在一起时还要多。

3. 虽然说群体越大越好，但是群体过大也不行。约瑟夫·斯图基（Joseph Stookey）和乔恩·沃茨（Jon Watts）专门研究牛，他们建议同一个牛棚里牛的数量最好不要超过 200 头。

4. 如果可能的话，对于年幼的乳牛应该重组几次之后再让它们加入成年乳牛的群体。一个研究发现最佳重组次数是 7 次。在这个研究中，乳牛的牛犊被每周重组一两次，一共重组了 16 次。这些牛犊一直没有完全适应重组，每次群体成员发生变化时，陌生的成员之间就会发生进攻性的互动。到了第 7 次重组的时候，它们之间的进攻行为最少。可是到了第 16 次时，它们却又变得进攻性最强。也许经过 7 次重组之后，它们压力过大，因此 7 次重组之后打斗现象又多了起来。

5. 在重组时，最好能够让牛和它以前的一些伙伴在一起。当和它们认识的同类在一起时，牛最为安静。虽然牛不太喜欢被重新分组，但是它们会很快适应新的群体。到了重组后的第二周结束时，它们的进攻行为就会消失，因为它们之间已经形成了新的社会依恋关系。

恃强凌弱者和软弱可欺者

对于上述第五条内容有一个十分可怕的例外，那就是恃强凌弱综合征，也就是一群公牛联合起来，恃强凌弱，骑到另外一头弱小的公牛身上。它们反复不断地这样做，直到这头弱小的公牛筋疲力尽、崩溃倒地。这头可怜的公牛臀部会掉毛、肿胀、受伤，有时甚至会出现骨折。有时弱小的公牛会死于非命，这是很可怕的事情。

没人知道这种事情为什么会发生，有很多牛棚里从来就没有出现过这种问题。和这个问题关系最密切的因素有两个，一个是为了让它们生长更快而给它们的类固醇激素（steroid hormone），另外一个是牛棚里的拥挤程度。来自很多饲养场的未发表的计算机记录表明，和有200头牛的牛棚相比，在400头牛的牛棚里，这种现象更加严重。

很多研究者认为恃强凌弱的行为始于牛对资源的竞争，例如饮用水，然后这种竞争升级成为这种怪异的行为。对于其背后的原因我们并不了解。这种情况是可能的，我曾见过支配性的公牛站在水槽旁边，仿佛水槽只属于它，但是我不知道这头公牛是否会成为一个恃强凌弱者。这里还有一种观察性学习的因素，因此必须要马上把受欺凌的公牛转移到其他地方，否则会有越来越多的公牛学会对其发起攻击。

约瑟夫·斯图基和乔恩·沃茨建议设计者们能够设计出专门的牛棚，以保护弱小的公牛不受侵害。他们还建议一个牛群里牛的数量不要超过200头。此外，多放几个饮水槽也许可以使情况有所缓解。我前面刚刚提到过的记录表明在有400头牛的牛棚里，只有两个水槽，和有200头牛的牛棚里相同，但是在后面的牛棚里，恃强凌弱的问题不像前面那么严重。乔恩·沃茨还认为这个问题可能是一个迹象，表明在庞大的群体里有很多牛在遭受痛苦，而不仅仅是弱小受欺负的牛。"在一个群体里，恃强凌弱现象也许只是一个极端，它表明这个庞大群体里还有更大的福利问题，那就是长期性的社会性压力。"

谁也想不出解决这个问题的办法，它不仅对于受害的公牛来说很可怕，也会给畜牧业带来重大损失。在研究人员发现其原因之前，人们唯一能够做的就是将受欺负的公牛转移到专门的医护棚里，帮其治疗感染的伤口。从此以后，这些可怜的公牛就要生活在专属于它们的牛棚里，不能再回到曾经欺凌过它们的群体中。

现在对这个问题有两个可能的解释，一个是群体过于庞大，而饮水槽太少，另外一个是类固醇激素植入过多。这种激素可以加快牛的生长速度，但是有可能会带来某些问题，另外一个因素可能是植入过程中的粗心大意。这种激素呈小球状，被植入公牛耳朵上的皮肤里，然后缓慢释放出来。但是一旦在植入的过程中小球被压碎，所有的激素就会一下子释放出来。对公牛恃强凌弱的问题很难展开研究，因为几百头牛里面只有几头会出问题。要想找到问题的答案，我们需要对上千头牛的数据进行统计分析。

牛喜欢寻求

牛喜欢学习新事物。有两位研究人员对牛"对学习的情感反应"做过一个很好的试验。在这个试验中，一头牛必须要学会一项技能才能得到奖励，而另一头牛什么也不用做就可以得到同样的奖励。只要接受训练的牛学会一项技能，它就会受到奖励，而与此同时，另外一头牛也会得到奖励。由于两头牛得到的奖励是同样的，但是只有一头牛学到新事物，试验人员想知道参与学习的牛是否比没有学习的牛更加快活、更加兴奋。

这项技能很简单，参与学习的牛只要按一下控制板，就会有一道门为其打开，让它们进入一个 15 米长的过道，而这个过道会将它们带到一个食槽。试验人员测量了牛的心率和走过过道的速度，想看看它们到底多么兴奋。

他们发现参与学习的牛在学习有进步的日子里要更加兴奋，而另外一头没有学习新事物的牛心率并没有加速，行走的速度也没有加快。由此可见，学习怎样获得奖励的过程激活了其寻求系统。

生活在开放式牧场上的牛可以满足其寻求情感，我担心的是奶牛。很多奶牛在整个产奶时期都生活在牛棚里，从来没有出去过。在有些养殖场，它们要睡在湿漉漉的地面上。对它们来说，唯一的锻炼就是走向挤奶间的那段短短的路程。它们没有什么可以探索的，它们的思想也无所事事。

身体上的不良福利状况常常和情感上的不良状况同时出现。在现代化的奶牛场里，管理良好的奶牛有 5% 的跛足，管理最糟糕的会有超过 50% 的跛足。我的研究生温蒂·福韦德（Wendy Fulwider）曾对113 家奶牛场做过调查，发现在不同的奶牛场，跛足现象有很大的差异，这种差异和奶牛场的大小没有关系。管理良好的奶牛场经常在牛圈里铺上锯末或稻草，这里的牛跛足的比较少。人们不知道牛的福利状况是多么糟糕。研究者向管理者们提出了一个问题："和 20 年前比起来，今天的奶牛福利状况是否更好呢？" 78% 的人会给出肯定的回答。他们认为今天的牛生活得更好，因为牛棚里的生活和天天住在一个有客房服务的大酒店是一样的。只有 8% 的人认为现在牛的生活境况更加糟糕，认为牛应该生活在牧场上。

奶牛的另外一个福利问题是繁育者在改变其基因特征的路上走得太远。荷尔斯泰因牛犊和肉牛牛犊在力量上差别很大。安格斯牛犊生下来刚刚几个小时就可以站立起来，吃妈妈的奶，跟着妈妈到处走，但是荷尔斯泰因牛犊生下来两天后还不能完全自由行动。繁育者在选育的过程中只知道关注牛的产奶能力，结果生下来的牛十分脆弱，以至于让它们繁殖都开始变得有点困难。如果能够怀孕，荷尔斯泰因奶牛也可以顺利地完成妊娠，但是想让它们怀孕并不容易。

此外，为了让荷尔斯泰因奶牛比自然情况下生长得更快，有的养殖者过多地喂它们谷物，而不是粗饲料。这样一来，小牛就没有足够的时间长出结实的骨骼和坚硬的蹄子，因此它们会更容易跛足。一头小牛要用两年的时间才能长大。在有些奶牛场，它们只有两年的产奶期，然后就会因为疾病或跛足而被屠宰。如果把牛的新陈代谢比喻成汽车上的转速表，那么可以说产奶业一直在奶牛的红色区域行驶，这种做法只会把它们毁掉。牧场主不这样对待肉牛，因为肉牛生活在牧场上，它们需要力气从一个地方长途跋涉到另外一个地方，也需要力气保护它们的牛犊免受捕食者的侵害。肉牛不像乳牛那样被人们基于基因仔细选择。

我曾在新西兰见过以吃草为生的荷尔斯泰因奶牛，它们更加强壮，也更像肉牛，很少出现跛足问题。由于它们全年生活在户外，还没有被完全选育成为永不停止的产奶机器。无论是从身体上还是从情感上，在草场上生活的奶牛都要比总是在牛棚里生活的奶牛更加健康。室内养殖对牛奶的质量影响不大，因为它们食用大量的草料或青贮饲料。

为什么人们总是在做无效的事情

我已经在牲畜管理领域工作了三十来年，为其设计约束设备。我看到很多人试图用强力而不是根据行为原则来约束动物。即使当养殖场意识到对牲畜施以电击或大声叫嚷会带来经济损失，它们依然会这样做。我曾对一家屠宰场的员工进行培训，教给他们怎样安静地管理牲畜，培训之后每天为屠宰场节省 500～1000 美元。但是在我离开之后没过多长时间，他们就又运用了原来的粗暴的管理方法。粗暴的方法效果并不好，并且对动物来说也很可怕，那么为什么人们还是在这样做呢？

这部分是因为缺乏足够的认识。每当我去大型的养殖场时，我总是会震惊地发现在很多由大公司经营的养殖场，那里的经理通常对动物行为方面的大部分研究一无所知。

即使这些经理对动物有所了解，想要改变其做法依然不容易。在关于低压力管理牛的网站上，你会发现牧场主们谈论新的方法是多么难以掌握，也难以一以贯之地进行下去。当我在养牛业会议上做报告的时候，会有很多牧场主的太太对我说："我希望能够让我丈夫不要对着牛大声叫嚷。"要想摆脱旧的坏习惯并不容易。

另外一个障碍就是作为优秀的牲畜管理者，你必须要将它们看成是有意识、有情感的动物，但是有些人就是不愿意这样做。无论是研究人员和兽医，还是牲畜管理者，都应该做到这一点。我发现有些兽医和生理学家认为动物没有感觉和情感。一个动物可能在剧烈地挣扎，大声地叫唤，但是只要其心率没有上升，这些专业人士就会坚持认为它并非在遭受痛苦。如果牙医的钻头动到了神经，病人就会疼得尖叫起来，但是他的心率并没有升高，这时他们还会这样认为吗？显然不会的，这时他们会认为整个人的情况比仪表上的数值更加重要。

现在，很多研究者把动物看成是一种由很多小零件组成的、活着的机器。他们看到的是显微镜下的组织，和牛本身差之千里。每当在报告会上听到关于牛的激素的长篇大论时，我就想说："别忘了，在那个卵巢上还有一头牛呢！"研究人员需要把动物作为一个整体来看待。

一个广为使用的做法是否会给牲畜带来压力或痛苦，管理层的人常常并不想知道这一点。有研究人员曾告诉我，如果某一项研究的结果有可能会迫使原有的做法发生改变，那么这项研究就很难拿到经费。管理层的政策就是"视若无睹"。

还有一个重要的因素就是管理人员的流动性。在美国，普通行业的辞职率是每年15%，但是在养殖场和牧场，这个数字要高很多。格雷厄姆·科尔曼发现，在澳大利亚的养猪场，6个月的时间里有50%的新管理者会辞职。他说根据轶事性报道（anecdotal reports），美国的情况也许与此差不多。如果每6个月就有一半的员工辞职，那么就一定要有一个非常先进的培训项目来培训新员工，你并且必须要经常检查他们在工作中的表现。

人们常常会发现积极的管理方法比消极的方法更难以使用，蓝丝带情感可以帮助我们理解为什么会是这样。管理没有接受过训练的、不驯服的动物会很让人沮丧，因为它们不会做你想要它们做的事情，而沮丧是一种轻微形式的愤怒。因此，除非一个人是安静地管理牛的专家，否则，牧场上的环境、奶牛饲养场和屠宰场，所有这些都会很自然地激发其大脑里的愤怒系统。这就是为什么人们很容易对饲养场的牲畜火冒三丈，对小孩也是如此。面对让人沮丧的情况，发怒是很自然的事情。

管理者的愤怒系统会在多大程度上被桀骜不驯的牛所激活，这取决于个体的性格特征。一项研究发现"内向而自信的"管理者所照顾的奶牛产奶量更高。

和抑郁的、缺乏安全感的人相比，自信的人会有更多的积极情感，而这就意味着他们的寻求系统处于激活状态。由于寻求系统可以抑制愤怒系统，因此自信的管理者也许更能够容忍沮丧的感觉。前面提到的研究之所以会发现内向的人照顾的牛产奶量最高，也许是因为内向的人生来就比外向的人更加安静，而牛喜欢安静的管理方式。

饲养场的经理应该尽可能雇用自信的人，应该改进工作环境，尽可能多地奖励善待动物的行为。这种做法在有些养鸡场和养猪场已经开始实施，养牛场也需要这样做。激励机制在养牛产业不如其他产业那么常见，这是因为当一头牛从出生一直到被屠宰都属于同一家公司时，垂直的互动就会更少。养牛产业应该多为工作人员提供经济上的奖励，鼓励他们减少管理过程中的伤害和惨叫声。在大型的饲养场和屠宰场，要做到这一点并不难。最糟糕的发薪方式就是计件工资，因为这样实际上就是在鼓励员工尽可能多快好省地完成任务，而这样总是会造成管理过程中的粗暴行为。

还有另外一个因素经理们必须要考虑，那就是疲劳。有人对负责往卡车上装鸡和猪的人员进行过调查，未发表的调查数据表明，经过六个小时左右的劳动，随着人们变得筋疲力尽，牲畜伤亡的数量也会增加。疲劳意味着额叶功能的降低，而额叶功能降低则意味着控制情绪的能力会降低。我在很多养殖场进行过观察，发现和休息得很好的工人相比，疲劳的工人更容易对牲畜发火。最糟糕的情况就是由于人手短缺，而让员工筋疲力尽。

管理和评估

1990年，我为屠宰场设计了一种名为中轨约束装置（center-track restrainer）的传送带式处理系统，对于要被屠宰的牛来说，这种系统比旧的系统要更加人性化。同时我还对那里的工作人员进行培训，教他们如何温和地管理牛。有一次，我为一家屠宰场安装了我所设计的装置，也培训了那里的员工，结果那里的管理变得非常好。但是过了一年，当我再次过去的时候，却发现他们已经在使用原来的做法，重新用起了电棍，依然在对牛大声叫嚷。这是我职业生涯中所经历过的最大挫折之一。在牧场、养殖场和屠宰场，很多地方都是这种情况。人们不能把已有的改进继续下去，常常不自觉地逐渐使用最初的不良做法，我称这种现象为坏事变成了常事。

要想解决这个问题，唯一的办法就是对动物的福利状况进行审查。牲畜管理者在工作中会遇到很多挫折，因此即使他们学会了如何善待动物，情感上的压力也总是会让他们使用原有的不良管理方法。因此，这个产业必须常规性地对动物的福利状况进行审查。

牧场主也需要审查动物的福利。在加拿大的一个畜牧业大会上，我建议牧场主们利用一种评分系统，对牛的管理情况进行评估。这种评分系统和我在为麦当劳审查动物福利时所使用的相类似。在《我们为什么不说话》一书中我描述了其肉类加工厂的福利审查情况。

对于牧场和养殖场，我有如下建议：

电击牛：不可超过 5%。

摔倒的牛：不可超过 1%。

管理过程中哞哞大叫：不可超过 3%。

撞到门上或栅栏上的牛：不可超过 1%。

快速奔跑的牛：不超过 25%。

慢跑没有问题，但是我不希望它们在从牢靠架上出来时奔跑起来，这样会很危险，表明它们感到恐惧。

技术的利用

我职业生涯的很多时间都用来设计管理牲畜的设备，因为我知道良好的工程学十分重要。牛会很听话地地通过我所设计的曲线斜道（curved chute），这是因为我的设计充分利用了牛想要回到出发地的天然行为。但是任何技术都无法取代对动物行为的理解和尊重。我所设计的设备都建立在动物的行为基础之上，只有当正确地对它们进行管理时，这些设备才会发挥应有的作用。

这个概念人们很难领会，人们对新设备的采纳比对行为原则的采纳要快，但是只有了解了这些行为原则，才能让这些设备起作用。我在网上的销售数据可以证明这一点，在我的网站上，关于如何建设畜栏和栅栏过道的书价值55美元，讲解牲畜管理原则的录像带价值59美元，结果订购书本的人数比订购录像带的人数多一倍。人们认为只要把技术买到手就可以万事大吉。

在我为屠宰场安装设备时一直存在这样的问题：设备的建设者会建造我所设计的从身体上控制牛的部分，但是往往会忽略我设计的要从心理上控制牛的部分。在建设的过程中，他们实际上会对我的设计图进行修改。他们中的很多人会漏掉我为传送带入口处设计的地板，而如果有了这个地板，牛就不会因为看到传送带下面的"视觉悬崖"（visual cliff）而畏缩不前。有时他们会去掉我设计的屋顶，但是如果牛的上面有了这个屋顶，它们在安静地登上传送带之前就不会看到疏散通道。在一家屠宰场，为了向那里的员工说明屋顶的必要性，我在设备的上方放了一块两英尺的硬纸板，结果那些牛马上就安静下来了。从此之后，那里的员工在建设设备时，就按照设计图把屋顶加上了。

这类事情时有发生，因为屠宰场的员工不理解为什么偏要在设备上多安装一片金属，并且以后还要经常对其进行维护和擦拭，而这其实完全是由于行为上的原因。我亲自去过最初安装7台设备的屠宰场，以确保所有需要从行为上对牛进行控制的部件得以安装。

控制人的情感

20世纪70年代，当我刚刚开始从事这一行业的时候，我以为利用工程学可以解决一切问题。当时我很少考虑对人的行为和情感的控制。我用了 35 年的时间才认识到大约有 20% 的管理者可以主动地把牲畜管理好，剩下的那部分人必须要有激励因素才能做好，因为他们的性格不适合管理牲畜。激励机制可以奏效，它可以打开管理者的寻求系统。有一家屠宰场规定：如果哪一位卡车司机能够将车上的死猪数量降到最低，就可以得到 100 ~ 200 美元的奖金。这笔奖金，再加上公司里挂着的一张很大的表格，上面记着每位司机车上的"死亡数量"这些都激励着卡车司机要认真照顾车上的猪，降低死亡率。在技术方面，我最大的梦想就是能够有一个可以评估管理情况的电子设备，可以根据管理的优劣自动扣除或增加工资。如果牛撞到了牢靠架或者拔腿狂奔，计算机就会自动扣除部分工资。这种自动从经济上进行奖惩的系统也许会奏效，但是现在这还只是一个梦想。

还有几个其他技术手段可以改进动物的福利，我希望大型的屠宰场可以利用它们来自动审查对牲畜的管理情况。安装在牢靠架上的压力传感器既可以显示压力，又可以显示牛挣扎的程度。这将是一个重大的创新，而现在这样的技术已经存在。我还希望看到饲养场安装雷达显示摄像机，这样就可以记录牛从牢靠架出来时的行进速度。以安静的方式管理的牛从牢靠架出来时不大会狂奔，它跑得越快，就说明它越烦躁。有研究表明这些狂奔的牛和拼命挣扎的牛增肥比较慢，因此如果有人把这种设备发明出来，屠宰场肯定会安装的。

防止粗暴的管理方式就像控制公路上的高速驾驶一样，需要不断地测量和管制。我注意到有些人以虐待动物为乐，这样的人根本就不应该管理动物。他们就像是有过多项被捕记录的醉酒驾车者，应该吊销其驾驶证。但是大部分对牛很粗暴的管理者并非生来就有施虐倾向，他们只是没有接受过这方面的训练，也没有足够的实践经验，因此他们自己的愤怒系统就会被激活。另外，缺少一个持续性的审查系统，以确保他们能够将学到的优秀管理方法持之以恒地使用下去。

　　好在现在屠宰场的情况比 20 世纪 90 年代早期好多了。麦当劳、全食超市（Whole Food）和其他的公司都要求对动物福利进行审查，这就迫使屠宰场的管理层监督、衡量并改进员工的行为。屠宰场的设备得到了更好的维护，虐待动物的员工会被转岗或被解雇。有些屠宰场安装了摄像头，当员工知道自己会受到监视时，他们就不会乱来，不会乘着人不在，使用原有的粗暴方式。

　　对于衰弱得无法站立或行走的动物来说，良好的管理方式也无能无力。无论是奶牛还是肉牛，如果衰弱得无法走到像屠宰场或拍卖会这样的地方，养殖场的经理们有责任对它们进行安乐死。一些最糟糕的虐待行为就发生在这些衰弱得无法行走的牛身上，它们被人在地上拖着，或者被殴打。每当这些行为发生时，我总是会归咎于经理们没能够监督好自己的员工。在过去的这些年里，我发现在管理良好的地方，几乎从来就没有发生过这种严重的虐待现象。

　　牲畜管理者必须要管理好牲畜，而屠宰场和牧场的经理们必须要管理好牲畜管理者。要想管理好员工，经理们必须创造良好的工作环境，必须提供培训，还必须审查员工的行为。

06.

猪栏里的生活

猪是好奇心很强的动物，它们的大脑和嘴巴都一刻也不肯闲着。无论遇到什么，它们都会用嘴巴探个究竟。它们的寻求情感几乎过于活跃，这也许和它们是杂食动物有关。杂食动物意味着它们不但吃草，还会吃肉。它们的祖先将大量的时间用来在野外寻找食物。有一项研究发现，生活在半自然状态下的猪白天有 52% 的时间都在用嘴巴到处翻找，其他有 23% 的时间到处游荡，探索周围的环境。本能驱使着它们去探索周围的世界。

　　凡是能够探索的，猪来者不拒。如果你把清洁猪圈的水管放在它们接触得到的地方，它们就会跑上去，嚼上一通，把水管咬坏。我在伊利诺伊大学读书时，养了一窝猪用来进行研究，它们学会了如何拧开两个猪圈中间分割板上的螺栓。我刚把螺栓重新拧上，它们很快就会再用嘴巴把它弄开，我真有点拿它们没办法。

　　宾夕法尼亚州立大学的坎迪斯·克鲁尼（Candace Croney）和斯坦·柯蒂斯（Stan Curtis）为猪制作了一个电子游戏操纵杆，这个操纵杆是把汽车变速杆安装到普通的游戏控制器上而成的，很结实，不容易毁坏，而游戏控制器则被放在一个十分坚固的箱子里。这个箱子必须要坚固，否则还没有等它们学会玩游戏，就已经把箱子咬碎了。它们很快就意识到可以利用操纵杆来移动计算机屏幕上的光标。起初，游戏非常简单，光标位于计算机屏幕的中间，只要它们把光标向任何一个方向移动，使其接触到一条线，而这条线就会在光标的周围形成一个正方形，这时它们就可以得到奖励。

在它们掌握了这一点之后，游戏会变得越来越复杂。这个正方形的一部分会逐渐消失，因此它们必须向特定的方向移动光标，点中一条线段，它们也可以做到这一点。它们这样做并非仅仅是为了食物奖励，因为如果奖励中断，它们依然会做下去。猪的寻求系统十分强大，而好奇心和探索新事物的冲动作为寻求系统的一部分，在猪身上也十分强大。

这里我不想对不同动物的智力进行比较，也不愿对猪的智商妄加猜测，但是我想指出一点，即凡是和猪有过大量接触的人，最后都会认为它们是很聪明的动物。这就是为什么在《动物庄园》（*Animal Farm*）一书中，乔治·奥威尔（George Orwell）让猪成为革命的领导者。也许这也是为什么温斯顿·丘吉尔（Winston Churchill）会说："我喜欢猪。狗仰视我们，猫鄙视我们，猪平等地对待我们。"凯勒·布莱兰（Keller Breland）是一位著名的动物训练者，他和妻子玛瑞安（Marian）最早利用斯金纳（B. F. Skinner）的理论训练动物。他曾对《时代》杂志说在他们训练过的动物中，猪最聪明，其次依次是浣熊、狗和猫。同时，猪也有很强的社会性，它们充满温情，这就是为什么大腹便便的猪会成为相当受人欢迎的宠物。在《猪之书》（*The Hog Book*）一书中，威廉·海奇珀斯（William Hedgepeth）说在 11 世纪至 15 世纪期间，英国的农民曾用猪来捕猎，因为他们被禁止养猎狗。

现代的家养猪是野猪的后代，而野猪是十分难对付的动物。雄性野猪有长长的、弯曲的牙齿，在受到威胁时它们会对人类发起攻击。猪甚至还会形成临时性的"帮派"，攻击猪栏的另一头猪。如果管理者不拯救受到攻击的这头猪，在一个小时的时间里它就有可能会遭受重伤，甚至会被杀掉。没有人知道为什么会发生这样的事情，但是我注意到在大脑比较大的动物中，常常最容易出现有组织的帮派行为。

年轻的雄性海豚有时会结成团伙，强暴雌性海豚。敌对的黑猩猩群体之间有时也会爆发战争。

养猪产业集约化和猪的问题

养猪卖钱不是一件容易的事情。50 年前，农民把猪放养在户外，只有简单的斜坡棚屋可以遮风挡雨。如果当地是沙质土壤，又有良好的排水系统，这样倒也不错，对于猪的精神福利很好，因为它们自由自在，可以在泥土里尽情地翻来拱去。但是在南北卡罗来纳州和中西部地区，沙质土壤并不多，而大部分的养猪场都位于这些地区。猪生来就喜欢到处乱拱，再加上正常的降雨量和融雪水，因此除非猪被养在室内，否则，传统的养猪场每年有一半时间处于深及脚踝部的污水烂泥之中。

对此，养猪场的解决方法是把猪转移到用水泥建造的猪圈中，这样的猪圈有的是开放式的，有的三面有墙围起来。这样就解决了污泥的问题，但是新问题又出来了，那就是粪便和秸秆的清理问题。清理这样的猪圈要费很大的工夫，以至于限制了养猪场的规模。

因此，要想解决这个问题，艾奥瓦州和伊利诺伊州的养猪场开始建设完全封闭式的猪圈，里面有自动喂食槽，地面上有缝隙，可以让粪便直接漏到猪圈下面的排水沟或大型的蓄粪池里。安装这种新系统的养猪场节省了大量的人力，因为它们不需要再雇人清理粪便。但是这种新型的猪圈造价比较高，因此养猪场不得不多养猪才能保证利润。把猪转移到室内饲养还有另外一个好处，那就是可以避免发生旋毛虫病，因为猪吃到受感染的啮齿动物的可能性降低了。

但这样又产生了一系列的新问题，因为养猪场开始全年都会有小猪出生，而不是像以前在室外养猪时那样只有夏天才生小猪。有一条古老的养猪方面的谚语，说猪的妊娠期延续三个月三周三天。因此，如果小猪断奶比较早的话，猪妈妈每年至少可以产两窝崽。中西部地区的冬天很严酷，按照以前的养猪方式，冬天出生的小猪会冻死在雪堆里，因此必须要把猪妈妈转移到室内，这样就出现了妊娠母猪栏（gestation stall），怀孕的母猪会被关在这里度过整个妊娠期。母猪可以躺下，也可以站起来，但是却不能转身，这就像是被塞在拥挤不堪的喷气式飞机的中间座位上一样，而且一塞就是整个成年时期，甚至连过道也不让去。

此外，早断奶也就意味着必须要建造更加昂贵的保育室，并且要提供昂贵的饲料来取代母猪的奶，这些都为扩大生产增加了压力。

基本说来，每一次养猪产业想出一个解决一种问题的方法，这个方法总是代价高昂，而要想采用这个方法，又能保证利润，养殖场就只有加紧生产，这就意味着要在同样的地面上养更多的猪。为了提高生产率而采取的措施会造成新的问题，而这些问题则需要更加昂贵的解决方案。就这样，这个产业已经经历一场长达 15 年的循环，至今还在继续。昂贵的改进方案需要提高生产率才能保证盈利，而大部分的改进都会降低猪的情感福利。

母猪栏和蓝丝带情感

大部分商业化饲养的猪会感到无聊，因为它们缺少刺激，但是被关在母猪栏里的母猪情况最为糟糕。在母猪刚刚被放进母猪栏里时，其愤怒系统会被激活，因为这是一种很严重的束缚，会让猪感到很烦躁。我见过这样的母猪，当时是它们被放进母猪栏里的第二天，它们的尾部都沾满了粪便，其中有几头由于想要从中退出来逃跑，结果尾部受伤。所有的动物都需要走动，猪也不例外。伊利诺伊大学的吉姆·麦克法兰（Jim McFarlane）和斯坦利·柯蒂斯（Stanley Curtis）将两组母猪放到大一点的猪栏里，让它们有足够的空间可以转身。一组母猪的食槽和饮水槽都位于猪栏的同一端，另一组母猪的食槽和饮水槽分别位于猪栏的两端。结果发现两组母猪每天转身的次数基本上相同，虽然有一组根本就不需要转身。

母猪栏也会增加猪的恐惧。一项研究比较了生活在母猪栏里的母猪和生活在猪群里的母猪，发现前者比后者更加害怕试验人员，这也许是因为前者和管理者的积极接触比较少，而后者则可以和管理者进行互动。

也许母猪栏最糟糕的一个方面就是猪的寻求系统得不到任何的刺激。被关在母猪栏里的母猪什么也做不了，大脑闲着，嘴巴也闲着。没有足够的寻求活动，这本身已经很糟糕。通过在伊利诺伊大学的研究，我还发现寻求活动的缺失会增加恐惧，而这也正是潘克塞普博士的研究所预料到的。潘克塞普博士说寻求系统可以抑制恐惧，因此如果没有足够的机会进行寻求，就很可能会提升恐惧系统的敏感度。在我的研究中，我把六头猪分成一组，放到下面有缝隙的水泥猪圈里，其中一组生活在普通的猪圈里，另外一组生活在有人进进出出的猪圈里，还有橡胶软管可以嚼，并且每周都可以在猪圈之间的过道里散步。到了第六周，我们让一个陌生人突然把门打开，跺着脚进了猪圈，以此来测试它们的恐惧程度。和受到充分刺激的猪相比，生活在普通猪圈里的猪更容易惊慌失措，对于它们来说，恐惧系统肯定抑制了寻求系统。

如果寻求系统可以使恐惧降低，那么在上一章，当我们所谈论的牛在寻求系统和恐惧系统之间摇摆时，它们为什么会显得既好奇又害怕呢？寻求系统促使牛靠近放在地上一动也不动的书写板，但是当风吹动夹在书写板上的纸张时，它们缩了回来。当纸张突然动起来时，它激活了牛的恐惧系统，但是当纸张静止不动时，寻求系统就占据了上风。寻求系统可以降低恐惧，但是并不能完全将恐惧系统关闭掉。

恐惧系统和寻求系统的运作就像是天平两端重量各异的砝码。

母猪栏里母猪的社会性需求也无法得到满足。猪是社会性的动物，它们不喜欢独处。在野外，它们生活在小群体中，也许会通过躲藏逃避捕食者。猪需要和其他的同类互动，仅仅躺在隔壁猪圈里的同类旁边也许无法满足其社会需求。因此，猪栏可能还会激发猪的惊慌系统。

此外，猪栏可能还会导致猪的健康状况的下滑。我知道本书所要讨论的并非其身体上的健康，但是在这里我想谈一下母猪栏里的母猪身体上的问题。它们中有很多会跛足，骨头变得更加脆弱。它们之所以会跛足，部分是因为它们得不到任何锻炼，部分是因为它们很少行走，管理者无法发觉它们跛足的最初迹象。如果看不到动物行走，你就无从知道它是否跛足。

现在的母猪身上有很多基因上的问题，导致它们的寿命大大缩短，一生只能生育三窝小猪，而没有基因问题的母猪可以生六窝。当猪被关在一个小格子里，繁育者就会忽略其一些重要的特征，如强壮的蹄子和腿。我所看到的蹄子和踝部的问题让我感到震惊。在一些年轻的猪身上，踝部已经不堪重负，猪在用它们的上爪走路。上爪是指猪腿后部蹄子上面的两块小小的突出部分。之所以会出现这种情况，是因为繁育者一心只顾着选育快速增长快速增肥的特征。幸好现在有些繁育者已经开始以更加顾全大局的方式进行繁育，并且最终在改变其基因，以矫正这些严重的缺陷。

养猪产业需要废除母猪栏。

母猪栏的替代物

遗憾的是，养猪产业更愿意利用技术上的"硬"方法来解决问题，而不是行为或管理上的"软"方法。把母猪独自关起来可以省掉很多劳动力和培训，因为和照顾生活在猪圈里的母猪相比，管理母猪栏里的母猪需要的员工更少，技术要求也更低。多年以来，我一直认为要想管理好猪圈里的猪需要良好的管理技能，但即使是傻瓜也可以管理母猪栏的母猪。

在欧洲有一种散放饲养（loose housing）的方法很受欢迎，我希望包括美国在内的其他国家也可以采用这种做法。散放饲养是指让母猪一起在群体里生活，而不是独自生活在各自的猪栏里。按照欧洲的这种系统，四个猪圈共用一排喂食栏，每个猪圈里有三四十头猪。管理者每次打开一个猪圈，这个圈里的母猪就会到喂食栏上一个个食槽里进食，吃饱后再回到圈里。它们只有在进食时才会独自一个，这样可以避免发生争斗。其他时间它们都在一起。

大群的猪在一起情况很好，因为当其群体大时，它们就不会不断地争夺支配权。对于猪来说，最糟糕的事情就是你反复性地把一小群素不相识的猪混在一起。如果你把四头陌生的猪放到一起，它们之间会打成一团，这部分是因为小群体会被放到小猪圈里，因此受到攻击的猪无处可逃，而如果在野外，或者是在大一点的猪圈里，它就可以逃避攻击。从 20 世纪 80 年代起我一直都在这样说，但是直到现在这个产业和科学家们才意识到这一点。我对研究者说："我到过一家屠宰场，他们把 150 头猪从车上卸下来，这些猪互不相识，都混在一起，但几乎没有一场打斗。"这些研究者会说："这仅仅是轶事证据（anecdotal evidence，来自传闻、故事的证据，因样本小没有完善科学证明可能是不可靠的）而已。"我会告诉他们轶事证据有时也会变成真理。把三四头猪放到一个小圈里，这就像是把几只蝎子放到同一个瓶子里，它们是一定会互相攻击的。

我认为母猪栏最初之所以会出现，一个原因就是当饲养者把猪转移到室内时，他们中有些人错误地把三四头猪放在了一个圈里，并且不断地将它们重新组合。如果他们从一开始就把一大群猪放在一起，就不会有那么多的进攻性问题，或许也就没必要把猪独自关起来以避免打斗。一定要尊重牲畜的天然习性，这一点必须一再强调。小的猪群只有在一种情况下是可行的，那就是这些母猪很少被重新组合。现在有些养猪场让母猪生活在稳定的小猪群里，也很成功，这些母猪已经经历过多次妊娠，一直在同一个群体里生活。我希望其他的养猪场可以向它们学习。

这个产业的工人们有一点是对的，那就是：仅仅靠将这些母猪从母猪栏里转移到猪圈并不能改进它们的境况。如果我们这样做的话，它们马上就会撕咬在一起，这个问题是遗传的。在旧式的养猪场里，进攻性强的猪在繁殖后代之前就被淘汰掉了，根本没有机会把进攻性的基因传下去。但是由于母猪栏人为地避免了进攻问题，饲养者不知道哪些猪进攻性比较强，哪些没有进攻性。对进攻性的淘汰压力已经中断了20年。为什么和肉猪相比，将母猪混在一起时打斗问题更严重呢？原因有两个：首先，母猪的饮食是定量的，为了避免过于肥胖，它们不能想吃多少就吃多少。这样一来，它们就会总是处于饥饿状态，很容易会为了争夺食物而打斗。其次，在争夺食物的斗争中，有些瘦肉品种的母猪尤其凶狠。

我曾收到一位饲养者的电子邮件，说在他拆除母猪栏之后，不得不改换猪的品种。有些专门生产瘦肉、生长速度较快的品种是凶狠恶毒的打斗者。他不得不用性格更加安静的母猪取而代之，这些母猪的蹄子和腿也都更加强壮，因此可以在猪圈里来回走动。

要想淘汰母猪栏，养猪产业需要将进攻性最强的母猪淘汰出去，而要想做到这一点，唯一的方法就是将母猪栏饲养转变为群体饲养，保留几个母猪栏关押进攻性太强的"罪犯"。在这个"罪犯"产下猪崽之后，应该把它淘汰掉，其后代也不能用于繁育。

惊慌系统和断奶

在断奶的问题上，动物的情感福利已经得以改善。10年之前，这个产业在小猪只有10天大的时候就把它从猪妈妈身边拿走，这的确是很糟糕的。这时让母猪再度怀孕还太早，小猪也会烦躁不安。还有就是小猪之间会打架，因为这些过早断奶的小猪会用鼻子去触碰其他小猪的肚子，就像它们想要吃奶时就会触碰妈妈的肚子那样，而其他的小猪不喜欢肚子被触碰，于是就会发起反击。

过早断奶对小猪的发育也有不利影响。由于还没有做好食用固体食物的准备，在最初的几天它们会吃不饱。这也许就是有些养猪场晚一点断奶的原因之一。养猪场的高利润来自猪的快速成长，这就是为什么人们不断地繁育出长得越来越快的猪。猪吃得少了，就意味着经济上的损失。

现在美国的养猪场在小猪三周大的时候对其进行断奶。户外饲养的猪妈妈会对小猪逐渐断奶。对这一现象的研究发现到小猪出生后的第16天，母猪已经"正式开始给小猪断奶"。这项研究从小猪一出生就开始，到了第16天，母猪已经停止了所有的喂奶活动。虽然这时小猪还没有开始食用固体食物，5天之后它们才开始很自然地食用固体食物。因此，美国养猪产业在小猪三周时对其进行断奶的标准可能是合适的。

现行的断奶方式还有一个方面依然需要改进，那就是要遵循2007年对断奶焦虑的研究综述所提的建议，即不要让猪一下子承受太多的变化。在很多养猪场，断奶意味着小猪要和妈妈分开，要食用固体食物，要被转移到一个新地方，要和陌生的同类在一起，而所有这些都发生在同一天。更好的做法是一个一个来，在把小猪和妈妈分开并送到新地方和新伙伴见面之前，最好能够先让它开始食用固体食物。在将猪妈妈转移之前，最好能够让小猪留在熟悉的猪圈里，对于所有的品种来说都是如此。

惊慌系统和群体

在惊慌系统方面，屠宰用猪有相当好的情感福利，它们总是和其他的同类一起生活在群体里，而这才是它们自然的生活状态。

在饲养用于繁殖的母猪时，一个很大的挑战就是将其分成不同的群体。刚一接触陌生的同类时，所有的猪都会打架。在这方面母猪并不比公猪好多少。共同生活一两天之后，几乎一半的母猪身上会有抓痕。通常情况下这些抓痕只是表面上的，一两周的时间就可以自行痊愈。在一起生活四天之后，它们就会安定下来，不会再发生打斗现象了。

虽然受伤并不严重，但还是应该想方设法减少这种打斗的次数。安大略省农业食品部（Ministry of Agriculture and Food）的提姆·布莱克威尔（Tim Blackwell）博士列出一份清单，上面是减少尤其是新组成的群体内部打斗现象的方法：

> 根据母猪的大小将其分到不同的群体。
> 每一个群体里保留一头公猪。
> 混合之后马上多喂它们一次食物。
> 傍晚时分再混合，把灯关掉。
> 多放点秸秆、干草和玩具，以分散它们的注意力。

有一些研究发现如果在小猪断奶之前就将它们混合在一起，就可以减少它们离开妈妈加入新群体之后的打斗。但是也有一项研究表明这样做只是把打斗转移到了断奶之前的阶段，这可能会比断奶之后再打斗还要糟糕，因为断奶之后它们的免疫系统会更加强大。

这项研究中有一点非常有趣：研究者把三个相邻的产仔猪栏（farrowing stall）一端的挡板拿掉。顾名思义，产仔猪栏是母猪产仔的地方，它要比妊娠母猪栏更大。产仔猪栏里有一个小小的包围结构，上面有顶，这个地方被称为保温箱（creep box），是刚出生的小猪睡觉的地方。保温箱可以保护小猪不被母猪压到，这里比产仔猪栏更加温暖，因为小猪紧紧地贴在一起，它们的体温使里面的温度升高。

在这项研究中，研究人员只是把三个相邻产仔猪栏的一端打开，这样这些猪栏的外面就形成了一个开放的走廊。如果猪栏的一端没有被打开，这些猪栏将是完全隔离的。打开的一端让小猪可以在产仔猪栏外面的过道里互相接触，还可以到其他的猪栏里逛一逛。在这种情况下，它们只有在一个地方才会打架，那就是在远离母猪的过道里。如果小猪进了其他的任何一个猪栏，即使当小猪们在互相吃对方妈妈的奶或者进入对方的保温箱时，也基本上没有发生打架现象。你也许会以为小猪会捍卫自己的地盘，但是它们并没有这样做。

这让我想起在《我们为什么不说话》一书中关于"公猪警察"的内容。只要成年公猪在一旁看着，年轻的公猪就不敢乱来。在这项研究中，也许是母猪妈妈的存在让小猪们没有打架。

我认识一位比较开明的养猪者，他把分隔母猪的隔板拆除，这样正在吃奶的小猪就可以混在一起，其效果好多了。当小猪离开妈妈所在的猪圈时，它们能够去的地方只有一个，那就是直接到另外一头母猪的圈里。让初生的小猪独自在过道里和其他的小猪混在一起，这也许不是一个好主意。根据性别将小猪分群也可以减少进攻行为。当来自不同产仔猪栏的公猪和母猪混合在一起时，它们就会变得进攻性十足。

好奇的猪：寻求系统

猪的大脑十分活跃，它们需要生活在丰富的环境中，这样其寻求情感才会受到足够的刺激。在我的研究中，和在以秸秆垫底的猪圈里长大的小猪相比，在贫瘠的塑料猪圈里长大的小猪会更加亢奋，更喜欢寻求刺激。在我用水管清理猪圈时，它们会疯狂地咬水管，还会追逐水流。当我清洁喂食槽的时候，它们会咬我的手。它们渴望着能够受到刺激。

刺激不足的猪还会互相把尾巴咬掉，这是很可怕的。这一切可能始于一头猪，但是一旦一头猪咬出血来，其他的猪马上会加入其中。这并非真正意义上的进攻，它们只是迫切需要可以探索、可以咀嚼的东西。有些专门繁育来生产瘦肉的猪寻求的冲动尤其强烈，它们会到处乱拱，甚至会把人的靴子咬坏，它们中间也有很多咬尾巴的现象。

猪的寻求情感十分强烈，优秀的管理者会利用其与生俱来的好奇心来转移它们。通常情况下，管理者会认为要想把猪从圈里赶出去，就要从它们后面给其警戒区施加压力，使其向前移动。但是这种方法常常会不管用，它们会到处乱跑，甚至会互相践踏，因为管理者赶得太急。要想把猪从圈里赶出来，最好的办法就是把圈门打开，管理者只要站在门旁边就行。最好奇的猪会主动走过来对管理者探个究竟。然后，在完成对管理者的探索之后，它们会从圈里走出来，到过道里继续探索。其他的猪也会做同样的事情，它们会走到管理者身边，对其展开探索，然后走到过道里继续探索。在某个时刻，群体本能会开始发挥作用，其他的猪会群起而效仿之，跟着领头的猪走出猪圈。

要把猪从一个地方转移到另外一个地方，还会遇到另外一个问题，那就是猪在受到驱赶的时候，它们常常会拒绝走上不熟悉的地面。我为一家养猪场提供过咨询，那里的小猪在塑料地面的猪圈里长大，要想把它们赶到水泥地面的过道里是不可能的事情。那里的管理者既沮丧又无奈。我建议他们把所有的圈门打开，然后出去吃饭。当我们回来时，这些猪已经在兴致勃勃地探索水泥地面，这时再把它们转移到另外一个地方就很容易了。当小猪第一次被赶着走上水泥地面时，它们就会产生恐惧，而恐惧系统会抑制寻求系统。当压力消失时，寻求系统战胜了恐惧，于是它们开始探索新的地面，并逐渐习惯它。

寻求秸秆

猪对秸秆十分着迷。如果我把一些麦秸扔到小猪的猪圈里，它们会以极快的速度在其中翻来拱去。当这些麦秸被嚼得都是约 5 厘米长的小段时，它们才失去兴趣。对它们来说，被嚼碎的麦秸已经变得枯燥乏味、毫无新意。

到现在为止，还没有人可以找到任何比秸秆还吸引猪的兴趣和注意力的东西。近期的一项研究对 74 种不同的物品进行了测验，如中间有铃铛的球、挂着的水桶、地毯碎片、碎布条、金属漏勺、堆肥、碎纸片、锯末等等，结果发现薰衣草的秸秆是猪的最爱。

秸秆是猪最喜欢的东西，尤其是完整的秸秆，被切断的秸秆并不能让它们满意。我那些在铺着秸秆的地方生活的猪很安静，当我给它们清理圈里的食槽时，它们会安静地走开，而不是亢奋地乱咬。有研究者对猪咬尾巴的现象进行了研究，结果发现只需要每天两次给它们少量的新鲜秸秆，它们就不会再咬尾巴。对猪来说，秸秆是如此重要，以至于 2001 年欧盟委员会通过一项指令，要求"猪必须能够长期接触足够的、不会对其健康造成伤害的物品，使其能够进行正常的探索和摆弄，这些物品如秸秆、干草、木头、锯末、蘑菇培养基、腐殖土或者是上述物品的混合物"。

遗憾的是，秸秆有两个弊端。首先，美国的秸秆数量有限，如果我们开始利用秸秆制造乙醇，适合用来为猪圈垫底的材料就会更少。加拿大有大量的秸秆，因为加拿大种植了很多小麦，但是要把秸秆从加拿大运到美国的养猪场里代价会过于高昂。

要想解决秸秆不足这个问题，就只能完全把秸秆用于充实环境，而不是用来垫底。如果用秸秆垫底，猪身上就会很干净，而不会在粪便堆里打滚，但是这样就需要大量的秸秆。我见过以秸秆垫底的养猪场，养猪者放的秸秆太少，结果同样很糟糕。但是如果你仅仅用来充实环境，并不需要大量的秸秆。我养的猪全部生活在有漏缝的、水泥地面的猪圈里，它们只需要少量的秸秆，但是这些秸秆大大满足了它们的寻求情感。

另外一个问题是，在商业化经营的养猪场里，秸秆会阻塞污水排除系统，因为它会把水管堵住。这就是为什么美国大部分养猪场没有用秸秆来充实环境，虽然他们应该这样做。如果想要把成本降到最低，一个办法就是让猪接受大小便方面的训练。如果猪圈设计合理，猪可以养成良好的排便习惯。它们会到饮水处附近阴冷潮湿的地方大便，避免把睡觉吃饭的干燥地方弄得一团糟。

如果养猪场不愿意给猪提供秸秆，则应该为它们提供其他物品以充实环境。猪喜欢有味道、可以咀嚼、"变形"和破坏的东西。"变形"意思是说它们可以通过摆弄，改变物品的形状或大小。在20世纪80年代，我曾经做试验发现猪喜欢可以咀嚼和破坏的松软的东西，这是这方面最早的试验之一。我把三个物品悬挂在猪圈上方，这个猪圈里都是小猪，它们没有秸秆可以翻拱和咀嚼。这三个物品分别是橡胶管、碎布条和铁链。每个物品都和一个开关相连接。每当它们拉动一个物品，这个开关就会启动计数器。结果，计数器上显示橡胶管和碎布条被拉动的次数比铁链要多。

对于这些东西，管理者还要经常轮换。一项研究认为可能每两天就要把玩具轮换一次。我养的那些猪对我当天放进去的新物品更感兴趣，喜欢翻拱和咀嚼它们，而不是前一天放进去的物品。我刚把一本旧电话簿丢到猪圈里，它们马上开始把它撕成碎片。在把撕碎的电话簿尽情翻拱之后，它们对其失去了兴趣。猪需要有新事物可以探索，因为新事物会打开其寻求系统，不能让它们总是翻来覆去地探索同样的事物。

我喜欢的另外一个满足其寻求情感的方法是"预告奖励"（announced reward）。这种方法不是仅仅每天给它们几次秸秆，而是利用一种条件信号（conditioned signal）让它们意识到马上就可以得到秸秆。这样猪就会处于一种盼望的状态。所有的动物都喜欢这种状态，人也不例外。据我所知，已经有两项针对预告奖励的研究，两项研究都发现预告奖励可以让动物更加快乐。一项研究的对象是两组因为断奶而变得极其烦躁的小猪。有一扇门可以通往被秸秆和各种种子所覆盖的过道，就在这扇门打开放它们进去之前，试验组的猪会听到门铃声。这样门铃声就变成了一个条件刺激物，就像是巴甫洛夫试验里的铃声和响片训练里的响声。控制组的猪可以直接得到秸秆和种子，没有门铃声的预告。结果发现和控制组的猪相比，试验组的猪在断奶之后会更多地玩耍，更少地打斗。

为什么猪会如此着迷于咀嚼秸秆，直到将其咬碎呢？我认为猪的动机和我小时候相类似，那时我会一连几个小时让沙子从我手里点点滴滴地漏下来。当每一个细小的沙粒从手指缝中落下时，我会仔细观察它是怎样反射光的。每一粒沙都有不同的形状，当我改变沙子流动的速度时，光的反射方式也会发生变化。我认为猪可能也是这种情况，它们完全专注于用鼻子摆弄的物体。每一截秸秆都是不同的，都让它着迷。本能驱使着它们去探索并咀嚼秸秆，直到将其咬得粉碎。猪和自闭症小孩都着迷于它们喜欢摆动的事物。

人和猪

我所看到的很多管理者对待牲畜的方式让我感到十分沮丧。在我刚刚开始从事这一职业的时候，我收到马萨诸塞州防止虐待动物协会（Massachusetts Society for the Prevention of Cruelty to Animals）的约翰·麦克法兰（John McFarlane）的来信。他主要研究屠宰场对动物的管理方式，那时候他年事已高，已经退休。他告诉我说仅仅培训养殖场、牧场和屠宰场的管理者是不够的，你可以把对动物的管理水平提高上去，但是你一离开，他们很快就会运用原有的粗暴方式。我收到约翰的信时才只有 25 岁，当时对他的话不以为然。

现在我也已经 60 岁了，我知道他是对的。在我的整个职业生涯，我注意到只有 20% 的牲畜管理者是优秀的。我至今还记得 20 世纪 70 年代在艾奥瓦州见过的一位卡车司机。这个人身材高大、大腹便便，下颚也很大，穿着围裙式套装，看起来就像一头猪。我称他为"艾奥瓦州的肥阿康"（Iowa Cornfed）。"Cornfed"这个词字面的意思是以玉米面为食物的，又有健康而土气之意。他会从卡车上走下来，对着车上的猪发出咕哝的声音，这些猪就会老老实实地从车上下来。他就像是一头投错胎而成了人的猪。一直以来就有不少像他这样优秀的管理者，即使工作环境并不好，他们依然是很好的管理者。

但是另外 80% 的管理者则需要培训和管理。我见过很多可怕的管理方式。记得在 20 世纪 70 年代，有一次我到一个牲畜拍卖会上为我的演讲采集照片，看到有一位卡车司机，对每一头进入卡车的猪都要踢上一脚。

管理层应该对员工对待牲畜的方式负责。如果老板容忍虐待性的管理方式，那些真正关心牲畜的人就会感到失望。我见过很多优秀的管理者变得身心疲惫，因为他们的老板并不欣赏他们对牲畜的精心照顾。前不久我收到一封来自一位饲养者的信，他在一家大型养猪场工作，信中是这样说的：

"我的问题是同事和老板都对我的技术不感兴趣，虽然他们无法理解为什么我所负责的猪长势会那么好。我希望能够得到您的建议，告诉我应该怎样对待我的老板，或者应该把专长发挥到什么地方。看着同事们对待动物的方式，我在工作中开始变得烦躁。我甚至像你那样蹲下来，向他们演示如何从牲畜的角度来观察，但是都没有用。"

在养殖场和屠宰场，变化必须由上而下从管理层开始。前不久我去过一家大型的养牛场，那里的管理情况让我感到很高兴。为什么他们的管理会那么好呢？因为老板喜欢这样，自上而下就都这样做了。这种情况我已经见到过很多。即使在糟糕的过去，在大客户们开始对屠宰场进行动物福利审查之前，就已经有一些地方做得很好。这样的屠宰场或养殖场都有一位强有力的经理，他是全体员工的"良心"。我多次见到有员工阻止同事伤害动物，他们会说："你不能这样做，老板不允许这样。"

1999 年以后，购买肉类的大客户开始对动物福利进行审查，美国农业部也加强了这一方面的管理，这些都大大提高了屠宰场对动物的管理，击昏方法（stunning）也得以改进。动物福利审查者和巡视员让屠宰场的管理层不得不更好地培训员工，并监督其行为。另外一个好处是对屠宰场设备的维护情况得以大大改善。在福利审查刚刚开始的时候，75 家屠宰场里有 3 家的经理不得不被辞退。遗憾的是，现在依然有一些屠宰场的经理学会了在审查时"表现良好"，但是审查者刚一离开，马上就运用粗暴的管理方式。要想解决这一问题，唯一的方法是利用摄像头进行远距离审查。现在麦当劳所审查的主要是屠宰场，但是养猪场也需要审查，可是却没有人做这件事情。

人类行为学

高层的管理者怎样才能让其员工正确地对待牲畜呢？问题的答案部分在于要认识到人也是动物，也有"人类本性"。经理们应该像动物行为学家认识动物那样来认识管理者和自己。作为有意识的生物，人和动物都可以预测性地按照各自的行为规律行事。经理们应该学会像行为学家和培训专家那样进行思考，而不是完全依赖于短期的培训项目和员工的意志力。

对于优秀的经理来说，要想控制自己的行为，最为重要的一点就是要避免对动物的恐惧和痛苦变得麻木不仁。我看到很多时候，每当有恶劣地虐待动物的行为发生时，总是会有一个为首者。这和操场上经常发生的欺负弱小现象是同样的道理，常常会有一个带头的，其他的小孩只是跟着起哄。把带头的人赶走，恃强凌弱的现象就会停止。在养殖场或屠宰场，带头虐待动物的人必须要么被辞退，要么被转岗到远离动物的工作，因为这样的人是不适合管理动物的。

如果把带头虐待动物的人辞掉，工作环境就会发生积极的变化，而这种变化十分重要。学习理论表明，来自环境的正强化和负强化可以产生并维持某一行为。一个优秀的经理会创造可以强化员工良好行为的环境。基本的原则就是：让环境对你有利，而不是和你做对。如果能够通过改变环境来实现目的，千万不要依赖意志力和自我约束力。这就是为什么教人节食的书籍会告诉人们要把炸土豆片放得远远的。对于一个想要减肥的人来说，装满垃圾食品的储藏室就是一个不好的环境。

对于养殖场和屠宰场的工人来说，良好的工作环境意味着那里要有足够的人手，工人不至于总是累得精疲力竭。避免疲劳很重要，因为管理牲畜时会遇到很多令人沮丧的事情。管理者要想抑制冲着牲畜叫嚷或者对其进行电击的冲动，其额叶要正常地起作用，而疲劳却会削弱额叶的功能。

如果雇主能够对员工表现出足够的关心，牲畜管理者的态度就会更好。我到过这样的一些养猪场，老板从来就没有维修过设备，员工们的工作服已经破旧不堪，却不给他们更换新的。在这样的地方，对牲畜的管理常常会很差。在管理良好的大型养猪场，管理者会善待动物。公司会有维修人员对通风系统和设备进行维护，这样管理者就不会总是因为机器故障而沮丧。从大脑内部核心情感系统的角度来看，管理良好的养殖场可以减少愤怒情感，这也就减少了员工对动物大打出手的可能性。

缴械

还有一个措施也很重要，那就是管理层必须没收工人手里的电棍。如果让牲畜管理者手拿电棍在牲畜中走来走去，这和科学家们对正强化与负强化的认识完全是背道而驰的。电棍会产生一个负强化回路，如果动物拒绝移动，管理者就会对其进行电击，于是动物开始移动，这也就意味着不好的事情停止发生。管理者使用电棍的次数越多，这种行为就越被强化，这样对电棍的使用就会逐步升级。

在麦当劳对为其供货的屠宰场进行审查之前，有些屠宰场大肆使用电棍，每一头猪都多次受到过电击。在这些地方，猪的尖叫声震耳欲聋，想在这里谈话都是不可能的。我有一天夜里参观了一个屠宰场，这里的工人把大约一百头猪堆在一起，它们拥挤不堪、互相践踏。电棍像鱼叉一样被扔进大声尖叫的猪群中，然后再用一根绳子拉回来，再次扔进去。

对猪必须更加温和，因为它们比牛更容易激动。如果它们变得兴奋起来，就会争先恐后地涌向斜道或入口。牛会后退一下，让其他的同类先过去，但是猪却只知道拼命地往前挤，直到惊慌失措，挤成一团，管理者称这种现象为"尖叫着的强力胶"。此时它们肌肉中的乳酸水平会急速上升，而这会影响猪肉的质量。因此必须对电棍的使用加以限制，但是过去管理者会动不动就拿起电棍来。

在很多地方，我都看到当"武器"被收掉之后，管理者变得更加友善也更加温和，现在他们使用的是旗子或塑料板。他们会拍着牲畜的臀部赶着它们前进，而不是利用电击。这时人身上不但不会形成负强化回路，甚至还会形成正强化回路。

要想让这种方法奏效，关键的一点是要把电棍放到容易拿到的地方，以备在驱赶顽固的动物时会用到。如果员工要走到房间的另一头才能拿到电棍，他就会再次将其随身携带，而这样就又退回到了起点。在一个牧场上，他们在斜道旁边的人行过道上装了个小架子，专门用来放置电棍。工人们并不把电棍拿在手里，但是如果需要使用电棍，他们只要一伸手就可以从架子上把电棍拿下来。这里的规定是只有当旗子或塑料板不起作用时才可以动用电棍，并且在使用后，应该马上将其放回到架子上。这种方法十分灵验，和手里拿着电棍时相比，工人们使用电棍的次数大大减少。

这个产业还没有发展到可以完全禁止使用电棍的程度，因为如果你把电棍取缔了，情况会变得更加糟糕。如为了把猪赶上卡车，工人们甚至会动用有钉子的木板或有铁闸门的锁杆。但是在养殖场的有些地方，现在就应该禁止使用电棍。例如，在母猪繁殖栏里，无论什么时候都不能使用电棍。即使管理层不关心母猪的福利，他们也应该关心母猪的产量，因为总是担惊受怕的母猪产仔数量会下降。此外，在将猪赶进群体猪圈或从里面赶出来时也可以禁止使用电棍。

在屠宰场，有些创新性的群体装卸运输系统已经让淘汰电棍成为可能。在一个大型屠宰场，经理把一根电棍放在一块木板上，上面写着"最后一根电棍"。现在这块木板就挂在他办公室墙上一个十分显眼的地方。我希望所有的屠宰场最终都可以采用这些系统。现在很多大型的屠宰场都在使用这些系统，但是对于小型屠宰场来说，安装这些系统的代价太高。

要想减少或者淘汰对电棍的使用，一个简单的方法就是对猪进行训练，教它们学会在有人走过所在猪圈的时候，就静静地站起来，开始走动。另外一个好办法就是周期性地让它们从猪圈走到过道里，这样它们就可以学会进出猪圈的门。第三个方法是利用自动分选系统饲养肉用猪。在这个系统里，猪每天都排成一队到位于中央的喂食区。在路上，它们要经过一个磅秤，电子磅秤会把到了出栏重量的猪导向另外一个猪圈里，等着被装上卡车。由于已经学会了排成一列前进，到了屠宰场之后，它们会自动跑上通往击昏器的单行斜道，因为这里看起来就像是通往喂食区的入口。

残忍的仁慈

并非所有的动物福利问题都和管理者的麻木不仁与残酷无情有关。有时候管理者过于好心也会造成福利问题，对于猪来说尤其如此。对于养殖场的工作人员来说，要将一头遭受病痛之苦的猪安乐死是一个十分艰难的决定。我注意到有些善良的、充满爱心的管理者不忍心将猪安乐死，尤其是那些照顾用于繁育的母猪的人。我遇到过一个养殖场主的妻子，她负责照顾养殖场所有要产仔的母猪。她喜欢这些小猪，对于一窝小猪中最小的那一头，即使它病得很严重，根本没有活下来的希望，她依然难以割舍。这对夫妇对这只可怜的小猪关爱有加，如果妻子外出，则由丈夫照料它。心地善良的管理者不忍心放弃病重的动物，这是一个相当重要的福利问题，而这个问题也源自人类正常的行为和情感。

这之所以会成为一个问题，并不仅仅是因为动物会遭受痛苦，还因为在此过程中，人也会遭受痛苦。对一个动物，先是舍不得放弃，只能看着它遭罪，然后是不得不将其安乐死，或者是眼睁睁地看着它死去。如果管理者一次次地经历这样的痛苦过程，最终他们就会对动物的痛苦变得麻木，这是一个习惯化的过程。

要想解决这个问题，安大略省农业食品部的布莱克威尔博士建议养殖场制定标准化的制度，对病猪的治疗和安乐死做出明确规定。这个制度告诉每一位管理者在猪生病时应该怎么做；第一个治疗方案应该延续多长时间；如果第一个方案不能奏效，什么时候转向第二个治疗方案；如果实在无法救治，应该在什么时候对其进行安乐死。如果雇主制定了明确的制度，规定生病的动物应该何时安乐死，管理者在工作时就不用花那么多的时间看着动物遭受痛苦。此外，当不得不将动物安乐死时，管理者也不会感到内疚，至少内疚的程度会有所减轻，因为这并非他的决定。做出决定的是制度，而不是管理者，因此他变得麻木的可能性也就会降低。

将生病的动物进行安乐死的制度千万不能过于严格。我见过优秀的管理者拯救还有希望的动物，应该允许他们这样做。我记得在一个养殖场里，最瘦弱的小猪被放在管理者从自己家里拿来的毛巾上。这些小猪最后恢复了健康，成功地出栏上市。还有一家散养鸡场为受伤的下蛋母鸡专门建了一个康复围栏，主人告诉我说大部分母鸡都恢复了健康，重新回到了群体之中。他对动物充满了关爱之情。如果他把每一只受伤的母鸡都处理掉，也许此时已经变得麻木了。要想避免管理者变得麻木不仁，制度必须足够严格，这样那些没有希望的、遭受痛苦的动物才会被安乐死，而那些可以完全恢复的则可以得到足够的照顾。此外，任何管理者都不应该被强迫着将他照顾过的动物安乐死，这一工作一定要让自愿从事这项工作的人来完成。

养殖场的经理还应该雇用一些妇女。我去过一些养殖场，那里负责照顾病牛的员工全部是妇女。和男员工相比，她们更加温和，也会让养殖场更加干净。此外，妇女也更擅长照顾刚出生的小猪，最优秀的产仔猪栏的管理者常常是妇女。我在伊利诺伊大学读书时，学校的养殖场有两位管理者，分别是斯蒂夫（Steve）和戴安（Diane）。斯蒂夫是产仔猪栏的管理者，戴安则负责照顾繁育用的母猪和肥育猪。肥育猪即长大后就出栏上市的猪。戴安比斯蒂夫更晚来到这个养殖场。工作一段时间之后，她和斯蒂夫交换了工作，成了产仔猪栏的管理者。斯蒂夫是一位优秀的管理者，但是那些母猪已经习惯了戴安，它们很高产。戴安和那些产仔母猪也相处得极好，她可以和它们产生认同感。她说："我也有过孩子，我知道这些母猪的感受，我知道它们也会感到痛苦。"

牲畜管理者的认知行为培训法

澳大利亚的研究者保罗·海姆斯沃斯认为仅仅改变管理者的行为是不够的，必须要改变他们的态度，因为行为的背后是态度。海姆斯沃斯博士创造了一个互动的计算机培训项目，这个项目的名称是"ProHand"，它可以让管理者意识到低压力管理的重要性。

海姆斯沃斯博士说要想改变管理者的行为，必须要做三件事情：

改变行为背后的信念。

改变行为本身。

维持改变后的态度和行为。

海姆斯沃斯博士称这种方法为认知行为培训法。ProHand 项目让接受培训者了解动物本性和应激反应方面的信息。海姆斯沃斯博士说这个项目还有另外一个目标，即"让管理者学会应对压力较大的情况，学会应对其他人对做出改变的个体的反应"。为了维持管理者行为上的积极变化，这个项目还利用了海报、简报和后续培训，这和任何产业的标准化培训都是完全不同的。

截至现在，对 ProHand 培训项目在大型商业化养猪场的利用情况，海姆斯沃斯博士已经进行了两次试验。在试验中，利用了这个项目的管理者对猪的态度和行为都发生了变化。接受过培训的人开始对猪进行爱抚，说话也轻声细语，而不是冲着它们大声叫嚷或者是拳打脚踢。这些猪也不像控制组里的猪那样害怕试验者了，由此可以判断它们似乎也更加大胆了。第二次试验结束后又过了 6 个月，海姆斯沃斯博士发现在接受过这个项目培训的管理者中，有 61% 的管理者还在原来的工作岗位上，而没有接受过培训的却只有 47% 还在从事原来的工作。

让良好的管理延续下去

新行为不会自动维持下去，因此一旦养殖场或屠宰场有了良好的管理，就必须要将其延续下去。要想做到这一点，就必须要利用量化指标进行审查。审查人员会统计有多少头猪是用正确的方法击昏的，有百分之几的猪可以安静地转移，不大声尖叫，不会摔倒在地，也不会受到电击。

利用量化审查，管理层可以很容易看出他们的管理方式是在改善还是在恶化，这对员工也有好处。当麦当劳开始对大型屠宰场进行审查时，这些屠宰场的经理们常常会互通电话，吹嘘自己的屠宰场得了高分。我认为这是因为审查激活了他们的寻求系统，工人们会不断努力，再接再厉，争取能够比自己上次的分数更高，或者是比别人的分数更高。

购买肉类的大客户对屠宰场所进行的动物福利审查十分奏效。现在，在受审查的、管理良好的大型屠宰场，你可以在紧挨着对猪进行击昏处理的区域正常谈话，只会偶尔听到几声尖叫。在最好的屠宰场，只对不超过 5% 的猪使用电棍。

1999 年，麦当劳聘请我做他们的食品安全审查员，对动物福利进行审查。第一年，我们审查了美国 26 家屠宰场。起初，食品安全审查员对统计电棍使用和猪尖叫次数的方法持怀疑态度，但是当他们看到这种审查方法的确可以改进动物的福利时，很快就对这种做法兴致勃勃。其中两位审查者深受鼓舞，他们把这种审查方法普及到了麦当劳遍布全世界的供货系统。就在同一年，我还参与了温蒂（Wendy's）和汉堡王两家快餐连锁店的审查工作。现在，我要为培训动物福利审查员的研讨班授课，还和屠宰场的管理层进行合作，以改进动物的处理方式，设计更好的屠宰设施。

所有的屠宰场都可以达到这些要求。我所见过的最糟糕的情况发生在我为麦当劳审查一家屠宰场时，我看到那里的工人把带电的铁链从斜道上方的横木上悬挂下来，一直挂到猪背上。当我看到他们怎样利用这些铁链时，我意识到他们对行进中的猪创造了一种遥控电棍系统。在猪通过斜道时，他们可以按下控制板上的一排按钮，接通电流，就像弹钢琴一样。

看到这一幕之后，我和其他的审查者一起进了屠宰场的会议室，我们对那里的管理层说："你们没有通过审查。"然后我告诉他们所有那些通电的铁链必须拆掉，扔进垃圾桶；如果下次我们过来再看到一根那样的铁链，他们就会被从名单上删除，不能再为麦当劳供货。

他们坐在那里，抱怨说为了让猪能够继续向前走，没有其他的办法。我说："有的，其他的屠宰场并没有这些通电的铁链，但是他们依然可以做得很好。如果他们可以做到，你们也可以做到，用你们现有的斜道就可以做到。"

他们认真对待，通过努力，成功解决了这个问题。当我们再次来到这里时，一切都很好，铁链和控制板都没有了，但是猪会安静地前进。做到这一点他们并没有进行额外的投资，只是排除了很多细微的干扰因素，因为正是这些因素让猪感到害怕。此外，他们还学会了更加安静地转移小群的猪。但是如果当初不以失去麦当劳这个客户相威胁，他们是不可能做到这一点的。即使他们做到了，这种改进也很难延续下去。

要想维持高标准，大客户不能放松审查和监督。如果停止审查，20% ~ 30% 的屠宰场会很快恢复使用原来的粗暴方式。大约会有四分之一的屠宰场会继续下去，因为它们一直就很好，但是其他的那些就会退化。

猪的福利和遗传学

前不久我去了一家屠宰场，看到有的猪身体很弱，从围栏到击昏区域这约 60 米的距离都走不了。它们躺在地上，一动不动。管理者不得不把它们带到另外一个地方将其击昏，而不是在专门的击昏区域这样做。他们有 5 个人全职负责处理这些过于衰弱的猪。

这个问题是三个因素共同造成的：

只看重增长速度的基因选择：只让那些生长最快的猪繁殖后代，这样的后代会生长更快，但是其中很多会跛足，腿部会出现畸形。

猪的出栏重量越来越重：在 20 世纪 80 年代，猪的上市重量为约 100 公斤，现在是约 125 公斤。

饲料中的添加剂：为了给客户提供瘦肉多、肥肉少的猪，养殖场让猪吃一种名叫"培林"（Paylean）的添加剂。这种添加剂让猪更瘦。但是如果使用过量，它们会更加亢奋、更加衰弱。

繁育者必须意识到他们不可能把所有的优点都据为己有。在工程学上有一句俗语：你可以把东西造得很便宜，可以造得很快，也可以造得很好，但是不可能同时又快又好又便宜。这三者你只能选其二，对于猪的繁育来说，也是如此。你不可能繁育出生长得又快又重又结实的猪。如果你想要一头很重的猪，你必须要给它足够的时间，否则它就会变得很弱，或者会出现跛足。繁育生长快、很重但是却走不了约 60 米的猪是错误的。

动物福利、技术和承建商

如果 20 世纪 80 年代开发的第一个母猪电子喂食器没有失败，母猪栏也许就不会成为一个产业标准做法，这正是事情的可悲之处。当猪被转移到室内进行养殖时，有些养猪者安装了计算机化的电子喂食器，这个装置可以使喂食过程自动化。每一头猪的脖子会戴上一个应答器，有了这个应答器，计算机就可以知道过来的是哪一头猪。如果一头猪没有吃完当天的配额，喂食器的门就会打开，这头猪就会进入一个封闭的小喂食区。在这里，系统会把它没有吃完的那部分食物精确地送到食槽里。

计算机化的喂食器节省了大量的人力，但是这个新的喂食器也造成了进攻性的问题。因为在一头猪进入喂食区完成进食之后，它必须要退着从里面出来，这样其臀部就会碰到后面等着的猪的脸上。这时后面的猪就会咬前面这头猪的臀部或私处，有时会造成很严重的伤害。

　　另外一个问题是当时的电子器件还不像今天这样微型化，因此应答器就像一个网球那么大。母猪脖子上有链子，这个应答器就挂在链子上。这家公司曾一度使用安全带把应答器拴在母猪身上，这时母猪就要脖子上拴着安全带到处走动。如果给牛戴上项圈，不会有什么问题，但是猪却会把项圈咬断。有些猪意识到应答器可以把喂食器的门打开，于是就从地上把咬断的项圈捡起来，带到喂食器的门口，这样它就可以吃到双份的食物，而这就意味着另外一头丢掉项圈的猪要饿肚子。

　　要想让电子喂食器能够发挥应有的作用，就要在喂食器的前面开一个出口，这样猪就不用再从进去的地方退着出来。两个出口的计算机化喂食系统用起来很好，但是等工程师们设计出这样的系统时，为时已晚，养猪产业已经将自动喂食器拒之门外，转而修建了母猪栏。

　　母猪栏之所以会被应用到整个养猪产业，很大程度上应该归咎于 20 世纪 90 年代那些建设母猪栏的承建商，因为当时正是这个产业的扩张时期。两家新成立的养猪公司聘请专门建设养猪场的建筑商，要建几百个新猪栏，这些承建商建议两家公司建母猪栏。对于母猪来说，这些母猪栏非常糟糕，但是对于承建商来说，这意味着好生意来了，因为如果建筑单个的母猪栏，他们能够卖出的焊接钢筋就是建普通猪圈的 5 倍。从此之后，母猪栏就变成了新的产业标准。后来又有成百上千家养殖场建立起来，有经验的牲畜管理者出现了严重的短缺。于是承建商又开始大力鼓吹母猪栏多么节省劳力、多么便于管理，以此作为其卖点。此时市场上已经出现了改进的电子喂食器，但是很少有人对其感兴趣，因为早期使用这种喂食器的人失败了。当然，这些承建商会不遗余力地贬低电子喂食器，因为这样他们就可以卖出更多的母猪栏。

　　由此可见，真正操控一切的是承建商，他们考虑的是自身的利益，而不是动物的福利，同样的情况也发生在牛和鸡身上。可见，任何公司或组织都不应该让承建商来决定设计方案。

技术的过早转移

我开始设计并安装牲畜处理设备已经 35 年了，在这么长的时间里，我所学到的最重要的一个教训就是：要把新知识和新技术从大学转移到产业，而这通常比研究和发明设计本身还要困难。优秀的技术在向市场转移的过程中，在某个阶段常常会出问题，在技术传播的研究领域这样的例子比比皆是。

行为学家、兽医和动物科学家需要花更多的时间将他们的研究成果转移到产业。仅仅因为你发明了一个更好的捕鼠器，并不意味着人们想要一个更好的捕鼠器，或者愿意花钱买它。在推广为牛设计的中轨传送制约系统的过程中，我意识到要想成功地把行为研究的成果转移到产业，必须采取如下四个步骤：

第一，把研究成果向学术领域之外传播。在学术期刊上发表研究成果很重要，因为只有这样知识才可以得以保存，但是仅仅在期刊上发表是不够的。研究人员需要通过各种形式将成果传播出去，如做报告和开讲座，为产业杂志撰稿，创建并维护网站。我之所以能够把处理牛的设计转移到产业，一个原因就是我围绕自己的工作写了一百多篇文章，发表在畜牧业的刊物上。我每从事一项工作，就发表一篇与其有关的文章。我还在养牛业大会上做报告，并把我的设计图纸发布到网站上，这样一来，任何人都可以免费下载。我发现人们常常不太愿意将信息分享。当我把大量的信息公布出去的时候，向我寻求咨询的客户让我应接不暇。我把自己的设计免费赠送，但我可以靠针对不同需求进行设计和提供咨询谋生。

第二，确保早期的使用者可以成功。最早采用一项新技术的人必须要成功，否则推广这项技术就有可能会失败。研发人员需要对公司有所选择，公司的管理层必须要对他们做的事情有坚定的信念，必须要能够操控全局。对于早期使用我的技术和发明的人，我一步步进行指导，确保一切顺利。如果我没有这样做，也许现在我发明的中轨传送约束装置就不会被广泛使用。

第三，对早期的使用者进行监督，确保他们忠实地采用设计。在第一家屠宰场成功安装我的中轨传送装置之后，在其后安装的 7 家屠宰场，我花了很多时间现场指导，确保他们正确地安装。幸亏我这样做了，因为焊接公司擅自对我的设计做了很多糟糕的改动。在我去过的屠宰场，有一半被发现安装上存在问题，如果我没有纠正他们，这个系统就会失败。

第四，不要让你的方法或技术陷入专利权之争。有些公司购买优秀技术的专利权，以此阻止优秀的新设计被采用，我见过很多这样令人遗憾的事例。在 20 世纪 70 年代的养猪产业就发生过这样的事情。当时爱尔兰的一位设计者发明了一种击昏器，既人性化，又很便宜，因为这个击昏器是利用自行车零件组装而成的。他把这个击昏器设计成自动的，因此不用花钱雇人就可以运转。本来小型屠宰场也买得起，但是它们根本就没有机会，因为一家大型的设备公司购买了其专利，将其扼杀了，而这家公司生产并销售的击昏器却非常昂贵。

这是一种十分可怕的浪费，因为新的设计比小屠宰场使用的设备更加人性化，并且在大型的屠宰场这种设计有可能会行不通。即使这个更便宜的设计出现在市场上，购买其专利的那家公司也不会有任何经济损失。但它就是不愿意看到任何可以和它的产品进行竞争的东西，即使这只是一种假设上的竞争。

还是这一家公司，在我设计中轨传送约束装置的时候，他们也在设计自己的版本。我在完成自己的设计之后，通过将设计图纸发表在一家肉类杂志上，根除了其专利权的问题。这项设计不会再受到专利权的限制，世界上任何地方的公司都不能为这个设计上的任何部分申请专利。我想确保它能够被应用。

在发表了我的图纸之后，我到芝加哥的麦考密克会展中心参加美国肉类协会的一个大型销售展。这家大型设备公司的销售代表也在那里，当时他很生气，甚至不愿意和我说话。今天，我所设计的中轨传送约束装置被 25 家屠宰场使用，这些屠宰场分布在美国、加拿大和澳大利亚，而美国和加拿大有一半的牛在屠宰时是用我所设计的系统处理的。

技术转移的原则对于所有的牲畜都是一样的。养猪产业还需要很多创新性的系统，以改进猪的福利。在我攻读博士学位时，住在我对面的一位同学名叫伊恩·泰勒（Ian Taylor），他在研究猪的进食行为。在有些养殖场，10% ~ 20% 的饲料被浪费掉了，但是在其他的养殖场，很少会有这种浪费现象。伊恩认为这是因为喂食器的设计有问题，于是他就把猪在不同的喂食器进食的情景以慢动作拍了下来。当他标示出它们的头部动作时，发现猪在吃东西时的确十分邋遢。在它们狼吞虎咽地进食时，它们的头会到处乱动。要想防止一头猪浪费饲料，唯一的办法就是设计一个大一点的喂食器。这样，在它来回摆动头部的时候，食物就不会洒出来。这一点看似很明显，但是现在依然有很多喂食器非常小，因为伊恩的研究发现没有被充分转移到生产实践中去。

07.

鸡和其他家禽

我一直就对牛和猪更有兴趣，而不是鸡。在十几岁的时候，我第一次看到牛在牢靠架接受防疫注射的情景，从此我就对牛特别有感情。正是当时看到的这一幕启发我为自己量体定制了一个挤压器，它可以让我高度兴奋的自闭系统镇静下来。那时我已经对动物很感兴趣，那一段经历让我决定致力于为牛和猪设计更好的管理系统。我也喜欢鸡，但是没有想过要从事和它们有关的工作，也许这是因为人无法将一只鸡放到挤压器中。因为自闭，我对鸡不像对其他大一点的动物那样有感觉。

　　1997年，麦当劳让我帮助他们审查鸡的福利状况，于是我就开始涉足养鸡业。当时他们正在利用我为审查牛和猪的福利所制定的标准，需要我制定鸡的福利审查标准。我对鸟类的了解仅限于大学课堂上学到的和童年时代的经历，但这些就已经足够。

　　鸡是社会性很强的动物，它们对妈妈有强烈的依恋。和鹅与火鸡一样，刚刚孵化出来的小鸡会跟着它第一眼看到的、可以移动的东西。在我读大学时，老师埃文斯（Evans）博士给我们讲过康拉德·劳伦兹（Konrad Lorenz）的故事。康拉德·劳伦兹是著名的动物行为学家，他曾养过一群鹅，他走到哪里，这群鹅就跟到哪里。从这些鹅从蛋壳里孵化出来那一刻起，他就开始饲养它们，于是它们对他产生了铭记（imprinting，又译作"印记"、"印随"或"铭印"）。在此之前我已经知道铭记现象的存在，因为在我小时候，邻居家的小孩养了一只鸭子，这只鸭子会跟着他们家的狗到处走，因为鸭子对狗产生了铭记，于是它就这样生活了很多年，一直以为自己也是一只狗。

当小鸡从妈妈或已经铭记的人身边分开时，它就会产生惊慌情感。小鸡要和妈妈在一起的愿望十分强烈，如果只剩下它自己，它就会唧唧叫个不停。

鸡的恐惧系统也很活跃，因为它们是被掠食动物。母鸡在下蛋时会躲藏起来，这是一种与生俱来的本能。和其他的鸟类相比，鸡不善于振翅高飞，因此它们不能把巢建在高高的树上。它们的祖先原鸡如果把蛋下在开阔的空地上，这些蛋就会被吃掉。因此所有的母鸡都会把蛋下在隐蔽的地方，这样它们就可以隐藏起来，同时又可以观察周围的情况。对它们来说，这一点十分重要。

原鸡每天要花很多时间寻找食物，只有这样才能生存下来，户外养殖的鸡也是如此。它们白天大部分时间都用来从地上啄食虫子和其他可以吃的东西。啄食行为是与生俱来的本能，因此小鸡不需要从妈妈那里学习如何啄取食物。有一次，我在儿童爱畜动物园看到一只母鸡，它一个劲地啄地上的一根橡皮筋。为了不让它把橡皮筋吃下去，我试图从它那里将其夺过来，但是每当我去拿橡皮筋的时候，它总是会叼着橡皮筋走开，然后再将其丢下来，继续啄。它的寻求系统处于高度活跃状态，我尝试了很多次，但是终究没能从它那里夺过来，最后它还是吃了下去。

在我刚一开始为麦当劳工作的时候，对于美国的养鸡业了解并不多。当然，我知道动物福利组织对鸡的福利状况十分关注，但当时我还从来没有进过美国任何一家养鸡场，也没有通过其他渠道观看过，因为那时候网上视频和 YouTube 还都没有出现。我第一次进入养鸡场所看到的一切让我大惊失色，那些鸡的福利情况太糟糕了。

我第一次去的是一家肉用仔鸡养殖场和孵化场，和我一起去的还有麦当劳的行政人员。养鸡场上有人专门负责将鸡抓起来，再装到笼子里准备运往屠宰场，他们的动作非常粗暴。这些工人抓着鸡的一只翅膀把鸡拎起来，然后再让它们翻个跟头，一下子就把它们脆弱的翅膀折断了。麦当劳的副总裁当时也在现场，他说："这看起来和人道协会的卧底拍摄到的视频没有什么两样。"

孵化场的福利情况也很糟糕。我们看到一个小箱子，里面装满了半死不活的雏鸡。我问他们打算怎样处理这些雏鸡，他们说负责处理这些生病雏鸡的人正在度假，等他下周回来再处理。

这真是一派胡言。

我说："是吗？我知道你们要把它们扔到垃圾桶里。你们必须停止这样做。"

我首先让这家孵化场配置二氧化碳箱，这样就可以对生病的小鸡进行安乐死。然后我给他们设定限制，在装卸和往屠宰场运输的过程中，断翅膀的鸡不能超过总数的1%。

这次检查结束之后，麦当劳的人员让我跟他们一起去为他们提供鸡蛋的养鸡场看一看。到了那里，我们看到那些鸡都拥挤在层架式鸡笼（battery cages）里，笼子被塞得满满的，以至于一只鸡在晚上蹲下来时会压在另一只鸡身上。回到麦当劳公司总部之后，我从打印机上取下一张纸，将其对折，然后说："这就是你们的供货商给下蛋母鸡提供的生活空间。"这简直是太可怕了。

参观了养殖场里刚刚开始下蛋的母鸡之后，我要求去看看那些将要停止下蛋的老母鸡。那里的工人有些不大情愿，于是我就说："要么你们带着我去，要么我就自己找，把每一个蛋鸡舍都看一遍，直到找到它们。"

他们这才带着我们去看那些即将停止下蛋的母鸡，这里的情况让人惊骇，的确是让人十分惊骇。这些老母鸡十分亢奋，经常打架，把身上的羽毛都打掉了。它们半裸着身子，看起来已经不成母鸡的样子。

　　鸡的福利情况如此糟糕，因此在本章我将不仅限于讨论核心情感，还必须要谈论一下它们的健康状况。

三个问题：管理、行业惯例和遗传

　　鸡身体上所遭受的痛苦源自三个方面的原因：工人的粗暴处理、不良的行业惯例和不良的基因。遗传问题和核心情感系统会有交叉，因此我先从管理方式和不良的行业惯例开始说起。

　　前面我已经描述了我所见过的糟糕的管理方式，但是从发布在网上的视频你可以看到更加可怕的情况。在一段视频上，一家屠宰场的工人正在快速地处理鸡，把鸡挂在钩环上。在鸡被击昏和屠宰之前，要把它们头朝下挂在那里，用金属钩环扣住它们的腿。这些工人玩一些无聊的游戏，如看谁能够从更远的地方把鸡扔起来并挂到钩环上。另外一家屠宰场的工人更加过分，他们玩的游戏是"活鸡喷射枪"，即把一只活着的鸡拿起来，用力挤压，把鸡粪喷射到另外一个人脸上。他们竟然这样对待那些有智能、有感觉、有生命的动物，实在是太残忍了。

　　处理方式上的问题可以在个体工人的层面加以解决，但是要想解决这个产业不良惯例的问题，还需要设备上的改进。对下蛋母鸡来说，最为糟糕的虐待发生在其下蛋期间和老得不能再下蛋的时期。它们的一生都要被关在狭小的层架式鸡笼里，这里的问题不仅仅是过度拥挤。在繁育的过程中，人们过于偏重其产蛋能力，结果它们的骨骼十分脆弱，很容易折断。

　　年老体衰得不能再下蛋的母鸡在其生命的最后也会遭受痛苦，这主要是因为它们在市场上根本不值钱。它们中间受伤的比例很高。英国的一项调查发现，对于生活在层架式鸡笼里的母鸡来说，在被击昏之前，它们中的 29% 有新折断的骨头。这些伤害很多发生在工人把它们从鸡笼里拉出来的时候，由于笼子的门过于狭小，它们的腿或翅膀就会被铁丝网卡住。从经济上也没有什么可以激励人们在转移它们时小心翼翼。如果肉用仔鸡的翅膀断了，就无法再将其卖给做辣鸡翅的人，但是如果一只不再下蛋的母鸡翅膀断了，却没有什么关系。

这些母鸡的价格如此低廉，以至于很多养殖场甚至懒得把它们送到屠宰场，而是直接在养殖场把它们处理掉，而处理的方法有的十分残忍，有的勉强可以接受。有些养殖场干脆把不再下蛋的老母鸡活活扔到垃圾桶，还有的则用曾用来清理下水道的真空清扫车把它们处理掉。这听起来似乎仅仅是一个处理方式的问题，但实际上并非如此，因为如果你人性化地把成百上千只鸡处理掉，要花很多钱。

最为糟糕的是，很多不再下蛋的母鸡不得不被运输到很远的屠宰场，因为愿意接收它们的屠宰场并不多。被从原来的笼子里拉出来时所受到的伤害根本就得不到治疗，它们就被再次塞进笼子里，装到卡车上，然后经过长途跋涉，到达屠宰场。圭尔夫大学的伊恩·邓肯（Ian Duncan）是这一领域的重要研究者。他说："对停止下蛋的母鸡的处理问题也许是现在养鸡业所面临的最为严重的福利问题。"我十分赞同他的看法。

还有另外一个主要的福利问题，即家禽要在不服用麻药或止疼药的情况下，接受如下的创伤性手术：

对下蛋母鸡和一些肉用种母鸡进行断喙手术，有三分之一的喙是用灼热的刀片来切断的。

种公鸡的脚趾切除手术。

雄性火鸡喙下面悬着的片状皮肤的切除手术。

对用作种鸡的公鸡所进行的肉冠切除手术。

所有这些手术都是痛苦的，断喙手术尤其如此，因为鸡喙上有很多痛觉神经。经过这样的手术之后，有些母鸡似乎会长期遭受痛苦，它们啄取食物的次数要远少于其他的同类。

断喙的做法有很正当的理由，那就是避免母鸡之间自相残杀。前不久，一家敢于尝试的公司接受了一位客户的建议，试着不给他们的肉种母鸡断喙，结果酿成了一场灾难。这些鸡生活的环境很好，没有笼子，它们可以自由活动，有各自的鸡窝，地上还铺着锯末，但是它们还是相互造成了很大的伤害，这是因为在遗传选择的过程中，它们已经失去了良好交流行为的基因。

改进家禽屠宰的方法

在全世界范围内，几乎所有的屠宰场使用的管理方法都会给动物带来很大压力。鸡在到达屠宰场之后会被从卡车上卸下来，然后它们的腿就被挂到钩环上，一个个头朝下吊在那里。有的鸡会奋力挺起身子，试图摆脱钩环。然后这些钩环把它们头朝下传送到一个水槽，把它们的头浸没在水中。这个水槽叫"水浴槽"（water bath），在这里会有电流通过它们的大脑，让它们失去知觉。然后它们就会被从水槽里拉出来，喉咙被割断。

如果一切正常，事情本来就应该是这个样子，但是在此过程中，良好的处理方法很重要。如果工人对设备操作不当，从水槽里拉出来的鸡会依然有意识，如果这时候割断其喉咙，它们就会感到痛苦和恐惧。在处理不再下蛋的老母鸡时尤其会出现问题，因为它们的骨头太脆弱，工人把它们从地上拿起来都有可能会让它们骨折。有时，它们在被屠宰之后放到褪毛箱里时还活着，还有意识。这种情况主要会发生在人手不足、管理较差的屠宰场。

对于这些不人道的做法，现在大部分都可以得以解决。更为人性化的屠宰方式是利用二氧化碳使其失去意识，这样就不用再把活着的鸡挂到钩环上。最好的处理方法是鸡根本就不用从运输时用的笼子里出来，把这些笼子从卡车上直接送上传送带，然后再送到毒气室。

现在，围绕使用什么样的气体混合物的问题，不同的研究者之间正展开激烈的争论。突然让鸡进入二氧化碳浓度过高的地方会让它们遭受痛苦。但是在我看来，为了避免将活鸡挂到钩环上时给其造成压力，吸入二氧化碳时所感到的一些不适是相对可接受的。大口喘气和摇头的动作也许是可以接受的。但是如果鸡努力想要逃出来，那就必须要改换气体混合物了。

现在使用毒气室的屠宰场并不多，这也是因为技术从试验室到产业的过早转移。在几家最早使用毒气室的屠宰场，鸡很快就失去意识，也没有遭受太多的痛苦，但是后来有很多鸡开始出现剧烈的抽搐，结果把翅膀弄断，无法再用来制作麻辣鸡翅。抽搐的问题十分严重，这些屠宰场根本不能利用毒气室处理体形较大的鸡。最后，美国第一家安装毒气室的屠宰场将其全部拆除，又转过头来运用水浴电击法。这让整个美国的养鸡业对毒气室产生了不好的印象，因此现在任何人或公司如果想要这个产业安装毒气室，都首先要克服这一大障碍。

在所有的小故障被找到并得以解决之前，你不能将新的系统从试验室转移到产业。现在已经有一家公司生产出改进了的毒气室。我告诉这家公司，在将这个系统卖给屠宰场之前，必须要先在一家正常运营的屠宰场进行试用，确保能够奏效。现在这家公司已经成功地在一家大型养鸡场使用这一新系统。

这个产业有两个适用于火鸡的毒气室系统，使用情况非常好。火鸡体重超过15公斤，对于工人来说太重了，不能一天到晚地把它们从笼子拉出来，然后再挂到钩环上。在这种情况下，动物福利的改进也意味着人的福利的改进。利用毒气室系统，噪音少了，灰尘少了，工人们可以从更符合人体工学的角度进行工作。这个系统对于养鸡业更有好处，因为它对鸡的损害更小，对鸡肉的损害也更小。

养殖场上的创新

在不服用麻药或止疼药的情况下，对鸡进行痛苦的创伤性手术，这个问题还没有解决，但是对于其中最糟糕的断喙问题，这个产业已经想出了解决的方法。很多大型的孵化场现在已经淘汰了灼热的刀片，取而代之以一种利用红外线光束对喙的顶端进行灼烧的设备。这种光束会在鸡喙的顶端留下一小块棕色的斑点，几天之后，喙的顶端就会脱落。我知道这种新设备要人性化很多，因为我对两种断喙方法做过比较。工人们把两只小鸡分别放到我手里，其中一只刚刚接受过红外线断喙，另外一只刚刚接受过热刀片断喙。在他们给鸡断喙的时候，我眼睛闭着，并没有看到它们接受的是什么断喙方法，但是我很容易就可以说出哪一只是接受热刀片断喙法的小鸡，因为它的心跳太快了。

层架式鸡笼也比以前有所改进。联合蛋类生产商协会（United Egg Producers）已经发布指导方针，要求养殖场给母鸡提供足够的空间，让它们在蹲下来时不至于会压在其他的母鸡身上。现在，每只母鸡的空间有一张打印纸的四分之三那么大了，这足以让它们蹲下来，互相挨着睡觉，而不是互相挤压。

此外，现在制造的新鸡笼整个前部都可以打开，而不是像原来那样只有很小的门，这样从里面把鸡拿出来时，它们的腿和翅膀就不大可能会被卡到铁丝网笼子上。我希望所有的养鸡场都可以尽早采用这种新型的笼子。

养鸡场之所以会把鸡养在笼子里，主要是因为这样效率更高，鸡也会更干净。这样做的最初目的就是避免它们接触自己的粪便，这样就不会滋生寄生虫。但是我也见过一些不使用笼子的养鸡场，情况也非常好。那里的鸡舍只有一层，地面上铺着锯末，这样它们就可以用爪子抓来抓去。此外，它们还有专门的栖息区和下蛋用的巢箱。这些母鸡很干净，因为它们的栖息处下面有传送带，可以直接把粪便转移掉。

这种系统下饲养的鸡状况很好，但是和笼养鸡相比，它们需要更多的土地和建筑面积。除此之外，还有其他一些散养方式，如高达3米、看起来就像是一面倾斜墙的阶梯式鸡舍。这里鸡的密度要高很多，对土地和建筑面积的要求也更少。

这些系统有的不如单层的散养鸡舍那么有效，粪便更难清除，更难保持环境清洁，寄生虫的问题也更加严重，空气质量更差，死亡率也更高。我一直都在强调良好的管理对动物福利的重要性，但这一领域却需要一些真正创新性的工程设计。我希望有高明的设计者能够开发出新的系统。

在淘汰糟糕的行业惯例方面，养鸡业最为成功的就是淘汰了强制换羽（forced molting）的做法。在自然状态下，换羽要花很长时间，不同的鸡换羽的速度也不同。家庭院子里饲养的鸡有一个自然的周期，它们产蛋一年左右，然后产蛋量会逐渐下降。随着秋天到来，白昼越来越短，它们通常这时开始换羽。换羽期间，原有的羽毛脱落，新的羽毛长出来。开始换羽之后，几乎所有的母鸡都会休息一段时间，不再下蛋，这段时间短则几周，长则几个月。换羽之后，它们会接着下蛋，但是第二年的产蛋量已经不会像第一年那样高了。对大部分自家院子里放养的鸡来说，两岁之后，它们下蛋创造的价值还不够用来购买它们所食用的饲料。

自然的换羽过程意味着产蛋时间的减少，并且换羽之后的产蛋量也不像换羽前那么高。因此，在过去，利用强制换羽的方法，美国的养鸡业让鸡在第二年甚至第三年继续产蛋，然后才将它们送到屠宰场。强制换羽缩短了鸡用来换羽的时间，这样它们就可以更快地正常产蛋。为了强制换羽，养鸡场会将母鸡接触日光的时间缩短到 6 ~ 8 个小时，让它们忍受 10 ~ 14 天的饥饿。这样母鸡就会换羽，并且换羽的时间可以缩短 8 周。但是这种方法非常残忍，母鸡的死亡率会翻一番，会变得进攻性十足，还会出现重复性的啄地和踱步行为。这也许是因为它们的寻求需求远远得不到满足，而愤怒系统却被过度激活。伊恩·邓肯说："如果让其他任何有感知的动物忍受这样的饥饿，都一定会触犯大多数国家禁止虐待动物的法律。"遗憾的是，在美国之外的很多地方，利用饥饿对母鸡强制换羽的做法还很常见，即使在美国，今天也依然有人还在这样做。

现在研究人员已经开发出一种人为换羽方法，可以让母鸡不用挨饿就开始换羽。它们可以食用一种低热量的食物，这种食物中的矿物成分和普通饲料不同。这的确是一个好消息，因为如果所有的换羽方法都被终止，就需要两倍的鸡才能生产出同样数量的鸡蛋，而这样一来管理和处理不下蛋母鸡的问题也会翻倍。

不良基因

鸡有几个福利问题源自不良的基因，而这些问题可以利用好的基因进行解决。对于很多集约化饲养的动物来说，最大的问题就是人类为了不断地提高产量，对其基因施加太多的压力。繁育者总是会选择最有利于生产的动物进行繁殖，如生长速度最快的、个头最大的、产蛋最多的等等。当一个动物在被选育的过程中过度偏重某一种特征时，总是会有不好的情况发生，大自然有时会让人类措手不及。

　　无论是笼养母鸡还是散养母鸡，骨头易断都是一个很大的问题，这是因为在繁育的过程中，人们过于重视其产蛋能力。商业化饲养的母鸡将所有的钙和其他矿物质都用到了蛋壳上，结果它们自身的骨头变得脆弱不堪。这种情况十分严重，以至于有些散养的母鸡从栖息处跳下来时也会把腿摔断。要想解决这个问题，只有一个方法，那就是养鸡业一定要接受一个事实，即鱼和熊掌不可兼得，要想让母鸡的骨头更加结实，其产蛋量就会有所降低。

　　除此之外，蛋鸡还有其他的问题，其中较为突出的是啄羽和同类相残现象。顾名思义，啄羽现象就是一只母鸡啄另一只母鸡的羽毛，甚至将其羽毛拔下来。严重的啄羽现象会导致同类相残，受害的母鸡会受伤，甚至会死掉。虽然啄羽的母鸡会将受害者啄死，但啄羽行为可能并不是由愤怒系统所引发的。当我们把互不相识的鸡混合在一起时，它们之间的进攻性会加强，但是啄羽行为和同类相残的行为并没有随之增加。由此可见，两者并不是同一回事。

　　啄羽行为可能是寻求行为的替代和转向，是一种觅食行为，或者是对另外一只鸡的探索行为。我们之所以知道这一点，是因为如果鸡圈里有一些枯枝败叶，这个问题就减轻很多。这时它们会啄地上的枯枝败叶，而不是同类的羽毛。鸡越是活跃，其天然的觅食活动越多，就越容易出现严重的啄羽问题。啄羽和同类相残的行为都受到遗传基因的影响。

　　一些现代的肉用仔鸡在生长速度方面有遗传问题。在一个关于鸡类繁殖的研讨会上，我震惊地了解到由于在繁育肉用仔鸡的过程中，过度选择生长速度，结果其骨头的发育是完全畸形的。在骨头的正常发育过程中，鸡的身体先是"立起"一个支架或者说是软骨结构，然后再以矿物质来充实加固这个结构。当骨头变硬之后，软骨组织的细胞就会死亡，这个结构就会消失。在肉用仔鸡身上，这个软骨结构出了问题，因此在骨头变硬的过程中，没有支撑物，于是就会出现畸形。我把这个过程比喻成建造地下室的墙壁，水泥还没有完全变硬，胶合水泥板就被拆除了。在严重的情况下，鸡的脚几乎扭转了90度，而鸡腿也会出现扭曲，这些鸡生来就跛足。已经有几项研究表明跛足的肉用仔鸡选择食用添加了少量止疼药的饲料。对跛足火鸡的一项研究表明，在服用止疼药之后，它们更喜欢到处走动了。为了追求更快的生长速度，这个产业已经将鸡的基因推到了极限，结果繁育出来的鸡要长期忍受痛苦。动物的生物系统被推到了完全病态的程度，这让我感到深恶痛绝。

现代肉用仔鸡的另外一个问题是它们被繁育得胃口很大，因为只有这样它们才会以最快的速度生长，尽早达到上市重量。但问题是它们的父母亲，即用来繁殖的种鸡也有同样的贪吃问题。如果你让肉用种母鸡放开肚子吃，它们就会变得过于肥胖，而这样其繁殖力就会下降，其生命也会缩短。为了维持正常的体重，必须严格限制它们的饮食。这些鸡很可怜，其中很多会出现刻板行为。对于它们来说，无论你做什么都很难让它们有好的福利。如果你让它们尽情地吃，它们的福利不会好；但是如果你不让它们尽情地吃，它们的福利也不会好。这是很糟糕的事情。养鸡业只能繁育出胃口不那么大的种鸡，除此之外没有其他的办法。

还有一些遗传上的问题无人可以理解，其中最为糟糕的是"公鸡强奸犯"，我在《我们为什么不说话》一书中提到过。好在养鸡业现在已经从基因方面做出了一些改变，以纠正这些问题，但这方面还有很长的路要走。那些公鸡强奸犯会对母鸡发起猛烈的攻击，伤害它们，甚至将其杀死。在20世纪90年代之前，根本就没有这种现象，它们出现得十分突然。先是有一个品种的公鸡变得进攻性十足，但是在几年的时间里，几乎所有品种的公鸡都出现了这种行为，没有人知道这是怎么回事。

公鸡强奸犯有两个问题：首先，它们进攻性极强；其次，它们在求偶时不再跳舞，而母鸡需要看到这种求偶舞蹈才同意交配。公鸡已经失去了和求偶舞蹈有关的基因密码，但是母鸡如果看不到这种舞蹈，它就不会接受交配，而这样只会让公鸡的进攻性更强。对于公鸡来说，一只拒绝与其交配的母鸡会让它感到沮丧，因为这是对其行为的一种约束，于是愤怒系统就会在某种程度上被激活。

在我写作《我们为什么不说话》一书时，公鸡强奸犯的出现似乎是选择性繁育技术的副作用，因为养鸡业为了生产更多的白肉，过分追求胸脯更大的鸡。但是现在研究人员并不确定究竟是什么导致了这种现象，也不确定高度的进攻性和糟糕的求偶行为之间是同一个问题，还是两个同时发生的不同问题。养鸡业的繁育方法是商业机密，但是很明显，养鸡业正在选择性地繁育胸脯更大的鸡，鸡胸变得越来越大，但是对这个产业还在使用其他的什么选择性繁育方法，我们却不得而知。

对于发生的这一切，伊恩·邓肯有一个有趣的理论，他指出胸脯大的雄性鸟类在交配时会遇到困难，因为它们的胸脯会碍事。现在的雄性火鸡胸脯很大，导致它们根本就无法完成交配，对雌性火鸡不得不进行人工授精。

邓肯博士说如果公鸡也属于这种情况，那么肉用仔鸡养殖业对这个问题的判断可能是错误的。当肉用仔鸡繁育者看到鸡的繁殖力下降时，他们把这个问题归因于其性欲低下。实际上，繁育者之所以会创造出公鸡强奸犯，有可能就是想要提高鸡的性欲。如果繁育者选择的是更强的性冲动，他们有可能错误地把公鸡对母鸡的进攻行为当成了更强的性欲，结果造出了这些进攻性极强的公鸡，并且由于某种原因，它们也不再会跳求偶舞蹈。

现在虽然公鸡进攻性的问题还没有被解决，但是已经大大减轻。

更好的繁育方式

通常情况下，繁育者解决遗传问题的方法是把有问题的鸡淘汰出去，让没有问题的鸡进行交配。另外一个有趣的方法是群体选择（group selection）。普渡大学的研究者比尔·缪尔（Bill Muir）证明利用群体选择的方法可以从遗传上减少啄羽现象。在进行群体选择时，被选出来进行繁殖的不是个体，而是某个家族群体。缪尔博士养了几个"繁殖家族"（sire family）群体，这些群体都来自同一只公鸡，然后选择性地繁育产蛋量最高、啄羽和同类相残现象最少的那一个群体。

和个体选择相比，群体选择有几个优势。首先，如果接触的是群体，而不是个体，你就可以知道这些鸡在群体里的行为。当繁育者选择产蛋量高、但是被单独饲养的蛋鸡进行繁育时，他们不知道它们是否有啄羽的问题，因为它们从来没有和其他的鸡一起生活过，自然也就没有机会将这种行为表现出来。

其次，如果你让一群在基因上相互联系的鸡生活在一起，就可以看到群体生活是怎样影响它们的行为和产蛋量的。在你选择用一群鸡进行繁殖的时候，你不仅仅是在选择一个遗传品系，而淘汰另外一遗传品系，也不仅仅是在选择好的行为特征（如产蛋量高、啄羽现象少）而淘汰不好的行为特征，你还在选择一种环境而淘汰另外一种环境。

这一点很重要，因为大部分行为都受到环境因素的影响。无论环境如何，与生俱来的行为总是一样的，如跳求偶舞蹈。这就像是一个计算机程序，只要你将其打开，它就会一直运行下去，但是其他的所有行为都会受到环境的影响。当繁育者利用群体选择而不是个体选择时，他们将被选择群体对社会环境和物理环境的反应也考虑了进来。

现在，只有为数不多的几家公司在为全世界提供所有的商业性蛋鸡和肉用仔鸡，这大大缩小了鸡的基因库，因此也造成了一种十分危险的形势，因为基因相类似的动物容易患上同样的疾病。果然，当澳大利亚逐步淘汰了本土的肉用仔鸡，转而从美国进口时，更多的鸡开始生病。

这就是为什么无论是对于牲畜还是对于家禽来说，保存古老的品种都很重要。只有历史悠久的品种得以保留，才能保持基因的多样性，身上有宝贵基因特征的动物才能得以保存。只有这样，以后的繁育者才有可能把这些特征再繁育到商用品种的身上。和被繁育得生长很快的品种相比，一些老品种的鸡肉质更加细嫩可口，也更加强壮，更适合在牧场和有机农场上生活。这么漂亮而与众不同的生物不应该因为商业化繁育而灭绝。幸好，有很多老品种的家禽和牲畜在一些农场主家里还有饲养，而他们一般将其销售到当地的农贸市场或者是美食餐厅。万一爆发一场严重的疾病让商业性的肉用仔鸡或蛋鸡死掉，那么整个世界都会感谢这些小饲养者和养殖爱好者，因为多亏了他们，这些古老的品种才没有从这个世界上消失。

如何改善鸡的福利

要想改善鸡的福利，首先要提升人们的意识。在前面提到过的那个养鸡场，母鸡羽毛几乎掉光了，但经理却没有看到任何问题。在我指出问题之后，他才开始变得不安起来。他回应说："我们这里的鸡没有问题，它们都很健康，我将它们照顾得很好。"他已经习惯于看到母鸡这个样子，于是就以为这是正常的，这也再次说明了坏事可以变成常事这个道理。当福利状况恶化的速度很慢，以至于工人和管理层都注意不到时，新出现的坏情况就似乎是正常的。有时需要局外旁观者进来看一看，让他们意识到如果肉用仔鸡有 5% ~ 6% 断翅膀，蛋鸡的羽毛脱落了一半，这肯定是不正常的。

看过了这些鸡之后，我们到了养鸡场的会议室。我对这家公司的副总裁说："如果从芝加哥机场随便找几个人，他们看到这种情况，你认为他们会怎么想呢？"他以前从来没有这样想过，于是我就给他讲了我的法则：如果我从机场随便找来 10 个人，把他们带到这个养鸡场，看看他们会怎么想。他们会说这些母鸡的情况很好，既没有心理上的痛苦，也没有身体上的不适呢，还是会说这样对待这些无辜的生灵很残忍、很不人道呢？

一家运行良好的宰牛场可以通过审查。

半裸的母鸡在拥挤不堪的鸡笼里，不能通过审查。

把活着的母鸡扔到垃圾桶里，不能通过审查。

第二天，这家公司的副总裁打电话给我，说："你让我思考了很多。"

为了审查在处理鸡的过程中是否过于粗暴，我想出了一个很简单的判断标准：有多少只鸡断翅膀？这个标准的一大优势就是其直观性，我可以直接看到断翅膀，他们无法将其藏起来。其他的标准只能取决于公司的记录，而不是直接观察，如多少只鸡在运输过程中死掉。记录是可以伪造的，于是我主要将重点放在可以亲眼看到的因素上，如断翅膀、伤痕和水泡。如果鸡长期卧在湿漉漉的地面上，它们的胸脯和腿上就会出现水泡。

在我一开始对鸡的福利进行审查时，养鸡业认为有 5% ~ 6% 的鸡断翅膀是正常的。这种认识是完全错误的。养鸡场断翅膀的鸡不应该超过总数的 1%。断翅膀的现象不可能完全避免，因为翅膀的骨头十分脆弱，很容易折断。追求完美是不可能的，但是养鸡场却可以很轻松地将比例维持在 1%，甚至更低。

跛足评分系统（lameness scoring system）已经在试验室里应用了很多年，但是这种系统过于复杂，无法应用于养殖场。我曾设计一种简单的跛足评分系统，由三点构成，从不良繁育的后果、鸡棚、饲养或管理方式等方面，对美国肉用仔鸡养殖场的情况进行衡量。这个审查针对的是即将上市的肉用仔鸡，按照下面的标准，每一只鸡都会有一个分数：

1 分：不能行走 10 步。

2 分：能够走 10 步，但是腿部畸形或跛足。

3 分：能够正常行走 10 步。

当我走进肉用仔鸡群时，那些腿部正常的鸡会马上跑开，这样就可以很容易地找出那些跛足的或残疾的鸡。在情况最好的养鸡场，有99% 的肉用仔鸡可以正常地行走 10 步或者更远。现在美国的肉用仔鸡产业已经大大改善了鸡腿的状况，但是腿部畸形和跛足现象在其他很多国家还是很大的问题。

养鸡场必须对管理情况进行审查，这句话怎么强调也不为过。我还没有专门为蛋鸡设计过审查标准，但是在过去的几年里，已经出现了几个不同的标准。我比较喜欢蛋鸡福利（LayWel）计划所设计的审查标准。蛋鸡福利计划由欧盟国家所资助，专门从事蛋鸡福利的研究。蛋鸡养殖场的经理们应该经常登录该计划的网站，下载其新版的评分系统，并利用这个系统审查他们养的鸡的福利情况。蛋鸡福利计划设计的审查标准有方便使用的图片，可以用来对羽毛的情况、伤口和禽掌炎从 1 ~ 4 分进行评分。蛋鸡福利计划的研究者声称利用这种系统，不到 30 秒钟就可以对一只鸡做出评估。对整个鸡棚的情况可以通过随机抽查 100 ~ 150 只鸡进行评估，其他需要重点审查的是鸡的卫生情况和水泡的多少。

经济因素和改革

对养鸡业进行改革要比对养牛业和养猪业进行改革更加困难，这有几个原因。首先，这个产业本身对精心照顾鸡的那些经理没有多少经济上的鼓励。从某种程度上讲，事实恰恰相反。当养殖者把很多母鸡塞进一个笼子里时，虽然每一只鸡的产蛋量会下降，但是总体上他们可以得到更多的鸡蛋，因为下蛋的鸡更多。为了获得总体的高产蛋量而牺牲个体的高产蛋量，这样他们就可以获得更高的利润，而牺牲个体的高产蛋量也就意味着牺牲母鸡的福利。

另外一个原因是养鸡业的情况和养猪业与养牛业都不相同。汉堡包是用碎牛肉做成的，一头牛被屠宰后，再被分割成牛排、牛腰肉、烤牛肉等不同用途的肉，这时剩下的就是碎牛肉。每年，为了弄到足够制作几百万个汉堡包的碎牛肉，一些大型的连锁餐馆要从很多家养牛场进行采购。这样连锁餐馆就取得了对供货商的控制权。如果我的供货商名单上有40家养牛场，即使我将其中的3家从名单上淘汰，依然有足够的货源。

养鸡业就不同了，餐馆只用鸡胸的白肉来制作三明治。如果我是一家大型连锁餐馆的老板，正在为了制作鸡肉三明治而采购鸡，我采购的那部分将相当于牛的牛排，而不是碎肉。因此，我的供货商名单上只有四五家养鸡场，因为我使用的是整只鸡的大部分。如果我因为福利问题而将其中的一家养鸡场淘汰，我就无法为顾客提供足够的鸡肉三明治。麦当劳可以淘汰一些牛肉供应者，而不至于影响其制作的汉堡包的数量，但是对于数量有限的鸡肉供应者，麦当劳不能这样做。对其鸡肉供应者，大部分汉堡包餐馆没有像对其牛肉供应者那样的影响力，因为它们使用了为数不多的几家养鸡场饲养的几乎所有的鸡。它们之所以这样做，是因为从少数几家养鸡场进行采购更有利于专门定制的鸡肉产品的开发和投产。

温蒂快餐连锁曾尝试着去改变美国的养鸡业，因为它从 27 家屠宰场购买鸡肉，而不是仅仅四五家。它可以将一家屠宰场从供货商名单上删除，依然可以有足够的鸡肉供应。在审查供货商的处理方式方面，它做得很好。一家宰杀重达约 3 公斤的大型鸡的屠宰场，已经将断翅膀的鸡的比例降到了 0.8%。这个成绩非常了不起，因为鸡越大就越容易断翅膀。看到温蒂做得这么好，我已经将我的审查标准进行了修改。在知道温蒂的新数字之前，我制定的标准是小型鸡断翅膀的比例不超过 1%，大型鸡不超过 3%，改正之后的标准是重型鸡不超过 2%，因为温蒂的数字表明这是可以做到的。

此外，温蒂还将跛足的比例大大降低。在最好的养鸡场，超过 3.6 公斤重的大型鸡有 99% 以上可以通过十步跛足测试。当我刚刚开始审查肉用仔鸡的福利时，即使是小型鸡的腿部畸形和跛足现象的比例也很高。

养鸡业总算是走上了正轨，虽然现在美国养鸡业的高层主管中还有一些依然没有转变观念。有些养鸡场的经理们十分支持这一工作，虽然来自总部的支持并不多，但他们已经默默地开始尝试更为先进的管理方式。在其他的国家，鸡的福利状况也在改善。2006 年，我去了澳大利亚，看到他们正在大胆尝试，以纠正肉用仔鸡快速增长所带来的腿部畸形问题。

汉堡王与麦当劳也在对其供货商进行福利审查，但是即使把它们的供货商和温蒂的 27 家屠宰场加到一起，接受福利审查的也只占养鸡业的 30%，远远落后于养牛业的 90%。这是不够的，其余 70% 的屠宰场将鸡肉供应给超市，而这些超市要么不对鸡的福利进行审查，要么审查得不够严格。

并不是所有不接受审查的屠宰场都很糟糕，其中有 20% 的屠宰场会善待它们的鸡，根本不需要进行审查。一切都取决于屠宰场的经理，有些优秀的经理关心动物的福利，对员工也可以很好地管理。不良的管理意味着不良的福利，如果你看到员工虐待鸡，这肯定是管理层的问题。有一段视频很有名，显示的是鸡肉生产商 Pilgrim's Pride 的工人将鸡扔到地上，然后对其进行践踏的场面。优秀的经理是不会允许这种情况继续下去的。那家屠宰场的管理层现在已经安装了摄像头，对这些工人进行监督。摄像头的确可以防止员工的不良行为。我所见过的最优秀的经理是一家宰牛场的经理，在他的办公室可以俯瞰整个屠宰现场，这样他就可以确保不会发生不良行为。宰鸡场的优秀经理也会密切关注员工是怎样对待鸡的。

除了对鸡进行福利审查之外，大型的鸡肉采购商还可以为供货商提供奖励，鼓励他们改进其饲养和屠宰方式。例如，汉堡王、Safeway 连锁超市和其他的公司都同意购买一定比例的散养鸡蛋，虽然这些方式也需要监督，因为我们不能想当然地认为散养必然意味着福利更好。我既见过优秀的散养方式，也见过肮脏可怕的散养方式。

我看过一家大型的养鸡公司和为其养鸡的家庭养鸡场之间的协议，协议上有一项条款非常有趣，即签署这份协议的人必须是这些鸡的主要照顾者，这家养鸡场不能把鸡转交给雇用的帮手来饲养。这让我想起我听过的厄尔·布茨（Earl Butz）的一个演讲，演讲的内容是苏联的集体农庄。厄尔·布茨曾担任里根总统的农业部部长。他说：你认为苏联那些为集体照顾猪的人会通宵达旦地照看母猪生小猪吗？答案是否定的。

所有的行业都是如此。有些建筑承包商告诉我，如果把一辆卡车分配给一名司机，而不是让他们轮流驾驶，他就会善待这辆卡车，因为他会把这辆车当成是自己的。这就是为什么我提到的那家养鸡公司要求签署协议的人做鸡的主要照顾者。如果他精心照顾这些鸡，他也会得到更多的钱。

养殖场和屠宰场应该有玻璃墙

我最后一条建议是养殖场和屠宰场都应该有玻璃墙。我对主管者说："有一个很好的改进动物福利的方法，那就是利用玻璃，利用联网摄像头。"人们需要看到养殖场和屠宰场内部的情况。迈克尔·波伦（Michael Pollan）在其《杂食者的困境》（*The Omnivore's Dilemma*）一书中也这样说过：屠宰场应该有玻璃墙，让人们可以看到里面发生的一切。

养鸡业的主管者总是会出于安全性的考虑反对审查，这种担心是有道理的。如果审查者走进养鸡场，踩到鸡粪上，就有可能会把禽流感扩散到其他的养鸡场。联网摄像头可以解决这个问题，在养殖场和屠宰场安装摄像头可以让每一个人都能够看到里面的情况。

透明度有很强大的心理作用，因为在意识到有人观察自己时，人类和动物的行为方式都会有所不同。在这方面，纽卡斯尔大学心理学系的一些教授做过一个有趣的试验。心理学系有一个咖啡厅，这里实行的是君子协定，即人们到这里冲好咖啡或沏茶之后，应该自觉地把钱留下。但是很多人自取所需之后，一分钱也不留。于是三位教授决定做一个试验，看看能否改变人们的行为。有一周，他们在咖啡厅的墙上张贴了一张画，画上是一些花朵。在其后的一周，他们张贴了另外一张画，画上有两只眼睛，看着前来冲咖啡或沏茶的人。然后，他们又换回了有花朵的画。他们发现和没有一双眼睛的画时相比，当有眼睛的画在那里时，那些前来冲咖啡或沏茶的人付钱的可能性要高2.76 倍。可见，仅仅是有人看着自己这个想法就可以改进人的行为。这就是我们为什么需要在屠宰场、孵化场和养殖场安装联网摄像头。当有外人看着时，人们就会表现得更好。

当我指出安装摄像头是一个好办法时，这个产业的有些人马上暴跳如雷，他们认为我脑子出了问题，而我则很震惊他们会如此激烈地反对这个想法。35 年前，我刚刚开始从事牛的福利审查工作，在亚利桑那州的土桑市（Tucson），当时学校可以组织学生到当地的一家屠宰场进行实地考察。那时候屠宰场还是一个正常的存在，而不是隐藏在高墙后面的神秘场所。现在，明尼苏达州有一家小型的有机屠宰场，里面有专门的观察区域，人们可以在这里观看整个屠宰过程，而大部分参观者对这个过程的反应都是积极的。还有一种方法就是通过互联网连接进行审查，有几家比较有革新意识的屠宰场已经在使用这种方法。

鸡的蓝丝带情感

把母鸡关在拥挤不堪的小笼子里是一种约束，而约束会激活其大脑内部的愤怒系统。我们必须想办法给下蛋的母鸡更多的生活空间。肉用仔鸡生活在很大的群体里，地面上也铺有锯末，它们有更多的行动自由，这样其愤怒系统可能就不会过于活跃。

在其生命的最后时期，下蛋的母鸡和肉用仔鸡都会感受到大量的恐惧，因为它们要被塞进狭小的笼子里，运输到屠宰场，然后再从笼子里被拉出来，套上钩环，被头朝下传送到电击水槽。鸡的屠宰方法必须要改变，任何动物在生命的最后时刻都不应该充满恐惧。

下蛋的母鸡可能一辈子都要经受很多恐惧。鸡是被掠食动物，因此会本能地寻找隐蔽的地方栖息。四五只母鸡拥挤在一个层架式笼子里会让它们感到很没有安全感。母鸡不能独自栖息，也无处可藏。在欧洲的养鸡场上，每个鸡笼里都有小塑料巢箱（nest box），巢箱前部有一个塑料片做的门，可以像狗窝的门那样向内外开关。这样母鸡就可以隐藏到巢箱里，也可以探出头来，了解外面的情况。产蛋的母鸡需要这样的巢箱才能有良好的情感福利。

欧洲一些大型的商业化养鸡场已经对鸡笼里的环境予以丰富化，和普通的层架式鸡笼相比，这里的鸡笼可以提供更多的刺激。在这种鸡笼里，很重要的一件物品就是巢箱。这些鸡笼更高，因此母鸡有更多的空间可以全身站立起来，也可以把翅膀完全伸展开来。鸡笼被丰富化之后，既降低了鸡因为受到束缚而产生的愤怒，也减少了其因暴露于可能的捕食者面前而产生的恐惧。

要想将鸡笼里的环境丰富化，还要放置另外两件物品，分别是可以让鸡进行尘浴的垫料和供其栖息的栖木。虽然栖息行为有后天习得的因素，但尘浴和栖息都是与生俱来的本能行为。鸡如果在小时候没有用过栖木，长大后就很难使用。问题是鸡是否需要与生俱来的行为才能实现其福利呢？如果没有了其中的一些行为，它们还可以幸福地生活吗？

这样我们就回到了行为和引发行为的情感哪一个更重要的问题。栖息行为可能和惊慌或恐惧有关，也可能和两者皆有关联，因为地位较低的鸡可以跳到栖木之上，躲开同类的伤害。一项研究发现地位较低的鸡如果站到了栖木上，啄羽现象就不会那么严重。栖木可能还对鸡的腿骨很有好处，这是应该提供栖木的又一个原因。

驱动尘浴行为的可能是寻求情感。

邓肯博士做过一个试验，用一个增加了重量的门来测试鸡的需求。这个试验想要回答的问题是：为了得到想要的东西，它愿意抬起多大的重量呢？它愿意抬起的门越重，就说明它想要得到这个东西的愿望越强烈。他发现母鸡在下蛋时的确很想找一个隐蔽的地方，母鸡想要到巢箱下蛋的愿望很强烈，和30个小时不进食之后想要得到食物的愿望相当。

相对而言，尘浴活动就是一种奢华的享受了。母鸡不会为了尘浴抬起很重的门。它的态度是：有了当然好，但没有也能过得去。这是一件好事，因为如果要把尘土或者类似尘土的东西铺到层架式鸡笼里，对养鸡业来说会很麻烦，因为尘土会把采集鸡蛋的传送带弄坏。要想避免这种情况的发生，养鸡业所能做的最多就是给鸡笼的一部分装上实体的地板，让鸡可以抓挠地上的饲料。伊恩·邓肯并没有对栖息行为进行试验，因此我们无从知道鸡登上栖木的愿望有多么强烈。

成年的鸡会有攻击性的问题，饲养者必须记住这一点。压力之下的鸡会互相发起攻击，尤其是陌生的鸡在一起时。有些研究者认为如果把公鸡的鸡冠剪掉，它们之间就会难以辨认，因为它们是通过头部来互相辨认的。没有人可以确定这一点，但如果事实的确如此，剪除鸡冠就可能会导致攻击行为的增加。幸好大部分养殖场的鸡一辈子都生活在同一个群体里。

养鸡者还要避免将活泼好动的鸡和不好动的鸡混在一起，因为后者往往会成为前者欺压的对象。一项研究发现一旦发生啄羽现象，和那些正在进行尘浴或者扇动翅膀的鸡相比，那些一动不动地站着、坐着或躺着的鸡更容易被啄。类似的情况也发生在猪身上。利用群体选择的方法，比尔·缪尔曾在一家养猪场繁育出一种性情温和、没有进攻性的猪，结果这些猪无法和那些进攻性更强的猪养在一起，因为它们总是受尽欺凌。

活泼好动的鸡不能和不好动的鸡放在同一个笼子里。对于生活在鸡圈里的鸡来说，进食区域和栖息区域应该明确分割开来，这样就可以把那些暂时不活动的鸡和那些正处于觅食状态的鸡分开。

要想改变鸡的生活环境，还有一个好办法就是在每一个鸡圈里，用隔板分隔出可以躲藏的区域。这样，当一只鸡遭到另外一只鸡的攻击时，它有地方可以藏身。

对于鸡来说，还有另外一个福利问题，对这个问题，不同的动物行为学家有不同的看法。雏鸡是在孵化箱里孵化出来的，根本见不到鸡妈妈，这是很不符合自然规律的，因为在野生状态之下，鸡宝宝会对鸡妈妈产生铭记。动物行为学家之所以会有不同的看法，是因为雏鸡很早熟，也就是说小鸡刚刚从蛋壳里爬出来，就已经发育完好，可以自己照顾自己。小鸡从来就不是形单影只的，而总是会和其他的小鸡在一起，也许这就足以使其惊慌系统处于关闭状态。能够和其他的同伴在一起，这一点绝对很重要。在自然状态之下，鸟类很少会孤立独处。孤零零的一只小鸡会感到既恐惧又惊慌。

我把寻求情感留到最后来讲。鸡聪明而敏捷，简单而谨慎，这可以告诉我们一点，和其他所有的圈养动物相比，对其环境进行丰富化对鸡的效果最为明显，无论这种丰富化的方式多么简易低廉。我们有一些证据可以表明事实可能就是如此。一个试验发现，如果给白来航蛋鸡一团绳子让它们啄，其啄羽行为就会减少，而这种鸡生来就很喜欢啄东西。有趣的是它们会不厌其烦地啄这些绳子，因为它们不像猪那样喜新厌旧。52 天过去了，它们依然对这些绳子兴致勃勃。试验还发现，到了第 58 天，它们啄绳子的次数和第一天几乎相同。也许鸡对新奇事物的需求不像其他动物那样强烈。

如果事实的确如此，养鸡业就更应该对鸡的生活环境加以简单的丰富化，如给它们提供一些可以啄的绳子。对于鸡来说，小小的举措可以解决很大的问题。在所有的家养动物中，蛋鸡的福利状况最为糟糕。如果我们能够以举手之劳，让它们在鸡笼或鸡圈里的生活多一点乐趣，又何乐而不为呢？

08.

野生动物

我担心像珍·古道尔（Jane Goodall）这样的人以后再也不会出现了。

　　珍·古道尔的专业并不是动物行为学，她读的是文秘学校，后来攒钱去肯尼亚拜访一位朋友。在那里，她遇到了著名的人类学家路易斯·里基（Louis Leakey）博士。她先是在里基博士的博物馆里从事文秘工作，后来在里基博士的帮助和支持之下，她开始了对坦噶尼喀湖（Lake Tanganyika）地区黑猩猩的研究。里基博士还资助戴安·福西（Diane Fossey）对卢旺达的大猩猩进行研究，而她的专业也不是动物行为学，而是职业治疗法。

　　珍·古道尔最终获得了动物行为学方面的博士学位，此时她已经做出了两个关于黑猩猩的重大发现：食肉和使用工具。而当时的科学家依然认为能否使用工具是人类和动物之间的本质区别。当珍·古道尔报告说她看到黑猩猩利用小木棍捕捉白蚁时，里基博士给她发了一份电报，上面说："现在我们必须要么重新定义'工具'和'人'，要么就把黑猩猩作为人来看待。"她还看到黑猩猩食肉，而当时大家都认为它们是不吃肉的。

　　珍·古道尔是通过"走后门"才成为一名动物行为学家的。我经常思考这一点，因为自闭症患者常常也需要"走后门"。对我们来说，走常规的途径会遇到很多困难。自闭症患者在面试过程中的表现不会很精彩，对我们来说这是一个很大的问题。此外，许多自闭症患者在学术技能方面会出现"偏科"。在智力测试时，对于某些子量表，自闭症患者的表现可能会出类拔萃，但是对其他的子量表，他们有可能会一塌糊涂。例如，我的几何就很糟糕，因为我无法将其转化为形象。

如果没有"走后门"，我就不可能从事现在所从事的工作。我以前曾在《亚利桑那农牧场主》（*Arizona Farmer-Ranchman*）杂志社工作。后来这家杂志社转手，我差一点失去这份工作，因为新的老板认为我很古怪。负责图像处理的苏珊（Susan）女士心地善良，是她救了我。她告诉我说："老板想要辞退你，我们需要让他瞧瞧你的工作业绩。"于是我们就把我发表的所有文章收集起来，交给老板吉姆（Jim）看，结果他不但没有将我辞退，还给我涨了工资。这就是"走后门"的一个例子，但这里不是为了得到一份工作，而是为了能够保住一份工作。我缺乏社交技能，根本无法觉察自己的话语已经给老板留下了不好的印象。苏珊告诉我必须要向新老板推销自己，让他看看我所做出的成绩。

我在伊利诺伊大学攻读博士学位时，导师斯坦·柯蒂斯（Stan Curtis）也为我打开了一扇后门。数学是我的弱项。我的硕士学位是从亚利桑那州立大学获得的，当时为了通过统计学考试，我得到了指导老师和一位研究生同学的很多帮助。这位同学名叫拉奎尔（Raquel），他的母亲在菲尼克斯市区的贫民区有一家酒吧。作为对其帮助的回报，拉奎尔要我帮忙修补一下酒吧里腐烂的地板。这里的地板之所以会腐烂，是因为啤酒渗透到地板下面，形成了一个水洼，臭味扑鼻。但是我认为这是完全值得的，因为我通过了考试，虽然只是勉强通过，但是也获得了硕士学位。

但是当我在伊利诺伊大学攻读博士时，我就没有那么幸运了。要想获得博士学位，统计学是必修课。在这里我也有一位指导老师，她不得不从最基本的重新教起。和以前的教授不同，她不是先教给我卡方检验，再给我具体例证，而是先提供需要用到卡方检验的具体试验，然后再教给我公式。我收集了一本子作为动物科学研究者可能会遇到的试验，并为之做好了试验方案。

虽然我知道如何在具体的试验过程中利用统计学，但是依然不能通过课程考试，于是指导老师就向系里展示了我所做的工作。柯蒂斯博士知道我已经在亚利桑那州立大学学过这门课程并通过了考试，并且也可以看出我知道在不同的试验中应该使用怎样的卡方检验，加之我其他的每一门功课都很好，于是他没有让我再次参加统计学考试，我这才拿到了自己的博士学位。

也许还有很多人像我这样无法通过面试和课程考试，但是这并不妨碍他们成为优秀的田野工作者。在我所知道的最优秀的田野工作者中，有些就是阿斯伯格综合征患者，有些有阅读障碍。我发现和以前相比，现在想不通过常规渠道完成一件事情要更加困难。今天还有多少人愿意成为珍·古道尔那样的人呢？珍·古道尔是一位优秀的田野工作者，她和动物在一起生活，仔细观察它们，去理解它们。她的工作是在野外展开的，而不是坐在电脑面前闭门造车，制作黑猩猩数量的数字模型。

但是也有些优秀的田野工作者来自传统意义上的学术渠道，例如发现黑猩猩利用武器捕食猎物的吉尔·普鲁兹（Jill Pruetz），她就是艾奥瓦州立大学的人类学教授。她没有读文秘学校，而是在塞内加尔境内约 60 平方千米的范围内生活了 7 年的时间，研究生活在那里热带草原上的黑猩猩。她每周工作 6 天，每天工作 13～15 个小时，把时间都花在了观察黑猩猩上。这些黑猩猩的活动范围很大，因此她不得不在它们醒来之前就赶到，然后全天追随它们，直到晚上它们入睡。否则，她很可能再也无法找到它们。晚上，她住在一个名叫方戈利（Fongoli）的村庄里，这里有 30 位村民，她和他们共用一个厕所。

在此期间，她曾 7 次患上疟疾。

在研究这些黑猩猩之前，她花了 4 年的时间才让它们习惯于她的存在。然后她又花了 3 年的时间，对它们进行研究。她发现有些黑猩猩会把树枝制成矛，用来刺死躲在树洞里的灌丛婴猴，后者是一种毛茸茸的小动物。黑猩猩会从树上折下一段树枝，去掉树叶，用牙齿把一端咬得很尖利，于是就有了一支矛，然后它会把这支矛猛地插进树洞里，刺死可能躲在里面的婴猴。这一革命性的发现在灵长类动物研究领域引起了一场很大的争议，因为这是动物利用工具做武器捕杀猎物的第一次记载。

过多的抽象化

普鲁兹博士是对动物集中进行田野研究的年轻教授之一，这样的人并不多。在我看来，对动物的研究正在变得越来越"抽象化"。因为研究者不是在自然的生活环境中研究活生生的动物，而是利用花哨的统计软件构建统计模型，然后再对这些模型进行研究。之所以会出现这种情况，原因之一就是新型数学工具的出现。很多科学家认为如果不使用复杂的数学，研究就不够科学。《野生动物生态学：保护和管理》（*Wildlife Ecology*: *Conservation and Management*）是野生动物管理方面的一本重要教材，作者是安东尼·辛克莱（Anthony R. E. Sinclair）、约翰·弗里克赛尔（John M. Fryxell）和格莱姆·考弗雷（Graeme Caughley）。看一下这本书的第二版，就会发现几乎每一页都是关于数学模型的：物种数量的几何级动物不同密度的反应曲线、Ricker logistics 模型、theta-logistics 模型等等。如果你不懂微积分，甚至连书里面的公式也看不懂。

食品产业的情况也是如此。数学模型和统计学是好东西，但是我们必须知道其局限性。我还记得 20 世纪 80 年代参加一个农业工程会议的情景，当时我坐在那里，扑面而来的是一个又一个数学模型的展示，竟然没有一篇论文把数学公式拿到实践中进行验证。我举起手来，问道："这个公式有用吗？请问你有没有在养殖场将其付诸实践？"答案是否定的。

我记得曾有一些大学的研究者用胶合板构建了一个几何相似模型，以测试他们设计的用来冲刷牛圈过道的水射流系统。他们把真正的牛粪放到这个模型里，利用水流对其进行冲刷。这里的问题是牛粪里有小段的稻草，要把牛粪放进胶合板做的模型里。从比例上讲，到了真正的过道里，这些小段的稻草就相当于烧壁炉用的木柴那么大。研究人员忽视了这样一个事实，即对于同样的水流，当这些稻草在一个只有约 15 厘米宽的过道里时，和在真正的牛圈过道里时是不同的。这个模型并没有把比例的问题考虑进来，因此模拟测试的结果不会和在现实中的情况相一致。这就是抽象化的一个例子。

没有田野研究工作，谁也不会发现黑猩猩会利用武器这一事实，因为圈养状态之下的黑猩猩根本就没有必要制作武器来捕杀猎物。我怀疑在这种情况下还是否会有人看到黑猩猩利用工具这一事实。

多亏了田野工作者，我们对于海豚和鲸鱼的了解也比以前多很多。研究人员已经了解到海豚生活在巨大而复杂的社会群体之中，个体的海豚之间会结成盟友，并且有时会更换盟友。田野工作者甚至还观察到"同盟之同盟"，也就是说一个群体和其他群体之间的结盟。这些群体组织方式也许和人类的朋党派系有点相似。在海豚和鲸鱼中间也有多种文化群体，不同的群体有不同的方言，进食行为和嬉戏行为也有差异。

海豚的嬉戏行为是一个十分有趣的领域，这方面人们正在从事一些很好的观察性研究。已经有很多报告说海豚会故意吹起水泡，形成一个巨大的类似烟圈的圆圈，以此自娱自乐。人们之所以会认为海豚吹泡泡的行为是故意的，部分是因为它们可以完全自主控制自己的呼吸。在所有的哺乳动物中，只有海豚和鲸鱼可以这样做。对于所有生活在陆上的哺乳动物来说，呼吸都是无意识的。根据人们对泡泡的观察，海豚似乎需要练习才能吹出一个好看的泡泡，就像人类需要练习才能吹出一个漂亮的烟圈那样。

海豚研究者发现它们可以吹出 6 种不同的泡泡，至少有 3 种玩泡泡的方式。它们喜欢做的一件事就是把泡泡打破。有时，它们会在泡泡周围形成一个涡流，让其翻转 90 度或 180 度。有时，它们会用第二个泡泡瞄准第一个泡泡，而有时这会形成第三个泡泡。研究人员还报告说曾看到一只小海豚在一旁观察四只年轻的海豚吹泡泡，然后自己也学着做。

我认为所有的研究者都应该从事田野工作，或者是和从事田野工作的人合作。虽然我不擅长抽象意义上的数学，但是在研究过程中一旦出现问题，我却善于找出其原因所在，因为我和活生生的动物有很多接触。当我的一些研究生从他们的统计数据中一无所获时，我就会让他们把一个变量和另外一个变量相对比，看看会发生什么情况。我会进行创造性的分类，可以从数字中看到别人看不到的东西，因为我看的不是数字。当我对一份电子表格上的变量进行分类时，我脑海中出现的是一个个动物。我从来不会脱离动物来看问题。

良好的田野工作是一门观察性科学。有人认为如果没有控制组就不是科学，但实际上有很多研究根本就无法创造控制组。在伊利诺伊大学读书时，我曾经和导师争论过这一点。什么是天文学？天文学就是观察，观察，再观察。

对于很多研究来说，在进行试验研究或统计学分析之前必须要先观察。流行病学就是一个很好的例子，它总是始于观察。人们注意到和不吸烟的人相比，似乎吸烟者中更多的人患上肺癌，于是研究者就开始收集数据，进行统计检验，以确定吸烟和患肺癌之间是否有联系。对动物行为的研究应该尽可能地从观察开始。在我所知道的研究灵长类动物的专家中，日本的松泽哲郎（Tetsuro Matsuzawa）是唯一一位既进行田野工作又进行试验室研究的人。他经常出现在新闻里，因为在他的试验中，黑猩猩在记忆力测试中战胜了人类。在这次试验中，黑猩猩和人类比赛记忆电脑屏幕上 9 个数字的排列顺序，结果，黑猩猩每次都能击败人类，这是又一个革命性的发现。

多年以来，科学家们一直在对黑猩猩进行室内研究，但是这些研究都想当然地认为黑猩猩的认知能力比不上人类。据我所知，还没有一个人通过试验来表明黑猩猩的认知能力要优于人类。之所以从来就没有人提出过这个问题，很大程度上是因为这些研究者所从事的都是室内研究。他们没有去研究生活在自然栖息地中的黑猩猩，和圈养状态下的黑猩猩相比，自然状态下的黑猩猩可能更加聪明。

松泽哲郎博士研究的是野外的黑猩猩，他发现它们的确可以做出很多惊人之举，其中之一就是它们可以辨别丛林中两百多种不同的植物。松泽哲郎说黑猩猩对植物的记忆就像植物学家那样，它们可以记住关于植物的一切信息：每一种植物的形态，成长的时间，出现的地点，还有其功用。在试验室里研究黑猩猩的研究者是不会注意到这一点的。田野工作可以帮助动物研究者提出正确的问题。

还有一位名叫尼科拉·克雷顿（Nicola Clayton）的鸟类研究者，她也将室内研究和田野研究结合起来。作为一位生物学家，她最初研究的是寒鸦和其他鸟类的海马区，这些鸟类有一个共同之处，即它们都贮藏食物。克雷顿博士发现小鸟贮藏的食物越多，其大脑中的海马区就越大。从传统意义上讲，试验室研究到这一步也就该结束了，研究者只是孤立地研究动物大脑或身体的某一部分。但是克雷顿博士并非如此，她还很关注鸟类在野外的活动。在她到加利福尼亚大学戴维斯校区工作之后，她注意到西丛鸦会偷窃人们的食物，将其藏起来，以后再回来，不是为了将其吃掉，而是将其隐藏到另外一个地方。它们为什么会这样做呢？她想要探个究竟。

这就是她试验室研究的出发点。在试验中，她把丛鸦放到一个由三个微型房间构成的"套房"里面，这个套房有点类似于酒店的套房。丛鸦先是在中间的房间睡觉。次日研究者将它们分别转移到相邻的房间里。一边的房间里有很多食物，另一边的房间里则没有任何食物。过了几天，这些丛鸦可以自由选择住进哪一个房间。克雷顿博士把食物放在了中间的房间里。当丛鸦发现食物时，它们把食物从中间的房间转移到没有食物的房间里，藏在克雷顿博士事先放在那里的装有沙子的盒子里。克雷顿博士认为由此可以看出它们知道为未来做打算，因为它们知道下次试验者会把它们放到没有食物的房间里。

这是一个重大发现，因为此前我们所知道的唯一能够未雨绸缪的动物就是人类。也曾有一些研究证明有些灵长类动物也能这样做，但所有这些动物都是在接受过多次培训之后才学会为将来打算的，因此它们表现出来的是训练的结果，而不是自发的计划行为。

在其他的一些研究中，克雷顿博士发现松鸦之间会互相偷窃食物，并且它们可以记得隐藏的食物中哪些腐败得比较快，如虫子，而哪些则可以保存得相对长久一些，如种子和坚果。在克雷顿博士看来，这意味着它们有事件记忆能力，这种记忆是指对过去特定事件的记忆。这又是一个重大发现，如果研究者不观察松鸦在野外的行为，就不会有这一发现。

最近克雷顿博士正在和剑桥大学一位研究学习理论的人合作，他的名字叫安托尼·迪金森（Anthony Dickinson）。迪金森博士说当他初次听克雷顿博士说鸟类有事件记忆能力时，他感到"这种说法耸人听闻"。就我本人而言，我并不认为"鸟有事件记忆能力"这个说法有什么耸人听闻之处，我认为这是正确的。在《我们为什么不说话》一书中，我谈到动物像自闭症患者那样拥有超乎常人的能力。有几位科学家对此提出挑战，不肯相信这一点，他们认为事实不可能如此，因为作为人的自闭症患者是有残缺的，但是动物却是正常的。

这种说法无关紧要。贮藏食物的动物能够记住几百个藏有食物的地点，这种惊人的记忆力和有些自闭症患者可以记住城市每一条街道的能力是十分类似的。对于这种超乎常人的记忆力，我的解释是，这种记忆是建立在感官之上，而不是建立在语言之上。语言会导致抽象化，会掩盖细节。动物生来就没有语言，而自闭症患者则有语言障碍，但是在两者身上，造成感官记忆的原因是相同的，即思维和记忆都是依靠图像，而不是文字。事件记忆完全是可以用图像而不是语言来进行的。我对具体事件就有很多形象记忆。[①]

田野之外的田野研究

这里的"田野"不仅仅是指热带丛林，也不仅仅是指黄石公园或塞伦盖蒂国家公园。田野可以指任何可以找到动物的地方，包括农场、牧场、养殖场和试验室。只要你对动物进行的是自然状态下的观察，你就是在从事田野观察。自然观察意味着科学家观察自然状态下发生的情形，而不对其进行人为的操控。进行在试验室环境下的自然观察时，科学家观察动物在正式试验之外的行为。

有一本书讲的是黑猩猩尼姆·齐姆斯基（Nim Chimpsky）的故事，为了知道大猩猩能否学会使用语言，研究者曾让两只大猩猩和人类家庭生活在一起，尼姆·齐姆斯基就是其中之一，而其名字则源自著名的语言学家诺姆·乔姆斯基（Noam Chomsky）。在阅读这本书的过程中，我发现尼姆所做的最有趣的事情并没有发生在正式的试验中，而

---

① 编者注：关于这一点可参阅作者的另一本著作《用图象思考》（华夏出版社，2013 年）。

是发生在试验之外，发生在当它有需要的时候。当尼姆一边猛击关着的房门，一边用手势语比画着"快开门"时，我完全相信它学会了手势语。

在《别毙了那条狗》（*Don't Shoot the Dog*）一书中，凯伦·布莱尔（Karen Pryor）说通过观察动物对强化的反应，动物训练者可以获得对动物思维和情感的大量了解。她说如果她看到一群海豚中有一只高高跳出水面，溅起一个很大的水花，对此她会无法理解。但是如果她忘了给训练的海豚一只鱼作为其应得的奖励时，海豚再这样冲着她溅起水花，她就可以知道至少是在有些时候这种行为是一种"进攻性的表达"。当训练者忘记为动物提供应得的奖励时，不同的动物会有不同的反应。通过这些差异，我们可以了解其不同的性格，而只有通过仔细观察，我们才可以获得这些信息。无论在哪里，无论是试验室内还是在试验室外，好的科学研究都必须建立在仔细观察的基础之上。

通过田野研究保护野生动物

要想保护野生动物，必须要有良好的田野研究，猎豹就是这方面的一个例子。劳里·马克尔（Laurie Marker）是一位在野外对猎豹进行研究的动物学家。按照他的说法，在世界上 26 个有猎豹的国家，现在一共只有 12500 只猎豹，是 9000 年来数量最少的时期。更加危险的是，所有的猎豹在基因上都很类似，彼此之间如同克隆。遗传学家认为这种情况之所以会发生，是因为大约在 12 万年前，可能是在冰河时代，一次灾难性的事件几乎将所有的猎豹全部毁灭，剩下的猎豹只好近亲繁殖，结果导致现有的 12500 只猎豹基因比较单一，无法保证它们渡过下一次危机。一旦发生恶性的猫科动物病毒，死掉的可能不仅是一只猎豹，而是所有的猎豹。

要想维系猎豹种族的延续，人类需要积极干预。现在的方法是在保护野生猎豹的同时，为了保险起见，对圈养的猎豹进行繁育。圈养状态下的猎豹很难繁育，但是野外研究已经使其更加简单。提姆·卡罗（Tim Caro）对塞伦盖蒂平原上的猎豹所进行的研究是一个很大的突破。他发现在野生状态下，雄性猎豹并不和雌性猎豹生活在一起。通过他的研究，动物园意识到必须要将雄性和雌性分开饲养。

劳里·马克尔还有另外一个重大发现，那就是在猎豹家族，选择配偶的权力掌握在雌性手中。正常情况下，要想让动物进行繁殖，人们会给一个雄性提供多个雌性，让它从中选择追求的对象。在此过程中，做出选择的是雄性。但是猎豹并非如此，做出选择的是雌性猎豹。它会十分挑剔地从一群雄性猎豹中选择自己的如意郎君。更为不利的是，劳里还发现如果把雌性猎豹养在一起，它们会互相抑制雌性激素的分泌。因此，要想繁育猎豹，必须要将其分开饲养。正是有了这些野外研究的发现，动物园在繁育圈养猎豹的过程中才更加成功。

要想解决大象的问题，也需要优秀的田野观察工作。在非洲，大象会攻击甚至杀害人类，还会毁坏村落和农作物。雄性大象会强暴并杀害犀牛或其他的大象，这种情况十分糟糕。在 2005 年的《自然》杂志上有一篇文章，名字就叫《大象崩溃》（Elephant Breakdown），作者之一是位于肯尼亚的安博塞利大象研究小组的负责人。

这篇文章的作者认为大象经历了如此多的创伤，已经形成了创伤后应激障碍（PTSD）。它们会表现出创伤后应激障碍的所有迹象：异常的惊吓反应，抑郁，不可预测的行为和过强的进攻性。许多年轻的雄象变得十分暴力，会为了报复而杀害人类。它们之所以会有这种心理创伤，是因为它们看到了偷猎者杀害其雌性家族首领的一幕。与此同时，那种可以帮助它们应对这种创伤，而不是变得狂暴的文化已经遭到破坏。杀害年长大象是很糟糕的，因为正是它们约束着年轻大象的行为。

这种情况根本无法在试验室里进行研究并找到解决方法，而需要对大象仔细观察，并对大象的孤儿进行饲养。大卫·谢尔德里克野生动物基金会（David Sheldrick Wildlife Trust）致力寻求解决这一问题的方法，他们将还没有因心理创伤而一蹶不振的幼象孤儿收养起来，避免其产生恶劣的行为。在最初的两年，他们人工喂养这些幼象。在此过程中，小象会对其饲养者变得十分依恋。当小象两岁大的时候，人们会将其和其他 3 ~ 5 岁的大象放到一起。在这一阶段，这些两岁大的小象还要人工喂奶。

逐渐地，群体里年长的雌性大象开始成为自然的首领。与此同时，人们开始慢慢地让小象和其人类饲养者分开。这个过程必须要循序渐进，因为这些小象会对其饲养者恋恋不舍。小象必须要从年长的大象那里学习相处之道，因此两岁大的小象白天和象群生活在一起，晚上回来和饲养者一起过夜。饲养者也会教它们如何和人类相处，即使在它们很小的时候，也不允许它们和人类产生身体上的冲撞。

美洲狮攻击人类

人类和野生动物之间的危险冲突并非仅仅发生在非洲，在美国，我们同样需要良好的田野研究，只有这样才能避免人类受到掠食性动物（如美洲狮和灰熊）的攻击和伤害。与此同时，我们还需要开明的市民听从田野研究者的劝告。

大卫·巴龙（David Baron）写作的《花园里的猛兽》（*The Beast in the Garden*）是这方面的一本好书。在该书的开头，人们正在寻找一位失踪的跑步者。故事发生在科罗拉多州博尔德附近一个小镇的郊外。当人们找到跑步者的尸体时，起初他们以为他被一个疯狂的连环杀手所害，因为：

> "死者身着运动装，尸体已经被撕裂得一片狼藉，内脏已经被掏空，像一个南瓜。死者的胸口被挖了一个圆圆的洞，运动衫和里面青绿色的 T 恤都被撕破，皮肤和骨头被撕裂，胸腔暴露在外，各个器官被拉了出来。残忍的分尸之后，凶手又将受害者毁容，还在尸体的下半身撒上苔藓和小树枝，仿佛是在进行一项恐怖的仪式。"

当人们站在尸体周围目瞪口呆的时候，有一位搜寻者看到远处有一头美洲狮，正蹲在那里看着他们，它就是凶手。

很长时间以来，人们一直认为美洲狮不会攻击人类。截至当时，也就是 1991 年，在一个多世纪的时间里，还没有一头美洲狮伤害过人类。但是对美洲狮进行野外观察的研究者知道它们的行为正在发生变化。以前美洲狮总是远离人类，但是当时它们开始靠近人类的住所，当地的居民甚至可以从自家的窗户里看到它们。田野研究者知道这不是一个好兆头，但是居民并没有发现什么异常，甚至连野生动物系的专家也是如此。人们都喜欢和大自然亲密接触，他们把美洲狮的这种行为看成是人类和野生动物可以和平相处的证明。

但是美洲狮可不是这样想的，它们脑子里想的是人类也可以成为其捕食的对象。美洲狮并没有变得驯服，而是逐渐开始悄悄跟踪人类。一开始，它们越来越靠近人们的住所，然后开始捕食一些小宠物，最后开始对人类展开攻击。但是当田野研究者告诉人们这一切的时候，他们置若罔闻。即使是在跑步者受害之后，人们还是不愿意对美洲狮采取任何行动。

还有一件事情也很糟糕，现在这件事情依然在继续，那就是人类的行为和被掠食者很像。人类在树林里跑步、骑自行车，而快速移动是被掠食者的行为，这就会激发掠食者身上捕杀猎物的冲动。人们不应该在有掠食动物的地方跑步或者骑自行车。如果人们听从了田野研究者的劝告，他们就不会这样做了，因为田野研究者知道野生动物的思维模式和行为模式。在十多岁的时候，我在新英格兰读寄宿学校，当时我们经常到树林里徒步旅行，虽然人们都说林中生活着一头名叫乔治的美洲狮。有一天晚上，有人看到乔治穿过停车场，但是没有人感到害怕。在冬天的狂欢节上，我还装扮成它的样子。在当时，也就是 20 世纪 60 年代，人们并不在树林里跑步或骑自行车，因此乔治从来没有攻击过任何人。

保护生态系统

要想保护动物生活其中的生态系统，我们也需要田野研究。《科学美国人》（*Scientific American*）杂志上有一篇有趣的文章，讲的是熊和森林的关系。熊吃鲑鱼。在 20 世纪 40 年代，阿拉斯加的渔民很担心熊会把所有的鲑鱼都吃掉，于是他们想把大量的熊除掉。幸好这种事情并没有发生，这多亏了两位田野研究者——斯科特·詹德（Scott Gende）和托马斯·奎恩（Thomas Quinn），因为他们发现如果没有熊吃鲑鱼，我们可能就不会有森林。

道理是这样的，熊捕杀的鲑鱼要远远多于它们所能吃掉的，它们只是吃掉鲑鱼身上最好吃的那部分。有时它们只吃鱼卵，把剩下的整条鱼扔掉。此外，由于熊大部分时间喜欢独处，它们并非在水中捕到鲑鱼就马上吃掉，而是把鱼带到森林里享用，这样就不用和其他企图抢夺其食物的熊产生搏斗。到了森林里安全的地方之后，它们会把自己喜欢吃的那部分吃掉，剩下的那部分就丢在那里。

对于昆虫、鸟类和小动物来说，这是一件好事，因为它们可以食用剩下的那部分。对于森林来说，这也是好事，因为在动物们各取所需之后，剩下的那部分就会分解，成为土地的肥料。这两位富有创新精神的研究者发现在有些地方，溪流旁边的树木和灌木丛有 70% 的氮都来自鲑鱼。两位研究者说："熊是真正意义上的生态系统工程师，它们将来自海洋的营养物运输到河流两岸。"

这方面的另外一个例子是放牧活动，野外研究同样表明人们关于什么对环境有利、什么对环境有害的认识是错误的。有人认为放牧对草场不利，因为牲畜会使草地遭到破坏。很多情况下，这种看法是正确的，但是如果能够正确地放牧牛和其他的食草牲畜，可以改进土地的质量。实际上要想让草地繁茂成长，上面必须要有食草动物。例如，美国大草原的繁盛就离不了美洲野牛的功劳。

这些认识我们是从研究角马的野外研究者那里获得的。曾经有大群的角马漫游在非洲大平原上，它们从一个地方迁徙到另外一个地方。为了寻求保护，免受掠食者的捕杀，野外的食草动物总是会聚集在一起。角马有四个掠食者，分别是狮子、猎豹、土狼和猎狗，因此它们总是紧紧地聚在一起。它们必须食用大平原上一切可得的植物，而不能挑肥拣瘦。它们来到一块草地，啃上一阵子，然后就转移到另外一块草地。它们在一个地方停留的时间不会太长，因此不会对草地造成破坏。此外，在此过程中它们排泄的粪便也会使土壤更加肥沃。由于它们频繁地转移地点，植物就有足够的时间恢复生机。当它们下次来到这个地方时，这里已经又是一片葱郁。

没有大群的食草性迁徙动物，如野牛和家养牛，草地就会难以为继。艾伦·萨沃里（Allan Savory）是研究土地生态的专家。他认为世界上的土地有两种，一种是脆弱土地，一种是非脆弱土地。脆弱的土地很容易就会退化为沙漠，而非脆弱土地则不会。两者之间的主要区别就是非脆弱土地全年都有充足的水分，但是脆弱土地却会有旱季。两者之间的差异并非仅仅是降雨量的不同。在非洲的有些地方，降雨量很大，但是这里的土地依然是脆弱的，因为这些地方每年都会有漫长的旱季。有些地方会连续 8 个月没有降水，然后在其他的 4 个月里降雨量却多达约 150 厘米。

艾伦·萨沃里发现，如果将所有的食草动物都从土地上赶走，非脆弱土地会变成森林，而脆弱土地则会退化为沙漠。亚利桑那州的沙漠化我是亲眼看见过的。在 21 世纪之初，当我开车经过一些牧场时，那里的景象让我大吃一惊。在 20 世纪 70 年代，那里还是一片片美丽的草场，植物茂盛，品种繁多，但是当我再次见到它时它已经退化为丑陋的沙漠，上面只剩下刺柏丛。

无论什么样的土地都不会自动变成草地，草地是由食草动物和大火所创造的，维系草原生命力的也是它们。

不适当的放牧活动有可能会使土地遭到破坏，但是如果没有食草动物，土地同样有可能会遭到破坏，尤其是脆弱土地，会变得十分糟糕。现在亚利桑那州的一些地方土地已经退化，干旱贫瘠的土地上只有零星的草丛。只要看一下牧场栅栏的两边，你马上就可以看出正确放牧的脆弱草地和没有放牧的土地之间的差异，这种差异是相当显著的。

人们之所以会认为放牧活动对土地不利，是因为如果管理不当，牛群会在很大的面积上分散开来，它们挑肥拣瘦，只吃最好吃的嫩草，把不好吃的杂草留下。当它们过于分散的时候，对草地的利用就不会均匀，施肥也不会均匀。

要想让家养牛像角马和野牛那样吃草，就必须要让它们聚集在一起。在崎岖不平的山坡上，可以使用巴德·威廉姆斯（Bud Williams）的安静放牧法。在平坦的平原上，便携式的电子栅栏是最为有效的工具之一，可以让牛群模仿野牛的行为，在一个地方吃几天，然后转移到另外一个地方。

现在，大自然保护协会（Nature Conservancy）将放牧看成是良好的保护项目的一部分，但是如果没有优秀的田野研究，我们不可能知道这一点。多亏了富有革新精神的牧场主发明的草场轮牧方法，牧场的质量得以大大改善。

先驱难为

作为一个富有创新精神的田野研究者并不容易，需要付出很多。当艾伦·萨沃里初次将他在非洲的研究发现公布于世的时候，很多人认为他精神有问题。我还记得 20 世纪 70 年代我们之间的一次长谈，当时他刚在美国的一个牲畜养殖大会上做过报告。他知道自己是正确的，但是却不得不承受来自各方面的攻击，因为人们认为他会把牧场毁掉。这是一场学术界和田野研究者之间的冲突。现在有很多牧场主在成功使用他所发明的轮牧方法，有些有远见的科学家已经开始对其进行研究，表明这种方法是可行的。

艾伦·萨沃里称其土地管理方法为整体管理法，因为它将很多因素都考虑了进来。与试验室研究和数学模型相比，田野研究几乎总是更加注重整体，因为在田野研究中，一旦一个研究项目开始进行，你就必须要从整体着眼。与专门从事理论研究的科学家和模型构建者相比，田野研究者对整个生态系统的理解未必更好，但是他们面对的却总是整个生态系统。这样过了一段时间，他们就会对整个系统很有"感觉"。从事理论研究的科学家一次只能研究一两个孤立的变量，而模型制作者只能把系统中他们充分理解、可以构建模型的那部分考虑进来。全球升温模型就是这方面的一个例子，其中包括海洋和大气的流体动力学，但是基本上将云和灰尘排除在外，因为科学家对云和灰尘的了解还不够多，不足以构造其数学模型。我不是说全球升温的数学模型是错误的，只是说它并不能将所有和天气有关的因素包括进来。对于野生动物来说也是如此，没有一个模型可以包括所有影响动物和其生态系统的因素，这些因素千奇百怪，而模型所能描述的世界则过于简单。

从事理论研究的科学家和田野研究者需要相互合作。遗憾的是，成就一位优秀田野研究者的激情常常会和学术界发生冲突。优秀的田野研究者富有开拓进取的精神，敢为天下先。理论科学那种缓慢的、累积式的方法会让他们感到不耐烦。他们有时会犯这样的错误，即攻击从事理论研究的科学家，而不是寻找其中有创新精神的那部分人，让他们证明自己观察到的结果。一些最优秀的研究将理论科学（如DNA分析）和认真的田野研究结合了起来。在植物学领域，分子生物学家正在和研究整株植物的科学家合作，这种合作有助于我们更好地理解植物的物种，使其免于灭绝。类似的方法也适用于野生动物。

实践性学习很重要

为什么我们现在会如此缺少从事田野研究工作的人呢？我认为原因应该追溯到童年时期，现在的孩子们整天待在家里，在电脑上打篮球，而不是走到户外去投篮。理查德·鲁夫（Richard Louv）写了一本书，书名叫《树林里的最后一个孩子》（*The Last Child in the Woods*），说现在的孩子患上了"自然缺失症"（nature-deficit disorder）。书中提到有一位男孩说他喜欢在室内玩，因为电源插口就在室内。现在许多小孩很少有时间到户外自由玩耍，因此也就失去了探索自然界的机会，无从感受大自然所带来的快乐。如果一个人童年时期就对动物或植物感兴趣，那么他长大后往往会从事和野外研究有关的工作。通过户外的自由玩耍，他们还可以学会十分宝贵的解决问题的能力。

我见过大学生身上的各种问题，因为他们从来没有学习过美术，或者是从来没有动手建造过什么。由于这种实践经验的缺乏，他们难以理解在物质世界里不同事物之间是怎样相互联系的。那些跟我学习设计的学生竟然画不出一份像样的图纸，尤其是那些从来没有学过如何使用圆规或者不会手工制图的学生。我教授牲畜运输设备设计已经长达 18 年，大约从 2000 年开始，绘图有困难的学生越来越多。我认为这是因为他们在小学阶段没有学习过动手绘图。上一个学期我告诉学生们要买圆规用来画圆。课后有一位女孩走过来说："老师，工具我买了，但还是没法完成作业。"在英语里，"compass"既可以指圆规，又可以指罗盘，原来她买了一个童子军用的罗盘，然后用笔沿着罗盘的外围画了一个圆，难怪她不知道如何画出大小不同的圆。这个问题不仅限于学生，在我审核来自世界各地的屠宰场图纸时，也会发现同样的问题，而这些图纸是由制图员绘制的。那些学会了手工绘图的老制图员转而使用电脑也不会有问题，但那些只会电脑绘图的年轻制图员却常常会犯一些很低级的错误，如不知道圆心在哪里。

问题是年轻的制图员从来没有学习过如何使用圆规画圆，也从来没有动手建过什么。在计算机上画圆时他们看不到自己的错误，因为他们不用先确定圆心，但是如果用圆规画圆，就必须先确定圆心。手可以帮助眼睛看得更加准确。奥利佛·赛克斯（Oliver Sacks）曾谈到过一位幼年失明、成年后又恢复视力的人。为了能够理解双眼所看到的事物，他必须要用手对其进行触摸。我相信在我们的神经系统内部，一定有什么东西在阻止鼠标和大脑之间建立联系，而触觉却可以和大脑建立联系。要想准确认知一个物体，必须触摸它、感受它。

工程学领域也正在变得越来越抽象，大学里所传授的更多是工程科学，而不是工程设计。以前，只要是工程学毕业的人都知道如何设计一台内燃机。现在，大部分学工程的学生做不到这一点。20 年前，《技术评论》（*Technology Review*）上有一篇文章，说学生"可能学习了不同材料的优点和特征，学习了气体流动的方式和在汽轮机内反应的方式，但是他们却不一定了解发动机是如何被设计、生产并组装的，他们甚至不了解各个零部件是如何运作的"。幸好，现在有一些创新性的工程科目，让大一新生有机会设计并测试一个新产品的原型。那些参与这类实践活动的学生往往不会被要求中途退出这一课程。

通过变化改进动物的境况

我认为人们总体上正在变得越来越抽象化。也许你常常会听说自闭症孩子"生活在他们自己的小世界里"，但是现在生活在自己小世界里的是正常人，而他们的小世界是语言的世界、政治的世界。以前那些想帮助动物的人会学习动物行为，现在他们会学习法律。这是很不好的，因为当一切问题都要通过法律途径来解决时，我们就会对现实中的动物视而不见。下面我要提供的例子来自我在畜牧业的经验，但是我所学到的原则也同样适用于野生动物问题。

20 世纪 70 年代，人道协会（Humane Society）曾派代表参加主要的畜牧业协会的董事会。这样人道协会就可以直接了解畜牧产业的运行情况，可以知道怎样在不影响生意的情况下，对一些情况做出改变。

在 20 世纪 80 年代，美国人道协会曾出资赞助我为屠宰场发明中轨制约系统，现在他们是不会这样做的。现在的动物福利组织很少会资助畜牧业的改革和改善。随着人们变得越来越抽象化，他们也变得越来越激进。现在动物福利组织和畜牧业之间的关系完全是对立的。

这种对立在每一个层面都可以看到。前不久我到一个大学访问，那里有一门关于动物和公共政策的课程。在他们的图书馆里，全部都是动物福利方面的杂志。我告诉他们："我觉得你们应该订一些畜牧业方面的杂志，如《饲料周刊》（*Feedstuffs*）、《肉类与家禽》（*Beef*

Meat and Poultry）和《国家猪农》（*National Hog Farmer*）。"要想制定行之有效的政策，就需要获得与问题相关的各个方面的信息。

不列颠哥伦比亚大学的戴夫·弗莱瑟（Dave Fraser）是动物福利方面的权威科学家，他说要想了解一个问题，你要阅读的文献不应该来自过于极端的人。我认为他说得对。对于比较复杂的问题，动物福利组织和畜牧业组织通常都会给出过于简单化并相互矛盾的信息。**我的整个职业生涯告诉我，在大多数情况下，解决动物问题的最佳途径就是采取中庸一点的方法。我常告诉我的学生，真理往往就在中间。**

有时激进的政治是有好处的。如果没有动物福利的活动分子，麦当劳就不会聘任我设立福利审核系统。我将动物福利政治比喻为金属冶炼，大公司如同钢铁，活动分子则是温度，活动分子让钢铁更加柔韧，然后我就可以将其弯曲成漂亮的花格子图案，对其进行改革。

但是对于动物来说，完全抽象化的法律渠道是没有好处的，因为如果动物权益组织试图仅仅依靠制定法律和发起诉讼来做出改变，往往会产生出乎意料的后果。法律渠道的问题是它过于抽象，人们很难预料在现实中什么会发生在动物身上。

看一看美国对马的屠宰就可以理解这一问题。通过不懈努力，人道协会将美国本土所有的马屠宰场关闭。结果很不幸，现在老迈的马匹被运到墨西哥，在那里它们要继续劳作，忍饥挨饿，直到最后因营养不良和过度劳累而死掉。假如你是一匹这样的老马，你是愿意食不果腹地被套到货车上弄得身上伤痕累累呢，还是愿意直接到美国的屠宰场呢？我曾和一些努力想要关掉屠宰场的人展开讨论。我说："如果你们这样做，一定要确保马的命运不会因此而更加悲惨。"我最担心的事情果然发生了，成千上万匹马被运到墨西哥，在那里它们被残忍地杀害，屠刀直接刺入它们的脖子。的确，在理想的世界里，所有退役的、无法再骑的马匹都应该被送到庇护所，但遗憾的是我们并非生活在理想的世界里。

　　我们需要更多像我朋友亨利·司皮拉（Henry Spira）那样的动物福利活动分子。他十分理智，曾是全美海员工会的劳工谈判代表。他衣着邋遢，生活在一个狭小的公寓里，陪伴的只有两只猫和被它们撕破的硬纸箱子，他称这些箱子为猫的雕塑。

　　亨利可能患有轻微的阿斯伯格综合征。他创办了一个名为"动物权益国际"的小组织，实际上这个组织的总部就是他的公寓。他办事效率很高，对野生动物保护感兴趣的人应该学习他的方法。他成功说服露华浓（Revlon）停止在动物身上测试化妆品。使亨利如此高效的只有一点：他说的都是好话。当露华浓做出改革的时候，其他的活动分子继续对其进行批判，但是亨利却说："不要对露华浓不依不饶。也许他们并不完美，但他们是好人。"亨利知道什么时候应该施加压力，什么时候有所让步。在他的努力之下，这一领域发生了一些建设性的变化。1998 年，亨利因癌症去世。现在，我们需要更多像他这样的人。活动分子需要了解现实中的情况，只有这样才能有真正的改革，而不至于出现意料之外的、对动物造成伤害的可悲后果。

野生动物对当地人的经济价值

　　要想保护野生动物，必须让野生动物对当地的人产生经济价值。如果动物影响到人们的生活，你很难让人们不去干扰动物的生活。假如我是当地的部落民或农民，大象吃掉了我全家人的粮食，我是不会对它们有好感的。对野生动物必须加以管理，否则它们只有死路一条。因此必须要有激励机制，让当地人想要野生动物生活在他们周围。让野生动物对当地人产生经济价值的一个方法就是生态旅游，如果能够通过旅游业谋生，当地人就会主动保护野生动物。

　　印度的雪豹保护协会开发了一个名为"家庭寄宿"的项目，游客可以住在当地莫戈尔牧民的家里，这样牧民们就可以从中挣钱，自然就会积极保护雪豹。与此同时，雪豹保护协会还出资建起结实的围栏，保护牧民的牲畜。这个协会的创办人是罗德尼·杰克逊（Rodney Jackson）。根据他的估计，每一个让村民免受雪豹侵扰的围栏可以拯救5条雪豹。他们还和当地的宗教领袖合作，劝说牧民们保护野生动物。

有两种方法可以对野生动物进行管理，其中第一种就是建立国家公园。要想有一个相对自然的环境，国家公园必须要有足够的土地，只有这样生态系统才能正常发挥作用。大型的食肉动物比小动物需要更多的土地。如果土地面积太小，狮子和其他的大型食肉动物无法在其中生活，其他种类的小动物就会泛滥成灾。国家公园的开辟和维护十分重要，如美国的黄石公园和非洲的克鲁格国家公园。无论是陆上还是海洋的国家公园系统都应该继续扩大。第二种方法就是对国家公园之外的野生动物进行管理，这是野生动物遭受损失最大的领域。在世界上的欠发达地区，除非有经济上的激励促使土地所有者保护野生动物，否则野生动物就会因盗猎和土地开发而遭到破坏。要想让旅游业成为促使人们保护野生动物的经济因素，当地人从中获得的收入必须要足以让他们谋生，能够弥补野生动物对其农作物和牲畜造成的损失。

自然保护人士麦克·诺顿 – 格里菲斯（Mike Norton–Griffiths）生活在肯尼亚，根据他的说法，从 1977 年开始，在肯尼亚国家公园之外的大型野生动物已经损失了 60% ~ 70%。而正是在这一年，肯尼亚政府通过法律，宣布捕猎野生动物和在牧场上饲养野生动物非法。这并非是巧合，让野生动物消失的正是这条法律，它使情况更加糟糕，但是一些大型的动物权益保护组织至今还在为这条法律辩护。

这条法律对野生动物的伤害在于它使野生动物失去了栖息地。在 1977 年之前，野生动物生活在两个地方：政府的保护地和野生动物饲养者私人拥有的开放式草场。一旦饲养野生动物的行为被宣布为非法，饲养者就无法继续维持其草场。为了养家糊口，他们只好把草地犁掉，种上庄稼。这条法律带来的结果完全违背了初衷，和我们保护动物的宗旨背道而驰。我们需要通过法律，鼓励人们善待野生动物。1977 年的这条法律激励着人们为了经济利益去破坏草地，因此使野生动物丧失了其栖息地。

对于非洲的大土地所有者来说，最大的利润来自经营捕猎大型动物的游猎项目。从网上我看到很多推销这种游猎活动的广告。一个为期 10 天的猎杀羚羊和疣猪的旅行一般要花费 9500 美元，这还不包括飞机票的费用，而一个 21 天的旅行则要花费 4 万美金。这样的价格可以养活很多当地人。我对这种游猎活动并不感兴趣，也不会参与这一类活动，但是如果它能够激励土地所有者保护好这些野生动物的栖息地，牺牲私人土地上的一些疣猪、羚羊和角马是必要的。

我花了 25 年的时间才意识到金钱是主要的激励因素，经济因素既可以帮助野生动物，也可能会对它们造成伤害。盗猎者和其他不法之徒之所以会杀害动物，是因为有象牙、犀牛角和动物其他部分的市场。如果动物权益活动分子通过有效的教育项目，让亚洲的年轻一代认识到他们不应该购买皮草或其他源自野生动物的产品，对动物来说，这也许比制定像非洲那样的法律更有好处。必须要将促使不法之徒盗猎野生动物的经济因素切断，必须要创造经济上的激励机制，鼓励人们保护野生动物和其栖息地。

制定这方面的法律不能违背人性，否则受害的就是动物。

人们能够应对复杂的系统吗？

参与制定野生动物政策的人需要更多地了解复杂的系统是如何运作的。有一本书很有名，书名叫《失败的逻辑》(*The Logic of*

Failure），作者是迪特多希·多纳（Dietrich Dorner）。这本书谈的是人们在面对复杂的系统时所发生的情况。多纳博士是德国的心理学家，他做过很多计算机模拟试验，让专家管理他所创造的复杂系统。

在其中一个模拟试验中，参与试验的人要管理西非地区一个被称为摩洛人的半游牧部落民族，他们养牛，种植谷物。在模拟一开始，摩洛人的情况十分糟糕，婴儿的死亡率很高，人的寿命也很短，这里经常会发生饥荒，他们的牛也受到采采蝇的骚扰。

在模拟之初，每个人都有很多资源可以利用，如资金、肥料、钻井技能，还可以建立医疗系统，等等。参与这一试验的人都很聪明，也受过良好的教育，但是最后他们几乎全部都让情况比一开始更加糟糕了。仅仅过了模拟的 20 年之后，多纳博士就只好说："现在摩洛人的情况已经无可挽回，只有通过大规模地注入外援才能有所缓解。"

并不是试验中的每一个人都失败了，那些成功管理复杂系统的人就像田野研究者那样，他们比较务实，而不是纸上谈兵。他们仔细观察摩洛人的生活境况，不停地问自己他们所做的能否奏效，尤其是对于出乎意料的情况有足够的思想准备。每当出现这种情况时，他们就会调整行动，并将新的情况考虑进去。

这和抽象化是截然相反的。按照多纳博士的说法，"一项措施的效果几乎总是取决于执行这一措施的背景。在一种情况下产生良好效果的措施在另外一种情况下也许会造成灾难。……很少有放之四海而皆准的规律可以指导我们的行动。对每一种情况都要以全新的眼光来重新认识"。在我的工作中，我会说动物让人难以捉摸，它们有自己的想法，有时它们的行为让人难以预料。我们必须要注意这一点，并在必要时对设计做出改动。

教学生学会观察

我已经在科罗拉多州的柯林斯堡（Fort Collins）生活了 18 年，因此有机会注意到加拿大黑雁行为上的变化。以前它们总是会生活在很大的群体里，但是现在我看到越来越多的黑雁成对出现在城市周围。它们有时在银行前面的草地上觅食，有时在学校楼房的台阶下栖息。因为在这里没有人捕捉它们，它们开始分散开来，而不像以前那样聚集在一起。动物的行为会随着环境的变化而变化，善于野外观察的人马上就可以注意到这些重要的细节。

在我的牲畜管理课上，我会让学生做一个练习，以此教他们学会通过观察而不是抽象化来理解动物。我让他们捕捉并运输虚构的动物，例如我会告诉他们，在山里有一条会喷火的龙，他们的任务就是将其活着弄回来，但是又不能让其喷火将柯林斯堡和我们的大学烧掉。有时我会告诉他们，田野里有一只约 3 米高的长腿蜘蛛，他们的任务是在不折断其长腿的情况下，将其活着弄到试验室。我还告诉他们不能使用任何虚构的、现实中不存在的东西，例如不能使用魔法射线枪将龙制伏，而必须要利用现实生活中已有的东西。

对此，兽医专业的学生第一反应总是："那我们就给它注射药物。"

这时，我会对他们说："你对这条龙一无所知，难道就要给其注射氯胺酮将其麻醉吗？你不知道麻醉药物对其是否有效，是否会将其杀死，是否会让其暴怒不已。如果把它惹火了，说不定它会把柯林斯堡夷为平地的。"

然后我会告诉他们："为什么不多观察它一段时间呢？"

如果我想要捕捉一条龙，我可能想要知道它两次喷火的间隔是多长时间。我会乘直升机对其进行挑衅，让它把火喷出来。如果它要过几个小时才能再次喷火，这段时间就是捕捉它的安全时间。

对于约 3 米高的长腿蜘蛛，学生们马上会说："我们可以骑马出去，用绳子将其套住。"

我告诉他们这样会弄断它的腿。

这样一来，他们就会一筹莫展。我提醒他们说："要记住，天气寒冷的时候昆虫会休眠，因为它们是冷血动物。"我告诉他们应该等到气温降下来之后再去捕捉，如果想现在就捕捉，就必须要让它感到寒冷，进入休眠状态。接着我让学生们进行头脑风暴，思考怎样才能在不让其冰冻而死的情况下做到这一点。同学们想到的办法是用帐篷把它围起来，然后安装空调为其降温。

此后我问他们怎样才能在不折断其腿的情况下将其运到丹佛来。

他们通常会无计可施。于是我就提醒他们，说只要用一个很常见的东西就可以解决这一问题，在科罗拉多州，这样的东西很多。

答案是冷藏车，在对其进行冷冻之后，我就可以将其折起来，放进冷藏车，将温度设在华氏 45 度左右，将其运到丹佛。

这就是田野研究者思考问题的方式。

09.

动物园

我小时候去动物园，发现那里的猴子、大型猫科动物和其他的所有动物都生活在各自的围栏里，围栏里光秃秃的，就像铺有瓷砖的浴室。那些动物无所事事，百无聊赖。我记得有一头可怜的大象就站在一个地方，来回摇动。当时的情况十分糟糕。

　　20世纪70年代我生活在亚利桑那州的时候情况没有任何好转。为了上好动物行为课，我们需要去动物园里观察动物，但是那里几乎没有什么值得观察的动物行为。观察那里的丛林狼是没有意义的，因为它们只会无休无止地原地转圈。大型猫科动物整天就知道睡觉，因为菲尼克斯这个地方天气太炎热。我最后选择了非洲大羚羊进行观察，因为它们生活在一个大型的围栏里面，能够享受这种待遇的动物并不多。在这里，它们生活在群体之中，因此行为稍微丰富多样一点。我看到相邻围栏里的两只雄性羚羊正在隔着铁丝栅栏进行"角"斗。偌大一个动物园里，这就是动物们最值得一看的事情了。

　　动物园对改进动物境况的最初尝试很简单，就是为猴子们提供了一些绳子，让它们可以荡秋千。从此，猴子们贫瘠的环境里就有了绳子可以玩耍，而其他所有的动物则依然要么整天睡觉，要么来回绕圈子。

　　值得庆幸的是，从此之后很多动物园在改进动物生活环境方面有了很大进步。我们对20项丰富化项目进行研究分析，发现平均下来这些项目将动物的刻板行为减少了一半，这样的成效是很显著的。

动物园还形成了一套很好的常识性标准来判断动物的福利状况：

动物的行为正常吗？（是否有异常行为？如重复性的刻板行为、异常的进攻性和自我伤害行为。）

动物的行为是否多样？（它是否有多种行为模式？）

动物是否自信？（它是否在围栏里自由行动，而不是一副很恐惧的样子？）

动物休息时是否很放松？（或者是否总是高度警惕？）

这4个问题是圈养动物福利简单的、常识性的判断标准。动物园的饲养员如果对所饲养的动物足够了解，很容易就可以提出这些问题，也可以很容易给出答案。饲养员如果能够理解这些问题的用意，就可以收集很多有用的信息，帮助我们了解怎样才能为圈养动物创造良好的心理和情感生活。

其次就是所有的饲养员都应该学会识别异常行为。我去过一个水族馆，那里有一只海豚正在池子里独自来回游动，游动的方式千篇一律，毫无变化。它先是沿着池底从一端游到另一端，然后向上以45度角横穿过池子。游到水面之后，再转身沿着水面游到池子的另一端。接着，它再次以45度的夹角向下游到池子底部的角落，回到最初的出发点。很多动物都会出现原地转圈的刻板行为，它们在同一个层面上移动，但是这只海豚的游动形成了一个阿拉伯数字"8"，并且占用了水池的三个维度。它的行进路线很不正常，饲养员却依然没有意识到这是一种异常的刻板行为。好的动物园会对其员工进行培训。丰富的环境对于预防异常行为十分重要，但还是有很多动物园经理没有充分认识到这一点。这部分是因为他们即使看到异常行为也意识不到。

还有的动物园被关于动物福利的错误认识所误导，其中一个最为常见的错误认识就是"回复自然"的方法，其目的在于让动物园的环境尽可能地接近动物的自然栖息地。这听起来似乎很合理，但是仔细一想就会发现动物园里的"自然"绝对不同于现实世界中的自然。真正的自然意味着掠食者或被掠食者，意味着疾病、饥饿和危险，但是除了疾病，这些都不会出现在动物园里，并且动物园里的动物只要一生病，马上就会得到兽医的治疗。有些动物园耗费大量资金，建得越来越花哨，这样在人类看来是够自然的了，但是对于动物来说，这个环境和水泥建造的笼子一样十分枯燥，它们感受到的只有痛苦。记得在一次老虎展览上，那里的环境看起来的确很漂亮，有很多水泥筑成的假山，但是那里的老虎依然无所事事。对于人类来说，这个环境充满了视觉上的刺激，但是对于老虎来说，依然十分贫瘠。

动物园里的被掠食动物和恐惧

首先，我要将被掠食动物和掠食动物分开进行讨论，因为对于不同的动物来说，这几种蓝丝带情感有不同的地位，主要的区别存在于掠食动物和被掠食动物之间。对于被掠食动物来说，饲养员需要考虑的最重要的情感系统通常是恐惧系统，但是对于掠食动物来说，最为重要的往往是寻求系统。

总的说来，我发现和大型掠食动物相比，食草动物更容易适应动物园内的生活，如鹿、羚羊、水牛和其他的有蹄类动物。这些动物在野外要花大量时间吃草，而动物园为其提供大量的草料是很容易的，这可以在很大程度上满足其寻求系统。

所有的被掠食动物都很胆小，因此对于它们来说，首先要确保不要总是刺激其大脑里的恐惧系统。物理环境对于恐惧系统和对于寻求系统同样重要，我发现很多饲养员没有认识到这一点。动物园的饲养员和养鸡者犯了同样的错误，他们都以为只要周围没有掠食者，被掠食动物就会感到安全，但事实并非如此。母鸡需要一个隐蔽的地方下蛋，这和它是否遇到过狐狸没有关系。在动物园里，许多小型的被掠食动物需要可以让它们藏身的地方。仅仅有一个隐蔽的角落供它们撤退或者是一个障碍物提供遮挡是不够的。经过很多年的演化，这些动物已经学会了躲避来自空中的掠食者，而躲避空中掠食者的唯一方法就是藏到一个物体的下面。

灵长类动物的需求与此恰恰相反，如果晚上没有高处可以休息，它们就会因为被暴露感觉担惊受怕。在丛林里，在树上睡觉比在地上更安全，许多灵长类动物生来就知道树顶上更安全。

要想理解动物需要怎样才能感到安全，必须要观察它在野外的行为，如观察它在哪里睡觉，受到掠食者威胁时它会躲藏到什么地方，以及它选择的地方有什么特征。要想不让其恐惧系统总是处于活跃状态，动物园里的环境必须具备这些特征。

旧事物，新地点

正常的人很难理解动物的恐惧，尤其是动物园里被掠食动物所感受到的恐惧。《我们为什么不说话》一书出版之后没过几个月，我接到一个动物园的电话，他们说将羚羊从晚上睡觉的棚子里弄到展示区要费很大的力气。要想到达展示区，羚羊必须要经过一个两侧有栅栏的小径。有时一切都很正常，但有时候它们会踟蹰不前，不愿意经过那个地方，那里一定有什么让它们感到害怕。

动物园之所以会给我打电话，是因为他们读了《我们为什么不说话》这本书，并且按照书上说的去做了，但依然不能解决问题。他们不知道到底怎么回事。

于是我就到了那里，和饲养员们进行交流。他们认为问题一定和新奇性有关系，但是那里没有什么新奇的事物。有时候羚羊会乖乖地走过小径，有时却不肯向前挪动一步，但是他们却看不出这两个时间小径有什么不同。他们看了一遍又一遍，出问题的时候和不出问题的时候一切都一样。

我进去看了看，发现饲养员说得对，小径上的确没有什么新奇的事物。

后来才发现问题在于旧事物被放到了新地点。这条小径被铁丝网栅栏所包围，栅栏上有一个电箱。本来电箱上应该安装一个警告牌的，但是由于没有合适的螺丝，那里的工作人员就把警告牌倚靠在电箱下面的栅栏上。

这个警告牌没有放稳，有时会被碰倒，问题就出在这里。警告牌的正面有黑白两种颜色，背面是金黄色的。当它倒下时，金黄色的一面就会暴露出来。黄色很容易吸引动物的注意力，这是因为只有灵长类动物和鸟类才拥有全色视力，而所有其他的动物都是双色视力，这就意味着它们只能看到两种主要的颜色——蓝紫色和嫩黄色，而看不到红色。周围环境里任何黄色的物体都会十分显眼，它们马上就可以注意到。每当警告牌被撞倒在地时，金黄色的背面就会露出来，羚羊就会对此做出反应。

对它们来说，也许更加恐怖的是警告牌离开了原来的位置这一事实。大部分时间警告牌都会在原有的位置，即倚靠在栅栏上，这也是羚羊期望它所处的状态。如果它突然躺到了地上，并且成了金黄色，对于羚羊来说，这是一个很大的变化。

人类之所以无法注意到这一点，是因为对于人类来说，警告牌就是警告牌。正常人很难像动物那样思考问题。我们不妨这样打个比方，如果你走进客厅，发现沙发被翻了个底朝天，还被喷上了另外一种颜色，对你来说这一定是一件很恐怖的事情。

在同一物种内部，不同个体之间也有不同的超级具体化的恐惧。大部分的恐惧都是后天习得的，因此动物园里身世不同的动物会形成不同的恐惧。这些恐惧会十分具体，因为它们是以声音或图像的形式储存在动物记忆里的。通常情况下，动物对于中性事物的恐惧是因为当一件可怕的事情发生时，它们看到了或者听到了这个中性事物，这就让饲养员更加难以分析问题出在什么地方。我还遇到过这样一个情况，一头大象害怕柴油机的声音，但是汽车的发动机对它来说却没有任何影响，这是因为它曾被一台大型拖拉机撞到过。幸好，它的饲养员知道问题何在，于是就将柴油机带动的设备放得离它远远的。

要想克服这种超级具体化的恐惧，只有一个办法，那就是通过仔细观察，弄清楚究竟是什么在惊吓它们。一旦找到了使其害怕的人或事物，你有两个选择，一个是努力让其习惯其恐惧的对象，另外一个是将其恐惧的对象从其环境中移除。如果这个对象可以轻松地排除，就将其排除。但是如果恐惧的对象十分常见，如白衬衫，最好能够让动物学会习惯衬衫，因为我们不可能禁止所有的人穿白衬衫。对于不那么胆小的动物来说，让其克服恐惧会更加容易。

训练动物配合治疗

动物园的工作人员还要训练圈养的食草动物习惯治疗和其他形式的接触。对所有圈养的动物都需要这样，但是被掠食动物尤其如此。饲养员必须学会如何训练胆小的动物习惯接受治疗。

在我刚一开始从事这一工作的时候，训练胆小的动物配合治疗还是一种新想法。大约十年前，丹佛动物园的营养师南希·厄尔拜克（Nancy Irlbeck）想做一项研究，了解一下动物园里4只白斑羚（一种小型的南非羚羊）血液里维生素 E 的含量，这项研究是她的营养与健康研究的一部分，但问题是压力会抑制维生素 E 的水平，因此如果让白斑羚感到紧张，就不可能得到精确的数据。

南希给我打了电话，问道："我们怎样才能在不让羚羊紧张的情况下，从其身上获取血样呢？"我告诉她说方法只有一个：必须要训练它学会在抽血时主动配合，没有其他的办法。

人们认为这种想法很疯狂，因为白斑羚十分胆小。知道这一点的人马上反对，说这个办法行不通，根本就无法训练它们，因为在人们试图改变其行为的过程中，它们会惊慌失措，伤害到自己。

我坚信这是可以做到的，于是就和一些优秀的学生一起对其进行训练，直到它们能够安静地站在那里，让兽医抽取血样。

要想训练像白斑羚这样胆小的动物，关键的一点就是要从漫长的习惯化开始。在我训练它们进入木头笼子并安静地接受抽血之前，仅仅让其习惯木门开关的声音就用了 10 天的时间。第一天我们把推拉门只移动了约 2.5 厘米，因为如果再多移动一点，它们就会惊恐不已。人们担心的就是这一点：如果它们受到惊吓，在惊慌失措的过程中它会伤害到它们自己。

我们不得不考虑的另外一个危险就是胆小的动物会形成恐惧记忆，这种记忆十分强烈，它们会永远也无法从中走出来。如果在一开始我们就让它感到恐慌，哪怕是只有一次，后面就不可能将训练继续下去。

我们很快就发现要想成功地让胆小的动物完成习惯化的过程，关键的一点就是千万不要在"定向阶段"（orienting stage）对其施加过多压力。"定向"是指动物或人在听到新奇的声音或看到新奇的事物之后所做的反应：停下正在做的事情，将注意力转向新事物或发生新奇的声音的地方。在定向阶段，胆小的动物会在极短的时间内做出一个决定："我是该惊慌而逃，还是该继续观察？"其选择要么是开始寻找，要么是让恐惧或愤怒占上风。

在我看来，和其他动物相比，被掠食动物的定向阶段和恐惧之间的转换更加迅速。有一次，我开车行驶在高速公路上，在我前面相邻车道上是一辆拖车，忽然一块长约 1.8 米、宽约 0.6 米的木板从拖车上掉了下来，斜着冲我飞过来。我的注意力马上像雷达一下锁定了这块木板，那一刻仿佛一切都慢了下来，木板似乎在朝我的车漂浮过来一样，我的驾驶也仿佛变成了全自动模式。我把车转到应急车道，两个前轮骑跨着木板开了过去。在此过程中，我处于一种高度全神贯注的状态，没有任何情感因素介入其中。当我回过神来，意识到已经安全无恙时，恐惧系统这才开始活跃起来，我感到十分后怕，但是在那一刻之前一点都没有感到恐惧。如果我一看到冲我飞来的木板马上就惊慌失措，就可能会发生很可怕的事故。

我从来没有见过被掠食动物有与此类似的反应，它们十分胆小，如果在其对新奇刺激做出定向反应的阶段对其施加过多压力，它们会直接变得惊恐万分，会伤害到自己，甚至会因此而丧命。因此在习惯化的过程中，只要羚羊开始对我们的行动做出定向反应，我们马上停止。第一天，我们将木门移动了约 2.5 厘米，羚羊开始对这一响动做出定向反应，于是我们就停止了当天的训练。到了第二天和第三天，我们把门移动得更多一点。只要它们开始做出定向反应，我们就停止当天的训练。为了让羚羊习惯开门这一动作，我们一共用了 10 天时间。10 天之后，即使我们猛地把门打开，也不会引起它们的注意了。无论我们以多快的速度把门打开，也无论我们把门打开多少，它们都不再有定向反应。

从此我们就可以开始将训练和习惯化结合起来进行。我们用好吃的食物将它们吸引进笼子里，只要它们对笼子或训练过程做出定向反应，我们马上停止。

就这样，和以前一样，我们连续几周，每天训练 15 分钟，直到最后它们乖乖地进入笼子，安静地站在那里，让我们从其腿部抽取血样。在此过程中，我们没有使用任何镇静药物，这样的结果让人们很是吃惊。以前，要想从大型的被掠食动物身上抽血，唯一的办法就是用麻醉枪将其麻醉，在其失去知觉的时候抽取血样。动物园每年至少有一次要这样将动物麻醉，而这会给它们造成严重的心理创伤。我曾和许多动物园里的兽医交流过，他们进行过很多这样的麻醉，有的最后不得不离开这份工作，因为动物已经对他们恨之入骨。

即使在接受过我们的训练之后，那里的羚羊还是不让以前麻醉过它们的兽医靠近。陌生的兽医可以对它们进行体检，但以前的兽医却不行，因为它们记住了那些兽医的声音、外貌和走路的姿态。这些羚羊不仅仅是害怕，还很愤怒，它们痛恨那些做出这一可怕举动的可恶兽医。

动物园并不会对所有的动物都进行麻醉，只有对大型的动物才这样做，对小型动物一般是将其牢牢抓住。而对于动物来说，这和挨麻醉枪一样可怕。以水獭为例，饲养员会先用渔网将其罩住，然后再压在那里，直到兽医完成检查或治疗。要想约束中等大小的动物，如羚羊，饲养员会用一大块木板将其推到墙边，挤在那里，不让它动弹。约束会激活动物的愤怒系统，而医疗过程会激活其恐惧系统，因此小动物也像大型动物一样痛恨兽医。

在对羚羊进行充分的训练之后，我们依然要十分小心。大部分白斑羚是雌性，它们的恐惧超级具体化。即使你已经训练它们习惯了一个事物，但只要你对这一事物有所变动，它们依然会感到恐惧。白斑羚晚上生活在棚子里，有一天有些人上去修补棚顶，这让它们惊慌失措，慌乱之中还撞到了铁丝网栅栏上，幸好并无大碍。它们之所以会惊慌，是因为虽然它们已经认识到展示区前面的人是安全的，并且只要对其进行麻醉的兽医不在，棚子里面的人也是安全的，但是棚顶上的人却是完全新奇的，因此很可怕。

　　动物园对我们的训练结果十分满意，于是他们决定接着训练那里的非洲大羚羊。我教他们怎样进行训练。在此过程中，我产生了一个想法：动物园里每月都要为羚羊抽一次血，无论需要与否，就是为了能够让它们习惯这一过程。负责这项工作的人名叫梅根·菲利普斯（Megan Phillips）。有一天我问她："梅根，羚羊身上抽的血你是怎样处理的？"

　　她说："都在冰箱里放着呢。"

　　于是我告诉她说："送一点血到实验室，测一下其中葡萄糖、肌酸磷酸激酶（CPK）和皮质醇的含量，把化验单给我。"这三者都和压力有关，而对和压力有关的激素的研究并非该次研究的内容。我之所以决定对皮质醇的含量进行测试，是因为已经有了现成的血液。检验出来的数值很低，几乎和正在睡觉的牛的水平相当，这简直让人难以置信，要知道在抽血时这些羚羊要在笼子里站 20 分钟。科学文献上的数值比这要高三四倍，因为他们的血样是从被麻醉或者被压在网下的动物身上抽取的。研究人员之所以会认为这么高的数值是正常的，是因为只要是从俘虏状态下的动物身上抽血，总是会得出这样的数值，而他们之所以会得出这些数值，是因为被抽血的动物已经惊恐万分。

　　这是兽医领域一个很大的问题，无论是动物园里的动物还是野生动物，都是如此。很多和野生动物打交道的人意识不到这样一个事实，那就是如果你用网把动物罩住，将其压在地上，抽取其血液，它一定已经吓得魂飞魄散。也有人对我说："它们不可能会受到太大的惊吓，因为我们只用了 30 秒。"我说："地铁上的行凶抢劫只用 30 秒钟，但是照样很让人紧张。"训练动物配合兽医的治疗要更加人性化得多。

　　我们将这一研究的结果写成一篇论文，名为《低压力管理非洲大羚羊》，将其投到一家学术期刊。一位审稿人不赞同使用这一题目，他说这样的题目过于主观，似乎暗示常规的抽血方法会给动物带来很大压力，但实际情况就是如此。于是我们只好把题目改成《丹佛动物园非洲大羚羊在医疗和饲养过程中的笼内适应》，论文这才得以发表。

超级具体化的美洲羚羊

在成功训练白斑羚几年后，又有一家动物园聘请我去帮忙训练那里的叉角羚。这些叉角羚虽然是人工饲养长大的，但是依然十分胆小，因为天性使然。我刚一到那里时，它们生活在室外用胶合板分开的围栏里。只要它们看到加拿大黑雁朝着和往常不同的方向从上空飞过，它们就会惊慌失措。叉角羚的恐惧比非洲大羚羊和白斑羚都更加具体化。

经过成功训练，最后即使让学生直接走上去把注射器插入其颈部，它们也不会有任何抵抗，根本就不需要抽血专用的笼子。后来有一只叉角羚病了，需要在其肩部注射抗生素，而不是颈部，当同一位学生过去为其注射时，它变得像发了疯一样。它已经习惯于"颈部注射"，但是却不习惯"肩部注射"，因为它还没有形成"接受注射"这一总体概念。羚羊超级具体化的大脑会觉察到细微的差异，并对其做出反应。

但是另一方面，叉角羚却对较小的中性物体形成了一些总体概念。我注意到它们对训练者带进围栏里的陌生咖啡杯和饮水瓶没有反应，这可能是因为它们见过大量的饮水器皿，已经在大脑内部建立了一个新文件夹，文件夹的名字就叫"人们手里的小东西是安全的"。

和小型的陌生物体相比，它们更加害怕大型的陌生物体。为了避免惊吓它们，我们每次购入新的胶合板或大箱子时都十分小心。它们之所以会对体积较大的物体更加恐惧，一个原因就是掠食叉角羚的食肉动物通常体型较大。

我们在训练叉角羚时没有使用任何负强化或惩罚，因为如果使用的话，就会把它们彻底击垮，这和用"麻袋训练法"会把阿拉伯马彻底击垮是同一个道理。有些训练者一直在使用负强化和惩罚来训练大型的、不那么胆小的动物，如大象可以承受很多虐待，而不至于惊慌失措，也不会像海豚那样容易生病。即便如此，这也不是一个好办法，因为大象会记仇，过去曾受过虐待的大象可能会对训练者发起攻击，但是有时也会没有问题。对于十分胆小的动物来说，如果你利用负强化或惩罚，就不可能再训练它们和你合作。

圈养的掠食动物和寻求系统

和被掠食动物相比，圈养的掠食动物更加大胆，但是其寻求的需要也更加强烈。为其提供寻求机会的一个主要障碍就是在野外它们捕杀活着的猎物，但是西方的动物园不会为掠食动物提供活着的食物。在英国，连用活鱼来饲养水獭和海狮都是违法的。

在一个发展中国家，动物园的饲养员把活生生的牛放到虎栏里喂老虎。对于老虎来说，这也许是一件十分惬意的事情，但是我坚决反对这种做法，因为对于牛来说，这是十分可怕的。在小小的围栏里，可怜的牛无处可逃，其恐惧系统和愤怒系统都会被充分激活。如果活着就被当作食物来饲养动物园里的动物，所有的哺乳动物和禽类都会十分痛苦。至于鱼类是否会像哺乳动物和禽类一样能够感受到痛苦，我们需要继续研究。我认为使用活着的虫子作为动物的食物并不构成对道德的违背，因为它们无法感受到痛苦。如果研究表明鱼类的神经系统可以让其感受到疼痛，我建议人们在将其用作其他动物的食物之前先对其进行安乐死。

动物有很强的适应性。对于圈养的掠食动物来说，动物园要做的就是寻找其他可以满足其寻求需要的方法。当然，对于大型的掠食动物来说这并不容易。和小型动物相比，要想给大型动物提供一个自然的、丰富化的展示环境要困难很多。

霍尔·马克维茨（Hal Markowitz）博士是第一位为圈养动物创造替代性寻求对象的行为学家，这些动物包括大型掠食动物。他曾为旧金山动物园内一头16岁大的非洲豹安装"声音猎物"（acoustic-prey），这头非洲豹的名字叫塞布丽娜（Sabrina）。如果它爬到笼子左侧的顶部，就会触动一个动作检测器，而这个动作检测器会打开一个扬声器，里面会播放鸟的鸣叫声。第一个扬声器会打开几米之外的第二个扬声器，这个扬声器也会播放鸟叫声。而第二个扬声器还会打开几米之外的第三个扬声器。最后，第三个扬声器会打开位于笼子底部、第一个动作探测器对面的第四个扬声器。当塞布丽娜跳到第四个扬声器上时，它的动作会触动另外一个动作探测器，而这个探测器就会向食槽投放食物。

塞布丽娜还发明了其他几种追寻鸟叫声的方法。正常情况下，它会沿着对角线依次追逐四个声音，从笼子一侧的顶部到对面一侧的底部。但是如果它感到活力十足，就不再追寻，而是用力在笼子顶部摇动，这一动作会直接触动位于笼子另一边的第二个动作探测器，食物就会落到食槽里。除此之外，它还有其他几条捷径，可以从第一个扬声器直接过渡到食物，而不用逐个经过中间那些扬声器。

马克维茨博士也是第一位对丰富化进行科学研究的行为学家，他对动物园里安装声音猎物前后塞布丽娜的行为进行比较分析，发现自从可以追逐声音猎物之后，它变得更加活跃，看起来也更加快活。

北极熊格斯（Gus）

人们早就注意到圈养的大型掠食动物身上会出现一些最为严重的刻板行为，但是没有人知道为什么会这样。对此人们有不同的看法，最为常见的猜测是大型掠食动物的刻板行为是一种受到阻碍的捕猎行为。也有许多研究者怀疑那些大型动物之所以会来回踱步或者一个劲儿地游"8"字，就是因为它们无法像在野外那样得到足够的锻炼。这两种解释都有道理，因为大型掠食动物在追踪猎物时活动范围很大，并且在动物园里，它们的刻板行为通常在进食之前最为严重。圭尔夫大学的乔治娅·梅森（Georgia Mason）博士发现在她所调查的21种掠食动物中，超过70%的动物在进食之前的刻板行为最为突出。还有证据表明大型猫科动物如果看到"潜在猎物"，如从笼子前跑过的小马驹和小孩，它们就会出现刻板行为。

2003年，梅森博士和同事罗斯·克拉布（Ros Clubb）在《自然》杂志上发表了对于掠食动物刻板行为的重要研究，这一研究发现圈养状态下引起刻板行为的既不是捕猎行为，也不是活动水平，而是漫游（ranging），即正常情况下一天的行走。漫游和捕猎并不是一回事，因为一些活动范围很广的动物即使在不寻找食物的情况下依然会到处漫游，这方面最好的例子就是北极熊。在我们所知道的动物中，北极熊是活动范围最广的动物之一，它们每天行走约8.8千米的距离。此外，它们还是游泳健将，一次可以连续游几个小时，距离上的最长纪录是322千米左右。

在动物园里，北极熊的刻板行为最为严重。梅森博士和克拉布博士发现北极熊很有代表性。动物的漫游范围越大，在圈养环境中的刻板行为就越严重，例如，狮子和豹子在野外捕猎的数量是相同的，但是在动物园里狮子的踱步行为出现的次数是豹子的5倍。这很是出乎人们的意料，因为在动物园之外，豹子要比狮子更加活跃。狮子是大懒虫，每24小时中只有两个小时多一点的时间是活跃的，而豹子每天12小时都很活跃。

但是在动物园里，像疯了一样来回踱步的却是狮子，而不是豹子。两者之间的差异在于狮子的漫游范围要比豹子大很多。在动物园里，刻板行为最为严重的是漫游动物，它们没有真正的家，甚至没有属于自己的地盘。它们和喜欢在一个地方过家庭生活的动物截然相反，后者会有属于自己的地盘，如赤狐，其地盘不到一平方公里，它只用几分钟的时间就可以从一端到另一端，因此，红狐可以很容易就习惯动物园里的环境。

但是，像非洲野狗和狼这样的漫游动物很难适应动物园里的生活，它们更习惯过到处流浪的生活。非洲野狗在同一个地方不会超过两个晚上，狼也不会连续在同一个地方停留太久。因此，在圈养的环境中，它们身上会出现很多刻板行为。

对于赤狐来说，动物园里的环境没有什么问题，但是北极熊和狼就很难过了。无论动物园的条件有多好、空间有多大，它依然是一个固定的场所，而漫游动物不喜欢固定之所。

我们是否应该将漫游动物养在动物园，这本身就是一个很大的问题。许多人认为我们根本无法将这些动物养在动物园里。根据记录，圈养的北极熊用于刻板行为的时间占整个记录时间的 16% ~ 77%。我认为如果无法解决刻板行为的问题，就不应该把它们养在动物园里。另外，我们也不能把一个已经在圈养环境中生活了一辈子的动物简单地放到野外，因为它没有任何野外生存技能，出去只有死路一条。因此，对于大部分有刻板行为的圈养动物来说，我们所能做的就是想办法在它们现有的生活环境中为其提供某些心理上的刺激。

既然动物园里没有足够的空间可以让大型掠食动物尽情漫游，那么动物园怎样才能为像北极熊那样的动物提供良好的心理福利呢？

在中央公园动物园，我见过一种对一只北极熊行之有效的方法，这种方法利用了其大脑内部的玩耍系统。这头名叫格斯的北极熊十分有名，它有一种严重的刻板行为，即睡觉之外 80% 的时间都用来游"8"字。在 20 世纪 90 年代中期，《新闻日报》（*Newsday*）上有一篇关于它的文章，它的情况引起了很多人的同情。

1994 年，动物园请来一位行为学家，帮动物园想办法让格斯和其伙伴艾达（Ida）更加快乐。动物园的员工已经尝试了很多不同的方法，其中有些方法让格斯的刻板行为更加严重。但是到了 2005 年，两只北极熊白天只有 10% 的时间用于刻板行为，这是一个很大的进步。

我见到格斯就是在这一年，动物园往它的池子里放了很多浮力不同的水桶，格斯一会儿跳到水桶上，一会儿把水桶压到水下，玩得不亦乐乎。水桶会从水下浮起来，它就再次跳上去，就像小孩在泳池里玩跳水板一样，从板上跳到水里，浮出水面，然后跳到板上，再从上面跳下去。

我看着它就这样玩了大约有 45 分钟，这听起来像是很长一段时间，但是它的玩耍绝对不是刻板行为。刻板行为总是一模一样，但是那些水桶让它不可能反复相同的动作，因为当它每次跳到水桶上时，水桶总是会朝不同的方向运动。

我不知道这些水桶是否还激活了格斯的寻求系统，但是动物在不高兴、愤怒或害怕的时候是不会玩耍的，由此可以知道它在玩水桶的时候心理福利还是相当好的。和整天游 "8" 字相比，它在玩耍水桶时的状况肯定要好很多。我建议动物园能够为其动物多提供一些寻求和玩耍的机会，尤其是对喜欢流浪的动物，任由它们不停地来回踱步是不应该的。只有当动物园里的环境足够丰富，可以为其提供玩耍的机会、伙伴或者是与饲养员之间的互动时，它们才不会出现来回踱步和其他的刻板行为，也只有这样，才可以将它们养在动物园里。

大脑的食物

和被掠食动物相比，掠食动物的寻求需要可能更加突出，但是所有的圈养动物都需要丰富化的环境，以便让它们从事大量的寻求活动。

刺激动物寻求系统的最佳方法之一就是让它们通过努力获取食物，马克维茨博士对豹子塞布丽娜就是这样做的。他还为灵长类动物创造了类似的条件，让它们通过觅食活动而使动物园的环境变得更加丰富化。1972 年，位于波特兰的俄勒冈动物园聘请他为那里的长臂猿创造更好的生活环境。这些长臂猿生活在旧式的混凝土笼子里，墙上空无一物，向前的一面是栅栏。马克维茨博士在笼子上方安装了一个食物输送装置，可以让长臂猿通过努力来获取食物。这个装置包括笼子顶部的一盏灯、笼子边上的一个控制杆，笼子墙壁上从上而下还修了一些小平台，就像空中的踏脚石一样。每当灯亮的时候，只要长臂猿拉动控制杆，食物就会出现在笼子的另一端，这时它们就可以通过一个个平台，跳过来获取食物。

如果它们不想这样做，长臂猿根本就不需要为了食物而付出努力。每天傍晚到了规定的喂食时间，饲养员都会拉动控制杆，将剩下的食物给它们，但是它们喜欢为了食物而付出点努力。在后来的 7 年里，它们都是通过在笼子里跳来跳去"搜寻"食物，而不是等到进食时间再从地上捡拾其他的灵长类动物吃剩下的食物。

马克维茨博士的装置十分有效，长臂猿喜欢这样做，动物园的游客似乎也喜欢观看长臂猿拉动控制杆、在笼子里上蹿下跳的样子。动物园为这一装置安装了一个投币孔，这样游客只要往里面投一枚 10 分的硬币，灯就会亮起来，长臂猿就会开始新一轮的觅食活动。在一年的时间里，这家动物园通过这一装置收集了 3000 美元，也就是 3 万枚硬币。

马克维茨博士的下一个发明是为动物园里的戴安娜长尾猴设计的代币系统。长尾猴的笼子里也有和长臂猿同样的跳跃平台，但是在新的系统中，当灯亮时，如果长尾猴拉动控制杆，它们会得到一些塑料片。马克维茨博士往它们的笼子里放了一台自动售货机，它们可以利用这些塑料片从自动售货机那里"购买"食物。

除了拉动控制杆和在笼子里跳来跳去收集代币之外，戴安娜长尾猴还形成了许多不同的新行为。有些长尾猴获得代币之后，马上就用来换取食物；有些则把它们的代币送给其他的长尾猴；还有的则从同一个笼子的伙伴那里偷窃代币。马克维茨博士讲了一个很有趣的故事，巴奇（Butch）是一只年轻的长尾猴，每当它把代币投入售货机时，它的妈妈就会马上过来把它推开，把食物据为己有。这样的情况发生了很多次后，巴奇就想出了一个办法欺骗它的妈妈。它装作把代币丢进了自动售货机，实际上却把代币藏在手里。当它的妈妈过来抢夺食物时，它的妈妈发现自动售货机是空的，就只好悻悻离开。这时巴奇才真正把代币投进去，得到属于自己的食物。

在野外，动物行为学家已经注意到动物之间会为了食物而互相欺骗，他们称这种做法为战术欺骗。马克维茨博士丰富动物行为的装置就是一个很好的例子，说明在完全人为的环境中，圈养的动物也会做出正常的行为。野外生活的戴安娜长尾猴不可能有机会精心设计，阻止妈妈偷取自动售货机里属于自己的食物。马克维茨博士写道："当圈养的环境无法将自然状态下的偶然性进行复制时，非自然的偶发事件可以让动物更加强大。"

其他的许多研究者也得到了和马克维茨博士同样的发现：动物更喜欢通过努力获取食物，而不是饭来张口。**要想满足动物的寻求需要，最简单、最保险的方法就是不要再像对待宠物或家畜那样把食物送到它们面前。它们不是宠物，也不是家畜，而是野生动物，它们生来就是要走出去自力更生、自行觅食。野生动物不喜欢免费的午餐。**

它们喜欢自力更生，因为它们喜欢这种感觉。在所有的相关研究中，付出努力的过程实际上都意味着寻求的过程。动物必须寻找隐藏在围栏里的食物，要么就要想办法把食槽打开，要么就要追赶声音猎物。所有这些活动都会激活其寻求系统，都会让动物展开搜寻。

利用食物作为丰富化的工具还有另外一个很大的优势，那就是动物对此会乐此不疲。动物对其他的一切事物都会习以为常，但是对食物的兴趣从来就不会减退，即使在不饥饿的情况下也会为之付出努力。

寻求系统可以让动物免于消极的压力和紧张情绪，对于人来说也是如此。西北大学的心理学家苏珊·迈尼卡（Susan Mineka）博士曾做过试验，表明幼年的恒河猴如果通过努力获取食物，会比那些不这样做的同类更加大胆。在和同一个笼子的伙伴分开时，那些自主觅食的小恒河猴也不像其他的猴子那样沮丧。当然，一定要为其提供足够的丰富化工具，如果它们之间为了争夺某一样东西而卷入打斗，那这个东西就变成了压力之源，而不是丰富之源。

马克维茨博士的装置对动物非常有效，但是却并不太实用，因为这些装置总是出问题。他的装置之所以会如此复杂，部分是因为他试图以很少的花费，丰富一个完全贫瘠乏味的动物园环境。由于没有足够的资金建设新的展览区，他只好将整个笼子变成一个斯金纳箱（一种心理学实验装置，一个装着开关的动物箱，被放进去的动物可以通过按按钮的方式获得食物）。当时还是20世纪70年代行为主义大行其道的日子，人们称他的方法为行为丰富化。

现在大部分动物园都已经拆除以前的混凝土牢笼，取而代之以更加自然的环境，其中有真正的树木，有水，有东西可以供它们探索，有地方可以供被掠食动物躲藏。在设计良好的环境里，根本就不需要声音猎物这样的装置，只要安装一个简单的滑轮，让饲养员站在笼子外面摇晃老虎的玩具就行了，这样的玩具可以是里面装满肉的纸盒子。老虎会对其展开追逐、猛扑和拍打，它们的行为和家猫追逐鸡毛掸子的行为是一模一样的。要想让老虎的玩具真正有趣，可以使用两套滑轮系统，这样饲养员就可以上下左右地摇晃纸盒子。我去过的一个动物园甚至让小孩制作皮纳塔（pinata），再让狮子和老虎"杀害"

皮纳塔。皮纳塔是在过节（尤其是圣诞节）时最受拉美儿童欢迎的一种游戏，其实就是一个有彩饰的容器，里面装有糖果。皮纳塔的造型千变万化，从圣诞老人到动物、小丑，什么形状的都有，将它挂在高处，让蒙上双眼的小孩将其打碎，糖果就出来了。

那些老虎和小孩都玩得很高兴。

利用正强化激活寻求系统

另外一个激活动物园动物寻求系统的好办法是利用正强化，训练它们配合动物园里所有的日常工作，而不仅仅是配合医疗。就像我在其他章节提到过的那样，正强化可以激活动物的寻求系统。它让动物学会在听到响片声或者按照提示完成某一行为时期待得到奖励。通过完成人类教它们所做的事情，它们在寻求奖励。

正强化训练的另外一个好处是对于人类来说要安全得多。训练大象曾经是一份十分危险的工作，在此过程中会利用很多负强化。训练者会努力把大象推到他想要它去的位置，大象则要么为了避免被推而乖乖从命，要么就会大发雷霆。如果大象发火，训练者有可能会受伤，甚至会丧命。

现在动物园利用正强化和响片训练来训练大象，训练者先一点一点地给响片"充电"，即让大象知道响片声音意味着它们会得到奖励，然后循序渐进地塑造大象的行为。如果你想训练大象后退到栅栏旁边，抬起后腿，将其放到一个架子上，以便让饲养员为其修指甲。首先按动响片奖励它把头转开，然后当它把头转过去时，再次按动响片，进行奖励，就这样一步一步来。要让大象到你想要它去的位置，不用对它推推搡搡，也不用对它大喊大叫，利用响片训练，大象会玩得很开心，对人类也更加安全。

动物园还利用正强化来进行目标训练，对于任何动物来说，这都是一种十分有用的行为。在进行目标训练时，可以训练动物用鼻子触碰棍子顶端的球，球就是目标。当动物学会触碰棍子顶端时，它往往会跟着球跑，这样饲养员就可以将其带到他想要它去的地方，而不用跟在其后吆喝驱赶。利用更加广泛的训练，动物园可以让动物在展示区和吃饭睡觉时所在的窝棚之间自行走动。只要饲养员发出提示，每一群野生动物都会乖乖地从一个地方走到另外一个地方。从前，如果动物不愿意挪动地方，饲养员就会用棍子对其进行驱赶，冲它们大声吆喝，通过侵犯其警戒区，逼着它们移动。

奖赏必须是真正的奖赏

要想激励野生动物为了奖励而进行某一行为，这个奖励必须是它十分想要的东西。如果奖品不构成真正的奖赏，动物是不会配合的，我曾亲眼看到过这样的情况。我去过一家动物园，那里有一头欧卡皮鹿，毛发光滑，十分漂亮。它喜欢被人爱抚，但动物园的营养学专家不允许使用他认为不健康的东西作为奖品。他所允许的唯一一种奖品就是大白菜，而这头鹿不喜欢大白菜，因此训练项目无法进行。

在我刚一开始训练羚羊的时候，饲养员建议我们应该利用常规的饲料作为奖励。我告诉他们，对待动物，奖品必须是真正的奖品，如蛋糕和冰激凌。为了知道白斑羚和非洲大羚羊到底喜欢什么，我们把各种食物放在它们面前，让它们自行选择。白斑羚选的是甘薯，非洲大羚羊选的是菠菜，于是在我们的训练过程就分别用甘薯和菠菜作为奖品。

动物园的营养学家常常会担心奖品会对动物的健康造成危害，尤其是当奖品是不太健康的东西时，如粮食和棉花糖。要想克服这个问题，可以从量上进行控制，动物的奖励可以少到仅仅是一茶匙粮食。我见过一位饲养员可以让大象为了一块小小的棉花糖而积极配合训练。

自然行为和野性行为

并不是所有的人都赞同针对圈养动物的训练项目，最喜欢反对的要么是男子气概十足、喜欢和动物一决胜负的饲养员，要么是更加理论化的动物园管理层和野生动物纯粹主义者。野生动物纯粹主义者不喜欢动物园的训练项目，因为他们认为这种训练不仅会改变动物的身体特征，还不利于对野生动物行为的保护。他们说训练项目会削弱野生动物的野性，改变其自然本性。

但其实圈养动物的行为在训练之前就已经发生了变化，大部分在圈养环境中长大的动物无法再回到野外生活，因为它们缺少野外生存必需的技能。

此外，圈养动物还必须要有医疗护理。即使动物园决定完全顺其自然，不为其提供医疗，但还是必须要按照各个州和联邦的法律，在将动物转移到另外一个动物园之前必须要对其进行体检。如果动物园不训练动物安静地配合这一过程，动物园就别无选择，只好对其强行检查，而这样做的结果是动物会受到很大的惊吓。由此可见，对动物进行训练要人性化得多。

虽然在某些情况下，训练会减少动物与生俱来的恐惧行为，如在接受治疗时，但是训练实际上有助于保留其野性的胆小基因。我的朋友曾去过一个野生动物研究站，那是一个研究型动物园，里面没有展示区，饲养的是一些没有经过训练的落基山大角羊。每当要为这些羊验血时，研究人员就会用一张网把它们罩住，然后坐在它们身上将其牢牢控制住。我的朋友也帮忙压在羊身上，他告诉我说有些羊心跳速度很快，仿佛要从胸腔中跳出来一样。

几周之后，这些大角羊中很多都死于疾病。在受到那次惊吓之前，它们本来很健康，没有任何疾病，是恐惧降低了它们的免疫功能。对于漂亮的大角羊来说，这的确是十分可怕的做法。死掉的那些很可能就是胆小基因最多的，因为它们在这次经历中受到的心理创伤最为严重。

一只经过训练的叉角羚会让人从其颈静脉抽血，但是如果你想从其肩部注射抗生素，它就会惊慌失措，它不会因为动物园训练它配合兽医而失去所有的野性行为。动物的思维十分具体化，在其大脑内部，有一个名为"如果我们配合兽医，就会有奖赏"的文件夹，还有另外一个文件夹，名为"和同类在一起时我们要表现出自然的社群行为"。

我见过一只用于动物园教育表演的秃鹫，它是由人养大的。在一个地方，它会乖乖地配合，但是到了另外一个地方，它却变得十分狂野。在笼子里，它有强烈的领地意识，饲养员只有戴着大手套才能把它从里面拿出来。只要看到饲养员靠近，它的愤怒系统和恐惧系统就会马上活跃起来。但是到了为观众进行飞行演示的公共区域，它的寻求系统就会被激活。它像是变成了另外一只完全不同的秃鹫，按照饲养员的提示，在两个相隔约 23 米的栖木之间来回飞行，饲养员也根本不用再戴手套。

利用新奇事物刺激寻求系统

要想激活动物的寻求系统，最简单的方法就是让它尝试一些新事物。所有的人和动物都对新事物感兴趣。动物对新奇的事物十分好奇，为了能够到一个新奇的环境里进行探索，有时甚至愿意穿过电栅栏。有些研究者认为我们也许可以利用动物喜欢新奇事物这一点，来衡量动物是否发生了快感缺失。快感缺失是指体验快感能力的丧失，是抑郁症的症状之一。如果事实的确如此，那就意味着可以利用动物对新奇事物的兴趣来衡量其福利状况。

但是千万不能将新奇事物强加给动物，对于人类来说也是如此。动物喜欢它们可以自由探索的新奇事物，但是如果你把新奇事物硬推给它们，它们就会害怕。这就是为什么前面提到过的羚羊会害怕金黄色的警告牌，因为它们被驱赶着从警告牌的旁边经过。如果饲养员让它们自由探索，也许它们会主动走过去，用鼻子嗅一嗅。

生活环境中的细微变化是否会让动物感到烦躁不安，也取决于新奇事物是否是由外界强加的，因为细微的变化也是一种新奇事物。回顾一下我曾见过的动物因为微小的细节而惊慌失措的所有情景，我想真正的问题可能就是有人在迫使它们靠近或者是接受新的细节，而此时它们还没有来得及自行对其展开探索。

是寻求还是控制？

要想确定新奇事物是否是强加的，就要涉及控制的问题。许多研究者和饲养员认为动物需要能够控制周围的环境，只有这样它们的寻求系统才会处于活跃状态。在这一方面，马汀·塞利格曼（Martin Seligman）对于习得性绝望的研究有重大影响。在这项研究中，两条狗被拴在一起，并对其进行电击。其中一条狗可以将电击机器关掉，但是另外一条却无能为力。两条狗受到的电击同样多，但是只有一条可以对其采取行动。后来，这两条狗被放到另外一个新环境中，在这里它们可以通过跳出接受电击的箱子，逃避电击。以前可以控制电击机器的那条狗马上就跳了出去，但是无法控制电击的那条狗却并不努力逃跑。研究人员相信后者已经学会了绝望无助。通过对习得性绝望的研究，致力提高圈养动物福利的人得出这样的结论，即动物需要处于控制地位才能快活。

我认为动物园的动物不应该被强制做它们不喜欢做的事情。对于它们来说，往往任何形式的强制都是可恶的，对于人来说也是如此。但是控制并不是进行丰富化的最佳原则，因为"控制"并不是一种核心情感。控制是环境的一个方面，或者是在该环境中动物行为的一个方面，而不是大脑中的一个核心系统。如果让控制成为丰富化的全部内容，最终有可能会创造出一个贫瘠的环境，动物可能会有很多可控制的东西，但是却十分无聊。有时候家务劳动就是如此，人们在洗衣服的时候有很多可控制的东西，但是你不可能愿意让人把你送到动物园的展览区，给你一大堆脏衣服让你洗，这不会是一个充满刺激性的环境。

要想理解习得性绝望的试验和丰富化之间的联系，必须要回到大脑。逃离电击和无助地接受电击都是行为，所有的行为都受到情感的驱动。很可能两条狗感受到的情感是不同的，将电击机器关掉的那条狗感受到的可能既有对电击的恐惧，也有对逃避方法的寻求，而无法控制电击机器的那条狗感受到的可能只有抑郁。习得性绝望的研究者认为无法控制电击机器的狗已经绝望了，我赞同这一看法。它的寻求系统已经被无法控制的电击所抑制，于是它变得十分沮丧。

对于动物园里的动物来说，缺少控制最经常激活的消极情感往往是愤怒。我们不得不认为动物园里有些动物终日生活在压抑之下，因为它们被囚禁在动物园里。你可以让动物园的笼舍很舒服、很有趣，也很丰富，但是它依然是牢笼。任何野生动物都不习惯被囚禁在动物园里或者其他任何地方。

对于圈养的动物来说，缺少控制会激活不良的情感，因此是不好的，但是就像大部分人不需要总是牢牢控制其周围的环境一样，大部分动物也是如此。关键不是动物拥有多少它能控制的东西，而是其情感状态。

惊慌情感和伙伴

利用正强化进行训练的一个好处就是它可以在激活动物寻求情感的同时，满足动物的一些社会性需求。如果训练者总是利用正强化，动物就喜欢和他在一起。在看到血压带和听诊器时，经过了正强化训练的动物会很急切地跑过来。这样的情景我见过很多。我见过的所有这些动物都喜欢人们给它们奖励，但是很显然其中有些已经和饲养员之间形成了一种真正的社会和情感纽带，动物和人类变得相互依恋，两者之间的关系是积极而温馨的。

这一点很重要，因为无论是掠食动物还是被掠食动物，所有的动物都需要伙伴。由于种种现实原因，动物园怎样才能让圈养的动物不孤独，这是一个很大的挑战。如果你有两头大象，其中一头死掉了，你不可能简单地随便捕捉一头大象回来与还活着的那一头大象为伴。被俘虏的经历会给野生动物带来极大的心理创伤，因此我们不应该捕捉野生动物。

动物在野外正常的社会性的强度也会是一个问题。在野外，大象生活在由母象首领率领的大家庭里，而大部分动物园都没有足够的空间容纳整个大象家族。现在，有些动物园已经采取了这样的做法，即他们将来不会再引进大象，除非大象已经年老体弱，或者已经无法参与马戏团的表演，或者是从其他饲养大象的地方拯救回来的。

许多灵长类动物在动物园里生活得很好，因为它们需要的空间没有大象那么多，一个家族可以生活在一起。当一家新的黑猩猩动物园在苏格兰开放时，珍·古道尔评论说在动物园里黑猩猩有可能会生活得更好，因为这样它们就可以免受盗猎者的伤害，也不用再承受栖息地丧失之苦。古道尔博士说："我宁愿动物园不存在，但是我要赞扬那些做得最好的动物园。"

其他的大型动物如老虎、狮子和熊猫即使不和大家族在一起，其惊慌情感也不会被激活，但是任何动物在孑然一身时都不会快活。位于华盛顿的国家动物园里有一只公熊猫，它的情况很糟糕。那里的围栏很漂亮，每天都有新鲜的竹子和其他东西让它探索。在野外，熊猫白天的大部分时间都用来探索和吃竹子，于是动物园给它提供很多寻觅的机会。但是在社会生活方面，它却很糟糕。它本来和其女友生活在一起，但是在女友怀孕并生下小熊猫之后，动物园把它们分开了。在母熊猫产下幼崽之后，动物园常常会把公熊猫与其分开，因为有些公熊猫会伤害幼崽。

离开了女朋友，这只公熊猫完全崩溃了。它身上出现了一种奇怪的刻板行为，它会一遍又一遍地用竹子擦拭牙齿，嘴里还会出现泡沫。当饲养员过来时，它就想一起玩耍，以得到奖励。它喜欢为人群做看病的展示，因为它渴望更多地接触饲养员。人们一直认为熊猫在野外独来独往，虽然事实可能并非如此。因此你会以为它只要每天有竹子可以吃、有东西可以探索就会很快乐，但是这只公熊猫却很喜欢社会接触。当它还在中国的时候，它就经常被人拍照，并且从人们手里获取奖赏。它喜欢这种被人关注的状态，需要和人互动。

我去华盛顿对史密森学会做报告时看到过这只熊猫，我告诉动物园它需要每天和饲养员有一两个小时的互动，否则也许它需要再回到中国，成为人们竞相拍照的对象。

在有些情况下，如果别无选择，人类可以取代动物同类的作用。从下面这个关于一只鹦鹉的故事中，饲养员可以学会如何应对鸟类的拔羽问题。禽鸟医生苏珊·沃罗兹（Susan Orosz）博士从一家宠物店里拯救了一只十分神经质的非洲灰鹦鹉。这只鹦鹉是被人饲养长大的，已经习惯了和人在一起。它还学会了飞到人手指上。当苏珊博士发现它时，它正生活在一个贫瘠乏味的笼子里，根本没有人注意它。它把翅膀、尾巴和胸部的毛都拔掉了，全身几乎都是光秃秃的。

在野外，正常情况下鹦鹉会和一大群同类在一起生活，于是她让来自美国未来农民协会的一群高中生取代其同类。她把鹦鹉放在教室里一个漂亮的大笼子里，笼子的三面用毯子覆盖，这样可以让它更有安全感。每天晚上，她都会把它带回家。

一开始，她每天几次当着全班同学的面，让鹦鹉在手指上站立5分钟。还不到两周，她就可以把鹦鹉放到学生的手指上了。她给学生演示该如何像其他的鹦鹉那样为它挠头，这样又过了两周，它开始主动靠近学生。

他们这样做了3个月，这只鹦鹉的拔羽现象已经减少了一半。这部分是因为教室旁边就是一个温室，学生们在里面种了各种植物，这只鹦鹉已经意识到如果自己把翅膀和尾巴上的羽毛拔掉，就再也无法在温室里飞来飞去。它在飞行和羽毛之间建立了联系，因为它发现拔掉翅膀上的几根羽毛之后，飞行变得更加困难了。到夏天结束时，所有的羽毛都长了出来，它再也没有将其拔掉过。

沃罗兹博士为这只鹦鹉选择了一个十分丰富的优良环境。温室减少了其恐惧，因为它可以栖息在树叶中间，这样它对空中捕猎者的本能性恐惧就不会被激活，而学生们则成了它的人类伙伴，因此它的惊慌系统也没有被打开。

最后的一点想法

在《我们为什么不说话》一书出版之后，我接到很多来自动物园的电话，就其在饲养动物过程中出现的一些问题向我咨询。动物园所取得的进步还是很振奋人心的。我去过一些美丽的热带雨林动物园，那里的鸟儿有很大的生活空间，可以在树林中自由飞翔，小型的灵长类动物也有充裕的植物可以觅食和探索，所有的动物都有地方藏身。

大型掠食动物的情况似乎也有了改善，虽然对于动物园能否提供让它们在圈养状态下好好生活的一切条件，我们依然不得而知。总的说来，研究人员发现，如果把所有的动物都考虑进来，动物园的丰富化项目将刻板行为减少了 50% ~ 60%。

这里的问题是当一个丰富化项目起到作用时，没有人知道具体起作用的是哪一部分。这就让下一步的继续改进十分困难。我相信如果利用核心情感系统来分析动物园的丰富化项目，可以帮助我们了解哪些东西可以起作用、哪些东西不起作用，这样我们就可以为圈养动物创造更好的生活。

我相信对于所有和人类一起生活的动物来说都是如此。

后记

我为什么还在从事
这份工作

经常有人问我："你为什么还在肉品产业工作，而不是做一位动物权利活动分子，和这一产业针锋相对呢？"我之所以会选择继续吃肉，一个主要因素就是在20世纪70年代我刚刚开始从事这一职业时，牛和猪的生活状况还很好。当时母猪和其他的猪一起生活在猪圈里，而不是像现在这样一辈子大部分时间生活在专门的产仔栏里，狭小得连转身的空间也没有。

　　在20世纪70年代，动物的屠宰和运输情况都很恶劣，但是它们的生活环境还可以。肉牛生活在由家庭经营的牧场上，养殖规模达到两万至六万头牛的超大型饲养场很干燥，并安装有凉棚。在我在亚利桑那州从事这一职业的最初11年里，我几乎从来没有见到过让人恶心的、到处都是烂泥的饲养场。这是因为亚利桑那州气候炎热，温度高达华氏100度，并且每年只有152～200毫米的降雨量。这个州所有的饲养场都搭建有凉棚，在这种干燥的气候里，牛生活得非常好。在我从事这一职业的早期，肉牛和奶牛的生活环境都很好。我记得有一家奶牛场的经理很喜欢奶牛，对它们照顾得无微不至。《杂食者的困境》一书的作者迈克尔·波伦曾去过一家饲养场，他的牛就养在那里，他发现那里到处都是污泥，给他留下了很糟糕的印象。

　　即使在20世纪70年代，也有一些很优秀的养殖场经理，对牛的粗暴虐待是不允许的。有些饲养场对牲畜照顾得很好，例如我一开始工作时所在的斯威夫特肉类加工厂（Swift plant）对牲畜就有很好的管理。因此，在职业生涯之初，我就认识到我们可以给牛提供好的生活，并尽可能减少它们在赴死时的痛苦。

如果我在这一产业工作之初就接触蛋鸡或者是肮脏泥泞的饲养场，我的职业道路可能会有与现在不同的发展方向。如果看到一大群鸡拥挤在同一个笼子里，互相挤压着，我也许会选择离开这个职业。很多人之所以会变成动物权利活动分子，就是因为早期和动物接触的经历过于糟糕。在我从事这一职业的前五年，我虽然也见到过十分恶劣的管理方式，但是有些思想先进的管理者和饲养者也让我认识到一点，即在饲养和管理动物时，我们可以满怀尊重和仁慈。艾伦（Allen）就是这样的一个人，他的工作是为大型饲养场的牛进行免疫注射。他教我如何温柔地操作牢靠架。他从来不会对牛发火，总是心平气和。此外，还有歌唱谷牧场（Singing Valley Ranch）的潘妮（Penny）和比尔·波特（Bill Porter），他们非常善良，对他们的牛也非常好。他们养的赫里福德牛非常漂亮，也生活得很好。这个因素激励着我致力改进这个产业，而不是说服人们不要吃肉。和这些善良的养牛者之间的交往对我产生了巨大的影响。我知道这个产业有问题、需要改革，而这些人使我相信改革是可能的。起初，我以为工程学可以解决所有的问题，但后来我发现优秀的工程和设计离不开优秀的管理。

动物知道自己将要被杀吗？

常常有人问我："牛知道它们将要被宰杀吗？"在我读研究生时，就有人提出过这个问题。为了寻找答案，我仔细观察了饲养场的牛经过斜道去看兽医时的情景，然后在同一天，又观察了斯威夫特肉类加工厂马上就要被屠宰的牛。让我吃惊的是，它们在两个地方的表现是一样的。如果它们知道自己将要在肉类加工厂被宰杀，它们应该会狂躁不安地乱踢乱跳才对。但实际情况是在肉类加工厂，由于管理得很好，它们通常较为平静。

这些年来，对这个问题我思考了很多，得出这样的结论，即我们和被我们用作食物的动物之间必须是一种共生关系。所谓共生关系，是指两种不同生物之间互利互惠的关系。我们为牲畜提供食物和遮风挡雨之所，作为回报，它们为我们提供食物。我还很清晰地记得安装第一套中轨传送约束装置时的情景，当时是在内布拉斯加州的一家屠宰场。我站在高高的狭窄过道上，俯瞰着下面围栏里的一大群牛。想到所有这些动物都要经过我所设计的装置而走向死亡，我失声痛哭。就在这时，我忽然心中灵光一闪：如果人们没有繁育并饲养它们，这些牛就不会在这里，它们根本就不会存在。大自然有时会非常严酷，死在野外常常比死在现代化的屠宰场里更加可怕、更加痛苦。在西部的牧场上，我曾见过一头牛犊身体一边的皮肤全部被丛林狼撕开。这头牛犊还活着，但是为了使其免受折磨，牧场主只好把它枪杀。如果我是一头牛，我宁愿被一家运营良好的屠宰场宰杀，而不是遭受这样的痛苦。从 1990 年开始，我就一直生活在科罗拉多州，这里有成千上万的鹿、马鹿和牛死于暴风雪，许多动物是饿死的。一些牧场主无法穿过约 6 米高的雪堆来到牲畜身边，但是国家警卫队为牛空降了干草，而鹿却只能自力更生。牧场主会想尽一切办法拯救自己家的牲畜，而自然环境有时会十分残酷。牛羊一类的食草动物是可持续性有机农业的关键组成部分，它们的粪便可以用来增加土壤的肥力，这样可以减少化肥的使用。食草动物还可以用来改进草场的质量，防止土地退化为贫瘠的沙漠。在世界上降雨较少的地区，放牧活动的好处最为突出。按照非洲整体管理中心（Center for Holistic Management）的艾伦·萨沃里的理论，放牧活动必须要模仿角马和野牛群体的行为模式，即在一小块土地上十分密集地吃草，然后就转移到其他地方。这样就可以将草地上的草吃得比较均匀，有助于植物的多样性，而与此同时，它们的粪便也可以增加土壤的肥力。如果放牧的方式不当，有可能会对草地造成破坏，但正是大群的野牛不断迁徙，从一个地方吃到另外一个地方，才形成了美国中部的大草原。

我很担心世界范围内将粮食转化为燃料的做法会加强畜牧业的集约化。无论是在美国还是在南美，最好的草地正在被用来种植农作物。在有些地区，牛被从牧场上转移到饲养场。对于很多土地来说，如果用来种植庄稼会增加水土流失的速度，使环境遭到破坏。这样的土地的最好用处就是放牧，食草动物可以帮助土地保持健康。

宰牛场一游

我已经带着超过 100 位这个产业之外的人士参观运行良好的宰牛场，这些地方用的是我所设计的约束装置和斜道系统。在进入宰牛场之前，我会花二十分钟左右的时间，让他们先观看从牛从卡车上下来并走进斜道时的情形。本来他们都以为牛从卡车上下来时一定会像疯了一样狂躁不安，但是看到牛十分平静的样子，就都惊呆了。他们简直无法相信大部分的牛会如此安静地走进屠宰场，根本不用跟在后面驱赶。这一部分参观我从来就不赶时间，因为我知道除非亲眼所见，否则人们根本无法相信牛会如此平静。当然，这一切只有在没有任何可能让牛受到惊吓的事物时才有可能，如没有刺眼的反光或地面上的水管。当参观者观看了 100 头牛进入屠宰场，其中只有两头牛发出声音时，他们开始纳闷墙壁后面到底是什么情况。这时他们的寻求系统已经完全被激活，于是我就让他们从斜道旁边的门进去，观看牛被击晕枪击晕的一幕。击晕枪看起来像是一个巨大的不锈钢钉枪，一下子就可以致命。这时他们通常的反应是："哦！没有我想象的那么糟糕吗？"

　　这样的参观如果引导不当，结果会很糟糕。我记得有一次一位女士吓得差点昏过去，因为她看到的是一个"血淋淋的房间"。当时我们正在屠宰场的房子旁边走着，连一头牛都没有见到。我们的带队导游忽然打开了一扇门，这位女士所看到的是到处都是鲜血，她差点没吐出来。这时我把导游的任务接了过来，把她带到了牛栏上方的过道上。从这个角度，她看到的是牛走进房子的情景和一栏又一栏的牛。我告诉她，我想让她看看牛从栏里出来走进斜道的情景。这家屠宰场安装了我设计的弯曲陡槽系统，这个系统非常好用，牛很安静。那里的员工也很安静，没有大声吆喝，也没有抽鞭子的声音。我们站在那里，看了大约十五分钟。她说："我没有想到它们会这么安静。"接着我告诉她，她应该回到刚才受到惊吓的地方，把门打开，就像从马背上摔下来之后再次上到马背上一样。她按照我说的做了，最后说："现在没有那么可怕了。"

　　常常有人问我："你既然关心动物，又怎么会设计屠宰设备呢？"今天很多人完全和死亡隔离开来，但是一切有生命的东西最后终究都要死亡，这就是生命的循环。既然人类把牲畜繁育出来并饲养大，我们就必须负起责任，创造条件，让它们体面地活着，没有痛苦地死去。在动物的一生中，其生理需要和情感需要都应该得到满足。集约化的畜牧系统需要改进，因为在有些系统中，牲畜的生命质量很糟糕。

　　我越是观察现在饲养狗的方式，对其了解越多，就越是坚信一点，即很多牛的生活比一些集万千宠爱于一身的狗还要好。很多狗整天独自待在家里，没有同类伙伴，也没有人类为伴。前不久，我经过一个靠近我家的居民小区，听到三条狗在三个不同的房子里汪汪大叫，这让我心惊胆寒。对于很多狗来说，分离焦虑是一个主要的问题。有一条狗整天被独自关在院子里，为了能够从里面逃出来，它把牙齿都摔断了，这是分离焦虑最糟糕的事例之一。就在本书即将出版的时候，我去了南美洲的乌拉圭，在那里，脖子上套着颈圈的宠物狗到处乱跑，根本就没有拴狗绳。没有人害怕会被狗咬到，因为这些狗都已经很好地完成了社会化，它们就像泰德·凯拉索特在《莫儿的门》里所描写的那些狗。

有人认为对于动物来说死亡是最可怕的事情。到处乱跑的狗常常会死于车祸，但是也许它们会有更好的群体生活。活动受到限制的狗死于车祸的概率要小很多，但是它们的生命质量可能也要糟糕很多，除非它们的主人会花很多时间和它们一起玩耍、互动。我认为对于动物来说最为重要的事情就是生活质量。高质量的生活需要三个要素：健康，免受疼痛和消极情感之苦，还有就是可以激活寻求和玩耍系统的大量活动。

对动物情感观念的挑战

有些人也许不愿意相信动物的确有情感，我认为这是因为他们自己的情感干扰了其逻辑思维能力。每次我读到有关对皮质下大脑系统进行电刺激这样的科学试验时，我能得出的合乎逻辑的唯一结论就是：**人类和其他所有哺乳动物的基本情感系统是类似的。我用理智的思维方式去改进屠宰场的状况，我也用同样的思维过程去完全接受动物有情感这一事实。**